U0185531

智能化室内制图方法与技术

尚建嘎　胡旭科　蒲生亮　著

科学出版社

北京

内 容 简 介

本书面向智慧城市、智慧空间、智能制造等新兴产业对室内地图和实体三维模型的迫切需求，结合机器学习、深度学习等人工智能新技术，利用可广泛获取的开放街道地图（OSM）、CAD 等数据源，详细介绍智能化室内制图和建模方法，包括建筑物空间元素重建与智能化室内制图方法、基于轮廓划分的复杂建筑物屋顶形状推荐方法、利用二元不平衡学习标记公共建筑物正门方法、基于几何地图文法推理房间语义方法、利用随机森林和关系图卷积网络推理房间语义、基于遗传规划的室内地标显著性学习方法、基于智能图像分析的室内智能制图与建模方法，以及自优化建筑物平面图图像解析方法，并给出相应案例和实验结果。本书提出的理论与方法不需要借助任何物理感知设备，可在多行业领域推广和应用。

本书可供导航与位置服务、智慧城市、智能空间等相关领域专业技术人员阅读参考，也可作为测绘、计算机等相关专业研究生的参考书。

图书在版编目（CIP）数据

智能化室内制图方法与技术/尚建嘎，胡旭科，蒲生亮著.—北京：科学出版社，2023.10

ISBN 978-7-03-076339-6

Ⅰ.①智… Ⅱ.①尚… ②胡… ③蒲… Ⅲ.①建筑测量-建筑制图 Ⅳ.①TU198

中国国家版本馆 CIP 数据核字（2023）第 175055 号

责任编辑：杜 权/责任校对：高 嵘
责任印制：彭 超/封面设计：苏 波

科学出版社出版

北京东黄城根北街 16 号

邮政编码：100717

http://www.sciencep.com

北京华宇信诺印刷有限公司印刷

科学出版社发行 各地新华书店经销

*

开本：787×1092 1/16

2023 年 10 月第 一 版 印张：11 3/4

2024 年 8 月第二次印刷 字数：280 000

定价：118.00 元

（如有印装质量问题，我社负责调换）

前　　言

据统计，人类有近 90%的活动时间都在室内。近年来，随着室内位置服务快速普及，室内空间信息作为室内位置服务的基础数据，其需求量也不断上升。室内地图与三维简易模型成为主流地图类应用不可或缺的组成部分。例如，国内的高德地图、国外的开放街道地图和谷歌地图等地图平台相继开放室内地图应用接口或提供室内地图编辑器，以便于制图与建模人员上传建筑物内部的地图或模型。此外，智慧城市、智慧空间、智能制造等智慧产业呈现出迅猛发展的势头，产生了诸如建筑物信息模型、城市信息模型、数字孪生等一系列新的技术领域。大多数智慧产业都是以人或机器人的活动空间为物理空间，呈现“人-机-物融合”或“物理信息融合”的形态，而室内地图等空间信息成为支撑各种智慧形态的基础信息。

高效、高质量及低成本的室内制图与建模技术是推进室内位置服务和智慧城市等产业发展进程中重要的一环。室内地图和模型的主要数据来源包括点云、CAD 或手绘建筑物平面图、开放街道地图等。其中：点云数据源需要进行大量的现场外业工作，且采集设备一般价格昂贵；在数据的内业处理上，如点云或图片的拼接和建模等，实现难度也比较高。因此，此类制图与建模方案因外业工作量大、采集设备昂贵等问题，总体成本较高。尽管点云类数据源可用于生产精度非常高的室内地图与模型，但在许多室内位置服务相关应用中，尤其是面向普通行人的导航等应用中，很少直接使用细节层次和精度非常高的地图与模型数据。不同于点云数据源，建筑物平面图作为一类较为常见的室内制图与建模数据源，建筑物的楼层平面图一般更容易获取，也不需要大量的外业采集工作，制图建模人员可直接根据平面图上的各类核心空间要素的分布，完成室内地图的矢量化与三维简易模型的构建，是一种成本相对更低的室内制图与建模方案，因此也是目前主流的室内制图与建模方案。开放街道地图作为一种网上地图协作实施计划方案，其目标是创造一个内容自由且能让所有人编辑的世界地图，其数据开源，并可以自由下载使用，也是一类常见的室内制图与建模数据源。

室外空间制图与建模方法通常并不适用于室内空间，原因主要是室内场景与室外环境在空间结构、地物特征、制图维度、应用功能等方面存在诸多不同。其中：在空间结构方面，室内以空间单元、门、窗为主，室外以道路网和区域为主；在地物特征方面，室内以设施、家具、指示牌为主，室外则以道路、河流、植被、建筑物为主；在制图维度方面，室内需要考虑建筑物屋顶、多楼层等三维信息，室外则主要考虑二维或 2.5 维信息；在应用功能方面，室内通常以楼层、房间为单位进行查询，室外则可以多种方式进行查询。

本书作者所在团队多年来一直从事室内定位导航、制图与建模技术与系统的研发工作，在国家重点研发计划项目（编号：266、2016YFB0502200）、国家自然科学基金项目（编号：41271440）等项目的资助下，针对建筑物室内制图与建模中的一些挑战，提出了一系列较为新颖、完整的解决方案，开展了充分的实验论证，并已用于解决实际问题。本书内容便来自这些研究成果。

本书从开放街道地图和 CAD 图纸两类最为常见的室内地图数据源出发，通过基于显式规则和学习隐式规则的方法，围绕建筑物屋顶形状推荐、正门标记、房间语义推理、地标识别、基于图像的建筑物要素提取等关键问题，给出相关解决方案和实验评价，希望读者通过本书能够对常见数据源的智能化室内制图方法与技术有一定了解。

本书共 8 章，各章内容相对完整，同时具有内在逻辑和关联：第 1 章介绍建筑物空间元素重建与智能化室内制图方法；第 2 章介绍基于轮廓划分的建筑物屋顶形状推荐方法；第 3 章介绍利用二元不平衡学习标记公共建筑物正门的方法；第 4 章介绍基于几何地图文法的房间语义推理方法；第 5 章介绍基于随机森林和关系图卷积网络的房间语义推理方法；第 6 章介绍基于遗传规划的室内地标显著性学习方法；第 7 章介绍基于智能图像分析的室内制图与建模方法；第 8 章介绍自优化建筑物平面图图像解析方法。

本书撰写得到了作者所在科研团队老师、同学们的大力支持和帮助。香港大学博士生吴怡洁、国家基础地理信息中心丁磊、长沙星融元数据技术有限公司李欣、团队博士生邢济慈等参与撰写了书中部分章节的内容，刘梦晗、彭勇、罗倩、邓荆杰、李志远等参与了相关资料的整理、翻译、绘图、校对等工作，在此一并致谢。

由于作者水平有限，书中难免存在疏漏之处，敬请各位专家、学者及广大读者不吝赐教。联系邮箱为 jgshang@cug.edu.cn。

作　者

2023 年 5 月 31 日

目　录

第 1 章　建筑物空间元素重建与智能化室内制图方法……1
1.1　概述……1
1.2　建筑物空间元素重建方法概述……2
1.3　建筑物空间元素之间的关联关系……3
1.4　建筑物空间元素的显式和隐式规则……4
1.4.1　规则系统的定义……5
1.4.2　规则系统的应用……6
1.4.3　统计学习的定义……6
1.4.4　建筑物重建中的应用……7
1.4.5　规则与统计学习的融合……8
1.5　基于建筑物平面图图像解析的室内制图方法……8
1.5.1　传统建筑物平面图图像解析方法……8
1.5.2　建筑物平面图图像解析学习方法……10
参考文献……11
第 2 章　基于轮廓划分的建筑物屋顶形状推荐方法……15
2.1　概述……15
2.2　研究进展……16
2.2.1　三维屋顶重建……16
2.2.2　对称性检测……17
2.2.3　屋顶轮廓分解……17
2.3　屋顶形状推荐……17
2.3.1　轮廓分解算法……18
2.3.2　划分对称性检测……21
2.3.3　选择规则……24
2.3.4　组合规则……25
2.3.5　空间对称规则……28
2.3.6　概率计算……28
2.4　实验与分析……29
2.4.1　联合事件概率比较……30
2.4.2　单一事件概率比较……34
2.5　总结与展望……36
2.5.1　理论局限性……36
2.5.2　经验阈值……36

2.5.3 方法应用 ······ 36
参考文献 ······ 36
第 3 章 利用二元不平衡学习标记公共建筑物正门方法 ······ 39
3.1 概述 ······ 39
3.2 研究进展 ······ 41
3.2.1 门检测 ······ 41
3.2.2 入口检测 ······ 42
3.3 研究方法 ······ 42
3.3.1 数据预处理 ······ 43
3.3.2 特征提取 ······ 44
3.3.3 不平衡分类 ······ 47
3.4 实验与分析 ······ 47
3.4.1 实验设置 ······ 47
3.4.2 标记精度 ······ 49
3.5 总结与展望 ······ 52
3.5.1 正门假设 ······ 52
3.5.2 多源数据融合 ······ 52
参考文献 ······ 53
第 4 章 基于几何地图文法的房间语义推理方法 ······ 55
4.1 概述 ······ 55
4.2 研究进展 ······ 56
4.2.1 室内空间模型格式 ······ 56
4.2.2 基于数字化的室内建模 ······ 57
4.2.3 基于图像的室内建模 ······ 57
4.2.4 基于轨迹的室内建模 ······ 57
4.2.5 基于 LiDAR 点云的室内建模 ······ 58
4.2.6 基于规则的室内建模 ······ 58
4.3 布局的形式化表达 ······ 59
4.3.1 建筑物类型定义 ······ 59
4.3.2 建筑物层次语义划分 ······ 60
4.3.3 约束属性文法 ······ 61
4.3.4 规则变量的断言 ······ 61
4.3.5 规则的定义 ······ 62
4.4 房间类型推理算法 ······ 63
4.4.1 方法流程 ······ 63
4.4.2 贝叶斯推理 ······ 64
4.4.3 计算解析森林 ······ 65
4.4.4 计算概率 ······ 68
4.5 实验与分析 ······ 68

4.5.1 训练数据 68
4.5.2 测试过程 69
4.5.3 实验结果 71
4.6 总结与展望 74
4.6.1 文法学习 74
4.6.2 深度学习 74
参考文献 75
第5章 基于随机森林和关系图卷积网络的房间语义推理方法 79
5.1 概述 79
5.2 研究进展 81
5.2.1 基于数字化的室内映射方法 81
5.2.2 基于测量的室内映射方法 81
5.2.3 基于规则的室内映射方法 82
5.3 研究方法 83
5.3.1 基于机器学习的房间类型标记 83
5.3.2 基于深度学习的房间类型标注 87
5.4 实验与分析 90
5.4.1 标记准确性 92
5.4.2 时间消耗比较 95
5.5 总结与展望 96
参考文献 97
第6章 基于遗传规划的室内地标显著性学习方法 101
6.1 概述 101
6.2 研究进展 102
6.3 室内地标显著性属性 103
6.3.1 视觉属性 104
6.3.2 语义属性 105
6.4 研究方法 107
6.4.1 方法流程 107
6.4.2 数据采集和处理 107
6.4.3 基于GP算法的模型训练 108
6.5 实验与分析 110
6.5.1 实验设置 111
6.5.2 实验结果 112
6.5.3 基于GP算法的模型训练 114
6.6 总结与展望 116
参考文献 117
第7章 基于智能图像分析的室内制图与建模方法 119
7.1 概述 119

7.2 建筑物要素矢量化 121
7.2.1 建筑物要素的实例分割 121
7.2.2 墙体和门窗简化 123
7.3 一致性拓扑优化 125
7.3.1 共边检测 125
7.3.2 拓扑优化模型 127
7.3.3 房间提取与模型生成 129
7.4 实验与分析 130
7.4.1 实验设置 130
7.4.2 评价指标 131
7.4.3 实验结果 132
7.4.4 消融实验和参数设置讨论 133
7.4.5 计算成本分析 135
7.5 总结与展望 136
参考文献 137
第 8 章 自优化建筑物平面图图像解析方法 140
8.1 概述 140
8.2 研究方法 142
8.2.1 实例模型训练 142
8.2.2 形态学模板优化 143
8.2.3 自适应训练策略 147
8.3 实验与分析 149
8.3.1 数据集与实验设置 149
8.3.2 实验结果 149
8.4 总结与展望 153
参考文献 154
附录 A 随机森林实现的部分标记结果 156
附录 B 关系图卷积网络实现的部分标注结果 162
附录 C 排序预测结果 168
附录 D 测试场景示例 175

第 1 章　建筑物空间元素重建与智能化室内制图方法

1.1　概　　述

感知和理解人类居住的室内和室外空间是广大地理信息研究人员和从业人员的核心任务之一。建筑物作为人类最重要的居住空间，受到了广泛关注。获取准确、详细和最新的建筑物元素信息是许多关键应用的前提条件[1-4]。特别是在以移动物联网、大数据、云计算、人工智能、工业互联网为代表的新一代信息技术引领的今天，智慧城市、智能空间、智能制造等“智慧产业”“智慧经济”展现出迅猛的发展势头。例如，通过分析建模屋顶形状和建筑物高度对城市峡谷内风流和汽车尾气中气体污染物扩散的影响，可以监测城市中的气体污染问题[5]。此外，基于建筑物的详细三维信息，可以更加准确地分析城市能源消耗，这也是智慧城市服务所必需的[6]。再如，通过计算三维建筑物模型和其他建筑物物理特征（如体积、高度、建筑物类型），准确估算建筑物的动态供暖和制冷需求[7-8]。地理空间信息正在步入从室外走进室内、从宏观走向微观的发展道路。这些发展趋势的交叉融合催生了许多新的技术概念，如建筑物信息模型（building information modeling，BIM）、城市信息模型（city information modeling，CIM）和数字孪生（digital twins），孕育了一些新的技术创新机遇。现在和将来的智能产业以人和机器人的活动空间为物理空间，呈现出“物理信息融合”或“人-机-物融合”的形态。由于人类几乎 90%的时间都在室内活动，室内空间信息已成为支撑智能产业各种形态的基础信息。地理信息系统（geographic information system，GIS）自诞生以来，收集、管理和分析建筑物信息都是其必不可少的工作[9-10]。从最早的加拿大地理信息系统（Canadian geographical information system）到 GIS 市场的引领者美国环境系统研究所（Environmental Systems Research Institute），再到第一个开源 GIS 地理资源分析支持系统（geographic resources analysis support system），乃至今天的商业地图服务（如谷歌地图、高德地图），对建筑物室内外结构和语义进行建模都是其重点任务，也是最具挑战性的任务之一。除 GIS 外，表达建筑物详细信息的其他常见建筑物模型还有 BIM 和城市地理标记语言（city geographic markup language，CityGML）[11]。其中，CityGML 不仅可以表达城市的外观和拓扑特性，而且可以表达其语义特性、分类法和其他要素（如门和屋顶）。这些功能可进一步划分为 5 个连续的细节层次（levels of detail，LoD），其中 LoD0 定义的是一个粗略的区域模型，而最详细的 LoD4 则定义建筑物的内部空间，如房间、门和窗户。BIM 能够表达建筑物的几何信息和丰富的语义信息及它们之间的关系，并支持室内实体的三维几何的多模式表示。

简而言之，无论是今天成熟的 GIS 平台和商业地图提供商，还是被广泛使用的建筑物模型，收集完整、准确和详细的建筑物元素信息始终至关重要。然而，该任务目前仍然存在一些挑战。首先，虽然研究人员针对这些挑战提出了许多解决方案，如通过地球观测卫星和激光探测及测距（light detection and ranging，LiDAR）传感设备，或者利用基于群众智慧的志愿者地理信息（volunteered geographic information，VGI）[12]，自动地在全球范围内重建室内和室外二维和三维建筑物元素，但是由于传感设备的技术局限性和志愿者地理信息数据存在的质量问题，一些关键的建筑物元素（如建筑物类型、建筑物高度、屋顶形状、入口、室内结构和地标等）仍然无法被自动检测，或者在志愿者地理信息上是缺失的。此外，虽然 BIM 作为建筑物、工程与建造产业发展中最亮眼的领域，可有效服务于城市精细化管理与智慧城市已成为广泛共识，但现实中只有少量新建项目才会构建较完整的 BIM，已有的大多数楼宇、地铁站等地上、地下建构筑物只有 CAD 或手绘图纸，且多为扫描的蓝图。现在国内外已有不少基于 CAD 图纸进行自动化、半自动室内制图和建模（包括 BIM）的研究工作，但大多研究缺乏大量有效数据驱动下的验证，方法技术对 CAD 数据的适应性较差。通过大量数据训练生成机器/深度学习模型，应用建筑物规则+机器学习的智能化分析建模方法将成为一大趋势。

1.2 建筑物空间元素重建方法概述

目前存在两种用于重建建筑物空间元素的主流解决方案。第一种解决方案是利用传感设备的传统方案，例如对地观测卫星和 LiDAR，自 20 世纪 80 年代初，研究人员已对其进行了深入研究。1982 年，SPOT Image 创建[13]，这是第一家发布覆盖全球的卫星图像的商业公司，然而从这些早期的卫星图像中只能提取出非常粗糙的信息。随着 LiDAR 等新技术的发展，获取拥有更多细节的高程数据成为可能，为诸如大规模的地形分析和三维模型重建开辟了新的道路。然而，复杂结构的数字建筑物模型生成仍然是一个具有挑战性的问题。首先，目前仍然很难实现全自动的图像理解，通常还需要借助人员手动识别复杂的建筑物。其次，LiDAR 由于覆盖范围窄而受到限制，不适用于大规模的建筑物重建。最后，建筑物的某些物理和语义元素无法从图像和 LiDAR 点云中识别出来，例如无法从空中或街道直接观察到隐藏的建筑物元素（如被遮挡的入口、内部设施和显著性地标）。

第二种解决方案是基于 Goodchild[14]于 2007 年提出的利用群众智慧的志愿者地理信息。Haklay 等设想了一个由 60 亿个组件组成的人类传感器网络[15]，每个组件都是本地信息的智能合成器和解释器。志愿者地理信息最成功的案例之一是开放街道地图（open street map，OSM）①。OSM 创立于 2004 年，最初只专注于英国的地理空间信息，后来成为供所有人自由编辑和访问的全球协作地图。现在，OSM 可以在许多地区（如欧洲和美国）提供与商业竞争对手（如谷歌地图）相当质量（如高覆盖率和准确性）的地理空间数据[16]。每年全球有数百万开放街道地图志愿者提供地理空间数据。根据统计数据，截至 2019 年 11 月 20 日，OSM 中的建筑物数量超过 8000 万，在德国有将近 900 万个以“建筑物”作为关键字的对象。此外，OSM 提供了比其同类商业地图更丰富的建筑物元素，包括屋顶形状、入口和室内结构。但是，由于开放街道地图具有完全开放的特性，志愿者可以自由地选择

① https://www.openstreetmap.org

添加或忽略某些建筑物元素，这导致开放街道地图上经常缺失某些建筑物元素，例如建筑物的入口、屋顶类型和公共建筑物的内部布局。表 1.1 列出了 OSM 上德国 4 个城市的建筑物数量，以及分别标有入口、建筑物类型、建筑物层高、屋顶类型的数量。可以看到只有一小部分（低于 20%）的建筑物被标记了这些元素。

表 1.1　OSM 上德国 4 个城市的建筑物及建筑物元素数量

城市	全部建筑物	入口	建筑物类型	建筑物层高	屋顶类型
法兰克福	40 040	1228	12 988	1181	463
曼海姆	28 853	1418	5178	3538	2 872
海德堡	13 580	499	2124	747	122
卡尔斯鲁厄	16 695	1685	4352	3268	2013

1.3　建筑物空间元素之间的关联关系

为了解决志愿者地理信息解决方案存在的问题，本书试图充分利用已有的空间数据，并根据空间元素之间的关联关系来推理缺失的建筑物元素（即屋顶类型、入口、房间类型和显著性地标）。实现该方案的前提条件是空间元素之间存在很强的关联。

建筑物是由人设计建造的结构。建筑师通常会遵循某些规范或规则，以确保建造的建筑物运转良好，因此，这些建筑物具有重要的社会经济意义[17]。在建筑物架构领域，政府或专家针对建筑物的构建（如医院、机场、办公楼和实验室）提出了许多指南或设计规范[18]。这些指南或设计规范中有许多通用的原则或约束，建筑师在设计建筑物时通常会考虑或遵循这些原则或约束。其中一些原则和约束反映了一个空间元素如何影响或关联另一个空间元素。例如，特定类型的房间（如实验室）的几何属性（如面积和长度）被限制在特定数值范围，并且实验室通常位于外墙以便接收自然光。也就是说，房间的类型与其几何形状和空间上下文（如墙壁）相关。在通常情况下，屋顶的设计应避免形成峡谷空间以尽量减少降雨、积雪和树叶的积聚，这限制了建筑物轮廓划分中的两个相邻矩形可能的屋顶形状组合。也就是说，建筑物的屋顶形状与其轮廓形状相关[19]。

关联关系的存在也解释了为什么世界范围内特定类型的建筑物看起来都相似。新加坡国立大学石墨烯研究中心的 Antonio Castro Neto 表示："实验室已经全球化或统一化，就像无论你去哪里，购物中心看起来都完全相同。" [20]至少在化学领域，拥有实验室工作台、抽风罩和仪器空间似乎是一种常态。

之前的一些研究工作已经利用空间元素的关联来重建建筑物元素。例如，Fan 等[17]利用建筑物类型与轮廓的形状和大小之间的关联性，通过城市形态分析来估算建筑物类型。Kang 等[21]提出利用入口与窗户和墙壁之间的关联性从图像中识别入口位置。Yue 等[22]建议借助一些观察结果（如轮廓和窗户的位置）来预测具有安妮女王（Queen Anne）风格的住宅的室内布局。这些研究借助空间元素的关联获得了较好的推理结果。这也证明了空间元素存在关联关系，并揭示了在建筑物元素推理中应用关联关系的潜力。但是，这些研究并未回答不同情境下应采用何种推理机制（规则系统和统计学习），以及为什么采用某种推理机制的问题。此外，这些研究通常将传感器测量和关联关系结合在推理过程中，因此，目前尚不清楚空间要素之间的关联关系在最终结果中起到了多大的贡献。

1.4 建筑物空间元素的显式和隐式规则

由于建筑物空间元素之间存在关联关系，给定空间元素之间的关联关系，可以手动定义或通过学习获得规则以推断缺失的建筑物元素。在建筑物空间元素推理中，规则可以描述为一个或多个已知空间要素如何影响或确定目标要素的预测结果。空间元素可以分为数值型（如面积和距离）和类别型（如房间类型）两种类型。

根据获取规则的方式，规则可分为显式规则和隐式规则两类。显式规则是指人们可以根据目标领域的先验知识自主定义的且容易被理解的规则。也就是说，可以清晰地理解一个或多个空间元素如何共同影响目标要素的结果。显式规则可以用计算机能理解的形式语言来描述。例如，“卫生间通常不会位于两个办公室之间”的规则可描述为“如果房间 a 和 b 是办公室，而房间 c 在 a 和 b 之间，则房间 c 不太可能是卫生间”。

隐式规则是存在的，但由于缺少目标领域的先验知识或元素之间的关联关系过于复杂，人们无法清晰准确地理解和定义它们。因此，隐式规则通常从标记的训练数据中学习而来。隐式规则的复杂性是指存在大量可能的关联方式。例如，主入口靠近主干道和建筑物轮廓的重心，在道路上很容易观察到，位于轮廓的凸边缘或靠近自行车停车区域。然而，显式地定义规则以建模这些复杂的关联关系是非常困难的。

在建筑物重建任务中，目标空间元素通常与多个空间元素相关联。因此，可以以统一的方式来表示所有的关联关系，从而获得关联图。关联图描述了哪些空间元素是关联的，但不能准确地表达它们。关联图的示例如图 1.1 所示。图中椭圆形和矩形分别表示数值型和类别型元素，虚线边框表示未知元素，而实线边框表示已知元素，深色背景的图形表示目标元素，实线表示关联关系。已知要素之间的关联称为内部关联。

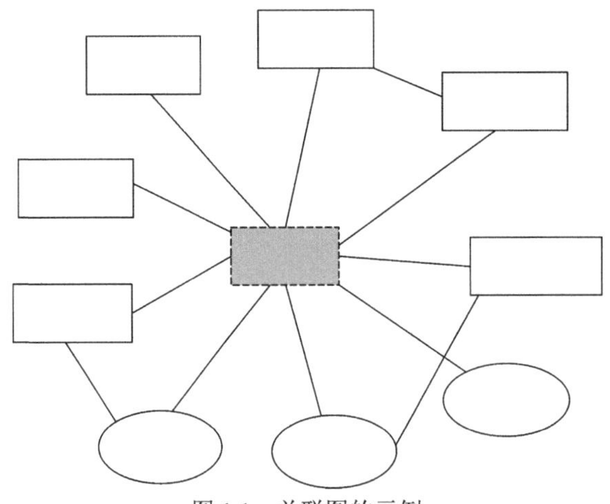

图 1.1　关联图的示例

在关联图中，目标元素是未知的，而其他元素通常是已知的。给定一个关联图，可以使用两种常用方法来推断目标元素：第一种方法是规则系统，它使用显式规则；另一种方法是统计学习，它利用学习到的隐式规则。在规则系统中，专家首先根据关联图和先验知识手动创建规则，以对空间元素之间的关联关系进行建模，然后，给定输入（已知的空间元素），规则系统将根据规则做出连续决策，最后输出目标元素的估计结果。在统计学习中，采用传统的机器学习方式，从关联图中的已知元素中提取出特征，或者以深度学习的方式从原始数据中自动提取特征，而不需要显式的关联图。然后收集大量特征和标签二元组训练模型，以将特征与目标元素进行关联。也就是说，训练后的模型可以用来推断目标元素。下面将介绍规则系统和统计学习的定义、二者在建筑物重建中的应用，以及两种推理技术融合的方法。

1.4.1 规则系统的定义

规则系统是利用显式规则进行推理的方法。它是专家系统的一种变体，可以模仿人类专家的决策能力，通过知识推理来解决复杂问题。专家系统是人工智能的最早形式，可以分为 4 类：基于规则的专家系统、基于框架的专家系统、基于模糊逻辑的专家系统和基于神经网络的专家系统[23]。本小节重点研究基于规则的专家系统，简称规则系统。规则系统通过使用一组明确的规则来表示知识，这些规则表达了在不同情况下该做什么决策或得出什么结论。在本书中，专家手动创建的数学模型被定义为特殊的规则系统，因为数学模型的执行可以看作一种推理过程。

完整的规则系统包含显式规则、数据存储和控制策略三个部分。任何规则都由两个部分组成：if 部分（前提或条件）和 then 部分（结论或操作）。规则可以有多个由 and、or 关键字连接的前提或条件。例如，对于一条规则，其条件可以是“如果一个房间的面积超过 200 m^2，或者该房间通过内门连接到一间办公室”，其结论可能是“该房间不是卫生间”。数据库用于存储规则语句中的条件和结果。当规则执行时，从数据库中调用相应的条件，并将结果放入数据库作为其他规则的条件。控制策略通常在一个名为“推理引擎”的模块中执行。它的作用是告诉规则系统在给定特定输入的情况下如何应用或组合规则。推理引擎的推理过程可以分为正向和逆向两种。

规则系统的一个重要变体是文法[24]。它针对的是由多层次子对象组成的对象（如语言、基因和建筑物）。例如，一个文章段落可以分为多个句子，每个句子又可以进一步划分为多个单词。文法由一组规则组成，用于重写或生成目标对象，并从一个“起始符号”开始进行重写。也就是说，文法通常用作对象生成器。此外，文法还可以用作“识别器”的基础。“识别器”是一种计算功能，用于确定给定对象是否属于目标对象或用于检查文法错误。例如，根据定义的文法规则判断给定的室内布局是否有效。式（1.1）定义了文法中规则的一般格式：

$$Zz(p_1, p_2, \cdots, p_i)\ \text{<pre>}: = X_1x_1, X_2x_2, \cdots, X_kx_k \tag{1.1}$$

式中：Z 为可以被分割或替换为右侧对象 X_k 的父对象或上级对象；x_k 和 z 为对象的实例；p_i 为在应用规则时需要实例化的参数；pre 部分定义了在应用该规则之前应满足的前提条件。文法广泛用于自然语言处理[25]、生物信息[26]和建筑物重建[27]。

1.4.2 规则系统的应用

首个实用的规则系统被认为是 DENDRAL 系统[28]，该系统于 1965 年由斯坦福大学根据美国国家航空航天局的要求开发而成。DENDRAL 系统通过预先输入的经验规则，可以自动生成能解释光谱数据的分子结构。自那时起，规则系统引起了研究人员的广泛关注，并成功应用于不同领域，如健康诊断、词法分析以编译或解释计算机程序及自然语言处理。

建筑物重建可以看作一类特殊的推理问题。规则系统已被广泛地应用于建筑物重建中，以减少对传感器的覆盖范围、测量值密度和准确性的要求，从而辅助建筑物重建。例如，Becker 等[29]手动创建了一些文法规则，用以表达墙壁上门窗的常见组成形式。根据派生的文法，并借助少量传感器测量值（如 LiDAR 或图像）即可自动准确地判断建筑物的外观。同样，Philipp 等[30]手动创建了一些文法规则，以表示建筑物的室内实体（如走廊和房间）的多层次布局原理；然后，通过局部的稀疏测量数据（如点云、图像和迹线），即可重建建筑物的完整室内布局。Yang 等[31]创建了有关门的形状和外观特征的 if-then 规则，基于这些规则可从图像中识别出门。

对于简单的问题，定义一些明确的规则以辅助重建任务是具有成本效益的，这也增强了基于传感器的重建解决方案的智能性。但是，当问题变得复杂时，创建数以千计的显式规则来描述目标域将变得异常困难。某个规则的错误定义甚至可能导致整个系统的失败。例如，早期许多研究人员为形式语言手动创建了文法规则，并希望借此提高自然语言处理任务的智能性，例如词性标记和文法解析。最终，成千上万个显式规则被创建，但仍然无法获得实用且稳定的标记或解析系统。如今，随着大数据时代的到来，获得大量标记的训练数据成为可能，因此，对于此类复杂问题，研究人员会利用统计学习[32]特别是深度学习[33]来获得隐式规则。

1.4.3 统计学习的定义

统计学习指的是一组自动导出隐式规则，用以建模和理解复杂关联关系的方法。统计学习可以粗略地分为有监督的统计学习和无监督的统计学习[34]。一般而言，有监督的统计学习涉及构建一个统计模型，基于一个或多个输入预测或估计输出。它已被广泛应用于商业、医学、天体物理学和公共政策等多个领域。无监督的统计学习有输入但无监督输出，但可以从该类输出数据中了解数据之间的关系和结构。

根据特征提取方式，统计学习也可以分为传统机器学习和深度学习。在早期，机器学习模型已被用于解决许多实际问题，代表性的机器学习模型包括贝叶斯模型、线性回归模型、逻辑回归模型、遗传规划模型、支持向量机（support vector machine，SVM）模型、决策树模型和随机森林（random forest，RF）模型。在这些模型中，数据集中的每个实例都由一组特征或属性来描述，这些特征或属性通常由领域专家确定。为了减少数据的复杂性并使学习算法有效，这些特征通常需要做进一步处理，例如使用主成分分析进行特征选择和提取。然而，当特征数量激增时，特征选择和提取将成为一项烦琐的任务。

自 2012 年谷歌团队开发出一种深度学习模型来识别油管（YouTube）视频中的人和猫

后，深度学习受到越来越多的关注。相比于传统机器学习，深度学习在处理大量数据时的准确性方面具有明显的优势，而且深度学习可以很容易以一种增量方式自动地从数据中学习高级特征，这极大地减少了对领域专业知识和手动提取特征的需求。大多数深度学习方法使用神经网络架构，因此深度学习模型通常被称为深度神经网络。其中“深度”通常是指神经网络中隐藏层的数量。传统的神经网络仅包含 2～3 个隐藏层，而深度网络则可以有多达数千个隐藏层。起初，深度学习应用于对齐的矩阵数据，例如图像、声音和句子。最近，深度学习扩展到非欧几里得结构，即由节点与节点之间的关系（边或链接）构成的图结构。相应的深度学习模型分别基于卷积神经网络（convolutional neural networks，CNN）[35]和图卷积网络（graph convolution networks，GCN）[36]。

1.4.4 建筑物重建中的应用

自动建筑物重建的核心思想是将观测值或传感器测量值（如图像和点云）与某些建筑物元素（如屋顶形状和建筑物类型）进行关联，而统计学习善于建立关联关系，因此，机器学习算法在早期被广泛用于建筑物重建[37]。图像和点云都是欧几里得结构，非常适合基于 CNN 的深度学习算法。另外，地理空间可以自然地组织为图形结构，例如以建筑物为节点、以街道为连接。因此，基于 GCN 的深度学习算法也可以在建筑物重建中发挥作用。

在早期，当相关联的数据为非欧几里得结构或深度学习方法在技术上仍不成熟时，如缺少大量的标记数据或受限于硬件计算能力时，传统的机器学习方法更适用于建筑物重建。例如，Mohajeri 等[38]基于建筑物轮廓和接收的太阳能数据，使用支持向量机对建筑物屋顶进行分类。Lu 等[39]使用机器学习方法（如支持向量机、随机森林、决策树），借助 LiDAR 遥感数据估计建筑物类型（如单户住宅、多户住宅和非住宅建筑物）。Turker 等[40]提出了一种集成方法，该方法融合支持向量机分类、霍夫变换（Hough transformation，HT）和感知分组，从高分辨率光学星载图像中自动识别出矩形和圆形建筑物。

随着深度学习技术的成熟和大数据时代的到来，深度学习渐渐成为建筑物重建的主流。例如，Vakalopoulou 等[41]使用基于 CNN 的深度学习方法，从大量标记的数据中训练模型，然后根据输入的高分辨率遥感图像识别建筑物要素。Wichmann 等[42]使用基于 CNN 的深度学习算法，借助点云数据和建筑物轮廓推测建筑物的三维模型，如建筑物外观和屋顶形状。Srivastava 等[43]使用基于 CNN 的深度学习算法，通过谷歌街景地图对建筑物进行分类，该方案从开放街道地图中自动提取训练数据而无须手动标记训练数据。

基于 CNN 的深度学习方法要求处理的数据具有欧几里得结构（如图像和点云）。但是，在现实世界中，许多数据不具有欧几里得结构而是具有图结构，例如社交网络和地理空间中的实体。而传统的基于 CNN 算法显然无法很好地处理图结构数据。为了满足这一需求，Kipf 等[36]提出了图卷积网络（GCN）。然而，目前还没有研究探讨如何在建筑物重建中使用 GCN。尽管如此，它仍然具有巨大的潜力。例如，GCN 可以通过将建筑物表示为图中的节点，并将周围建筑物与道路之间的关系（如拓扑和对比度）作为连接，来估计建筑物的类型（用途）和地标适用性等。在图结构中，当前节点的类型与邻近节点的特征和类型及它们之间的连接关系有关，而 GCN 可以自动从邻近节点收集特征以对当前节点进行分类。

1.4.5 规则与统计学习的融合

通过统计学习得出的隐式规则和手动定义的显式规则各有优缺点。一方面，由于目标领域（如自然语言和建筑物）的多样性，领域专家无法为这些复杂问题手动定义准确而完整的规则；同时，缺少大量标记的训练数据一直是机器学习（尤其是深度学习算法）面临的最大挑战。另一方面，定义或生成概念性的知识对专家而言较为容易，而对统计学习而言则困难得多。相反，获得准确的数值型规则或知识，是统计学习比较擅长但专家很难实现的任务。因此，一些研究人员认为最佳的解决方案是将显式规则与统计学习融合。

建筑物重建领域的研究人员据此已经进行了一些初步的尝试。具体思路是通过统计学习来改进被专家定义的显式规则，或者通过训练数据补充数值规则（如参数和概率）。例如，为了重建特定风格的建筑物的外观，Dehbi 等[44]提出了一种基于归纳逻辑编程的机器学习方法，旨在学习建筑物的文法规则。具体而言，是从数量有限的正负样本及以逻辑形式组织的建筑物部件的背景知识中得出归纳规则。背景知识可以由专家提供，也可以借助三维点云自动提取。Philipp 等[30]使用点云重建室内布局，进而学习房间分割的文法规则参数，将增强的文法规则用于重建其他楼层的室内布局。Gadde 等[45]提出了一个新颖的框架，从一组标记的图像中学习紧凑的文法，进而用于建筑物外观的重建。具体而言，在一个简单且通用的文法上运行现有推理算法，构建可解释这些已标记图像的解析树，然后从这些解析树中寻找重复的子树并将其合并在一起，以生成具有较少规则的文法。此外，对这些规则执行无监督聚类，将具有同一复杂模式的规则组合在一起，以推导并产生更少规则的文法。Dehbi 等[46]提出了用于三维建筑物重建的加权约束上下文无关文法规则的学习方法。具体而言，使用支持向量机生成加权的上下文无关文法，并预测结构化输出，如解析树，然后基于统计关系学习方法，如马尔可夫逻辑网络，获得文法的参数和约束。

1.5 基于建筑物平面图图像解析的室内制图方法

以建筑物平面图作为数据源的室内制图与建模可使用人工处理完成，金永来[47]和李灿[48]针对室内应急疏散和停车应用分别设计了人工制图和建模流程，但人工制图和建模的效率较低，很难支撑大规模的室内空间数据制备需求。对平面图图像进行自动解析，以提取图像上室内要素的几何与语义信息，是提高以平面图图像为数据源的室内制图与建模效率的关键。已有的研究方法可以分为传统建筑物平面图图像解析方法和建筑物平面图图像解析学习方法两种类型。传统建筑物平面图图像解析方法根据特定的图式符号设计提取规则，用于提取室内实体建筑物要素。建筑物平面图图像解析学习方法在训练阶段从一定数量的数据中学习要素的提取特征和分类参数，并在测试阶段使用学习到的模型对输入的平面图图像进行处理。

1.5.1 传统建筑物平面图图像解析方法

传统建筑物平面图图像解析方法一般有 4 个阶段：①图像预处理；②图像几何基元提

取；③室内要素语义识别；④三维简易模型生成。其中图像预处理和图像几何基元提取一般称为低层次处理，而室内要素语义识别则为高层次处理。在传统方法中，图像几何基元提取和室内要素语义识别均需要根据平面图图像的图式符号类型进行针对性的设计。

在图像预处理阶段，首先需要对图像进行去噪和二值化，针对包含文字注释的平面图图像，还需要进行图文分离（text/graphics segmentation）的关键操作[49]，避免文字等符号干扰后续的基元提取。图文分离首先需要计算图像中的连通区域，并计算连通区域外包矩形的面积和长宽比等参数，统计出现频次，并据此设置阈值，筛除面积和长宽比不符合文字外包矩形特征的连通区域[50]。在这个基本流程中，Ahmed 等[51]根据平面图图像的特征，在计算连通区域之前，通过形态学变换移除墙体所对应的粗线，并在文字和图形相交的情况下，修复被文字提取操作损坏的图形，从而得到更完整的图形与文字分离结果。

在图像几何基元提取阶段，传统方法分离了文字的图像上检测线段与弧段，并转换为矢量图形[52]，提取的线段和弧段即为后续语义识别环节的输入。常见的基元提取首先对平面图图像进行边缘检测，然后通过霍夫变换[53]方法提取线和弧段。针对墙体表示为粗实线的平面图，还可以通过多次的形态学变换，将粗细不同的线基元分离到不同的图层，最粗的线一般为建筑物的外部承重墙，而中等宽度的线则一般为建筑物内部的内墙，更细的线则多数为平面图上表示家具和门窗的符号。分离了粗细不同的线之后，再对粗线图层进行边缘检测，并使用霍夫变换方法矢量化边缘对应的线要素。然而，使用霍夫变换进行线段提取存在阈值设置困难的问题：线的长度阈值设置过大，会遗漏分布于拐角或者门窗间隔处等表示关键细节的短线；设置过小，则容易引入过多的噪声[54]。因此，Macé 等[54]同时检测图片上的长线与短线，并搜索距离相近且共线的短线进行连接。目前，传统方法的基元检测主要根据图式符号较为简单的平面图（即墙体表示为较粗的黑实线、图面上的辅助轴线等线状指示符号较少的平面图）设计。

在室内要素语义识别阶段，传统方法根据平面图上墙体、门窗和楼梯等建筑物要素的符号特征设计规则，在提取的基元中识别语义要素，并根据门窗和墙体的闭合情况进行室内空间的分割，提取房间。最典型的一种墙体识别方法是在基元中搜索距离小于一定阈值、平行且两端对齐的线段[55]。门的识别则搜索弧段基元，并检测该弧段所对应的角度是否为90°，该弧段是否连接到已经识别的墙体基元上[56]。Ahmed 等[57]在对门窗的识别中，使用加速稳健特征（speeded-up robust features，SURF）[58]方法对门窗符号模板和平面图进行特征匹配。在比较完整的墙体和门窗检测结果的基础上，可以直接构建室内空间闭环，从而提取房间。当墙体和门窗检测情况欠佳时，Goodchild[12]假定室内房间趋近于凸包形状，且一般是由若干矩形构成，作为室内空间分割的先验知识，当因边界要素检测欠佳而产生凹包时，则在凹节点处重新分割，并使用优化方法估计构成房间的矩形。Ahmed 等[51]在边界要素闭环的基础上，根据房间的语义标签进一步划分房间的子功能区，该方法检测平面图上的房间文本标签，当一个房间的文本标签多于一个时，则根据标签的距离确定功能区辐射范围，将物理分区划分为多个子语义分区。在楼梯的识别方面，Dosch 等[59]通过启发式的方法，在给定连续台阶数与台阶大小的情况下，搜索连续的规则多边形，实现楼梯的识别。

在三维简易模型生成阶段，传统方法以二维的墙体和门窗等结果作为底部多边形，进行三维基础操作，即可生成三维简易模型。此外，Dodge 等[60]和 Ah-Soon 等[61]提出了多楼层的三维建模方法，该方法提取单楼层要素，利用跨楼层要素如楼梯、管道、外墙边界等进行多楼层的要素匹配，确定各个楼层之间的几何变换关系。

正如 Cordella 等[62]和 Yin 等[63]所总结，传统方法根据特定图式符号设计几何基元与语义要素识别规则的方法具有较大的局限性。已有方法所提出的规则主要适用于图式符号较为简单的平面图，处理的墙体多采用粗实线表示，难以扩展到图面更加复杂、墙体符号更为灵活多样的平面图中。

1.5.2 建筑物平面图图像解析学习方法

近年来，学习方法开始被应用到建筑物平面图图像解析中。学习方法不预先对建筑物平面图图像的风格图示进行假设，直接通过训练从数据中学习平面图识别的模型参数。基于学习方法的平面图图像解析可以分为基于轮廓的方法和基于连接点的方法两类。

基于轮廓的方法对平面图图像进行语义分割[64]，即对平面图图像上的像素进行分类，分割结果为室内实体建筑物要素的对应区域。Gimenez 等[65]提出一种结合视觉词袋（bag of visual words，BoVW）和分类器的分割方法。该方法首先构建平面图格网，切割出可相互叠置的块（patch），然后选用合适的特征计算各个块的特征向量，对特征向量进行聚类，将数量众多的块压缩为几十簇的平均特征向量，再取频次出现最高的类作为该簇的真值，训练分类器，构建视觉词表，使用相同的流程处理测试平面图，最后使用分类器对测试平面图的块分类，测试图像的像素分类即为覆盖该像素的块中数量最多的预测类型。分类器可选用支持向量机（SVM）[66]或者随机森林（RF）[67]等。Cortes 等[68]则应用了深度学习方法，采用全卷积网络（fully convolutional network，FCN）对平面图中的墙体要素进行语义分割，采用 Faster R-CNN 模型对平面图上的门窗和家具等要素进行对象检测。语义分割方法一般将预测值与真值之间的交集与并集的面积比，即交并比（intersection over union，IoU）作为关键评价指标。Breiman[69]和 Ren 等[70]在墙体要素分割上均取得了较高的交并比，然而，由于语义分割所预测的区域在边界上置信度较低，呈现出的几何形态十分复杂，难以对墙体和门窗等边界要素进行拓扑检查、构环和房间提取，即使取得了很高的交并比，房间的提取精度也依然不高。

基于连接点的方法检测平面图上的连接点，并建立整数规划模型，可生成连接点之间的墙体和门窗等线状室内要素，构建闭环，提取房间[67]。Dodge 等[61]设计了 13 类连接类型，由 I 形、L 形、T 形和 X 形拐点进行直角旋转变换组合而成，并采用深度神经网络预测各类连接点的热力图，概率高于阈值的像素位置即为某类连接点。为连接各个连接点，该方法以室内房间的邻接拓扑关系、室内边界建筑物要素的闭环拓扑关系为约束，提出整数规划模型，通过优化方法判断连接点之间是否存在墙体或者门窗等。该方法采用户型图作为数据集，墙体同样多用粗实线表示，在连接点和房间的提取上取得了较高的精度。然而，基于连接点的方法也存在一定的局限性，这类方法无法检测墙体的厚度，也无法检测曲线墙体。此外，现有的连接点连接模型尚无法实现倾斜墙体的连接，处理的平面图必须满足曼哈顿假设。

参考文献

[1] Haala N, Kada M. An update on automatic 3D building reconstruction[J]. Journal of Photogrammetry and Remote Sensing, 2010, 65(6): 570-580.

[2] Rottensteiner F, Sohn G, Jung J, et al. The ISPRS benchmark on urban object classification and 3D building reconstruction[J]. ISPRS Annals of the Photogrammetry, Remote Sensing and Spatial Information Sciences, 2012, 1(1): 293-298.

[3] Volk R, Luu T H, Mueller R J S, et al. Deconstruction project planning of existing buildings based on automated acquisition and reconstruction of building information[J]. Automation in Construction, 2018, 91: 226-245.

[4] Vosselman G, Dijkman S. 3D building model reconstruction from point clouds and ground plans[J]. International Archives of Photogrammetry Remote Sensing and Spatial Information Sciences, 2001, 34(3-4): 37-44.

[5] Allegrini J. A wind tunnel study on three-dimensional buoyant flows in street canyons with different roof shapes and building lengths[J]. Building and Environment, 2018, 143: 71-88.

[6] Bahu J M, Koch A, Kremers E, et al. Towards a 3D spatial urban energy modelling approach[J]. ISPRS Annals of the Photogrammetry, Remote Sensing and Spatial Information Sciences, 2013, 2: 33-41.

[7] Hosseini M, Tardy F, Lee B. Cooling and heating energy performance of a building with a variety of roof designs: The effects of future weather data in a cold climate[J]. Journal of Building Engineering, 2018, 17: 107-114.

[8] Yassin M F. Impact of height and shape of building roof on air quality in urban street canyons[J]. Atmospheric Environment, 2011, 45(29): 5220-5229.

[9] Dore C, Murphy M. Integration of historic building information modeling (HBIM) and 3D GIS for recording and managing cultural heritage sites[C]//18th International Conference on Virtual Systems and Multimedia, IEEE, 2012: 369-376.

[10] Maliene V, Grigonis V, Palevičius V, et al. Geographic information system: Old principles with new capabilities[J]. Urban Design International, 2011, 16: 1-6.

[11] Gröger G, Plümer L. CityGML-Interoperable semantic 3D city models[J]. ISPRS Journal of Photogrammetry and Remote Sensing, 2012, 71: 12-33.

[12] Goodchild M F. Crowdsourcing geographic knowledge: Volunteered geographic information (VGI) in theory and practice[M]. Berlin: Springer Science & Business Media, 2012.

[13] Day T, Muller J P. Digital elevation model production by stereo-matching spot image-pairs: A comparison of algorithms[J]. Image and Vision Computing, 1989, 7(2): 95-101.

[14] Goodchild M F. Citizens as sensors: The world of volunteered geography[J]. GeoJournal, 2007, 69: 211-221.

[15] Haklay M, Weber P. Openstreetmap: User-generated street maps[J]. IEEE Pervasive Computing, 2008, 7(4): 12-18.

[16] Ciepłuch B, Jacob R, Mooney P, et al. Comparison of the accuracy of OpenStreetMap for Ireland with Google maps and Bing maps[C]//9th International Symposium on Spatial Accuracy Assessment in Natural Resuorces and Enviromental Sciences, University of Leicester, 2010: 337.

[17] Fan H C, Zipf A, Fu Q. Estimation of building types on OpenStreetMap based on urban morphology analysis[M]. Berlin: Springer, 2014.

[18] Braun H, Grömling D. Research and technology buildings: A design manual[M]. Berlin: Walter de Gruyter, 2005.

[19] Torrington J. Care homes for older people: A briefing and design guide[M]. London: Taylor & Francis, 2003.

[20] Charlotte K. New laboratories: Historical and critical perspectives on contemporary developments[M]. Berlin: Walter de Gruyter, 2016.

[21] Kang S J, Trinh H H, Kim D N, et al. Entrance detection of buildings using multiple cues[C]//Intelligent Information and Database Systems: Second International Conference, ACIIDS, Hue City, Vietnam. Berlin: Springer, 2010: 251-260.

[22] Yue K, Krishnamurti R, Grobler F. Estimating the interior layout of buildings using a shape grammar to capture building style[J]. Journal of Computing in Civil Engineering, 2012, 26(1): 113-130.

[23] Tan H. A brief history and technical review of the expert system research[C]//IOP Conference Series: Materials Science and Engineering, 2017, 242(1): 012111.

[24] Ginsburg S. The mathematical theory of context free languages[J]. Journal of Symbolic Logic, 1968, 33(2): 300-301.

[25] Doran C, Egedi D, Hockey B A, et al. XTAG system: A wide coverage grammar for English[J]. Computer Science, 1994, 10(20): 13-25.

[26] Fishman M C, Porter J A. A new grammar for drug discovery[J]. Nature, 2005, 437(7058): 491-493.

[27] Vanegas C A, Aliaga D G, Benes B. Building reconstruction using Manhattan-World grammars[C]//2010 IEEE Computer Society Conference on Computer Vision and Pattern Recognition, 2010: 358-365.

[28] Lindsay R K, Buchanan B G, Feigenbaum E A, et al. DENDRAL: A case study of the first expert system for scientific hypothesis formation[J]. Artificial Intelligence, 1993, 61(2): 209-261.

[29] Becker S, Haala N. Grammar supported facade reconstruction from mobile LiDAR mapping[C]//ISPRS Workshop, CMRT09-City Models, Roads and Traffic, 2009, 38: 13.

[30] Philipp D, Baier P, Dibak C, et al. Mapgenie: Grammar-enhanced indoor map construction from crowd-sourced data[C]// IEEE International Conference on Pervasive Computing and Communications (PerCom), 2014: 139-147.

[31] Yang X, Tian Y. Robust door detection in unfamiliar environments by combining edge and corner features[C]//IEEE Computer Society Conference on Computer Vision and Pattern Recognition-Workshops, 2010: 57-64.

[32] Brants T. TnT: A statistical part-of-speech tagger[J]. Computation and Language, 2000, 2(7): 14-21.

[33] Young T, Hazarika D, Poria S, et al. Recent trends in deep learning based natural language processing[J]. IEEE Computational Intelligence Magazine, 2018, 13(3): 55-75.

[34] James G, Witten D, Hastie T, et al. An introduction to statistical learning[M]. New York: Springer, 2013.

[35] Chen Y. Convolutional neural network for sentence classification[D]. Waterloo: University of Waterloo, 2015.

[36] Kipf T N, Welling M. Semi-supervised classification with graph convolutional networks[J]. Computer Science, 2016, 9(1): 34-36.

[37] Adan A, Huber D. 3D reconstruction of interior wall surfaces under occlusion and clutter[C]//International Conference on 3D Imaging, Modeling, Processing, Visualization and Transmission, 2011: 275-281.

[38] Mohajeri N, Assouline D, Guiboud B, et al. A city-scale roof shape classification using machine learning for solar energy applications[J]. Renewable Energy, 2018, 121: 81-93.

[39] Lu Z, Im J, Rhee J, et al. Building type classification using spatial and landscape attributes derived from LiDAR remote sensing data[J]. Landscape and Urban Planning, 2014, 130: 134-148.

[40] Turker M, Koc-San D. Building extraction from high-resolution optical spaceborne images using the integration of support vector machine (SVM) classification, Hough transformation and perceptual grouping[J]. International Journal of Applied Earth Observation and Geoinformation, 2015, 34: 58-69.

[41] Vakalopoulou M, Karantzalos K, Komodakis N, et al. Building detection in very high resolution multispectral data with deep learning features[C]//IEEE International Geoscience and Remote Sensing Symposium (IGARSS), 2015: 1873-1876.

[42] Wichmann A, Agoub A, Kada M. ROOFN3D: Deep learning training data for 3D building reconstruction[J]. International Archives of the Photogrammetry, Remote Sensing & Spatial Information Sciences, 2018, 42(2): 123-129.

[43] Srivastava S, Vargas M J, Sylvain L, et al. Fine-grained landuse characterization using ground-based pictures: A deep learning solution based on globally available data[J]. International Journal of Geographical Information Science, 2020, 34(6): 1117-1136.

[44] Dehbi Y, Hadiji F, Gröger G, et al. Statistical relational learning of grammar rules for 3D building reconstruction[J]. Transactions in GIS, 2017, 21(1): 134-150.

[45] Gadde R, Marlet R, Paragios N. Learning grammars for architecture-specific facade parsing[J]. International Journal of Computer Vision, 2016, 117: 290-316.

[46] Dehbi Y, Plümer L. Learning grammar rules of building parts from precise models and noisy observations[J]. ISPRS Journal of Photogrammetry and Remote Sensing, 2011, 66(2): 166-176.

[47] 金永来. 交互式室内 3D 地图的设计与实现[D]. 长春: 吉林大学, 2015.

[48] 李灿. 面向停车诱导的室内地图模型构建与应用[D]. 武汉: 武汉大学, 2017.

[49] Ahmed S, Liwicki M, Weber M, et al. Improved automatic analysis of architectural floor plans[C]//International Conference on Document Analysis and Recognition, IEEE, 2011: 864-869.

[50] Tombre K, Tabbone S, Pélissier L, et al. Text/graphics separation revisited[C]//International Workshop on Document Analysis Systems. Berlin : Springer, 2002: 200-211.

[51] Ahmed S, Weber M, Liwicki M, et al. Text/graphics segmentation in architectural floor plans[C]//International Conference on Document Analysis and Recognition, IEEE, 2011: 734-738.

[52] Dodge S, Xu J, Stenger B. Parsing floor plan images[C]//15th IAPR International Conference on Machine Vision Applications (MVA), IEEE, 2017: 358-361.

[53] Hough P V C. Method and means for recognizing complex patterns: U. S., 3069654[P]. 1962-12-18.

[54] Macé S, Locteau H, Valveny E, et al. A system to detect rooms in architectural floor plan images[C]//9th IAPR International Workshop on Document Analysis Systems, ACM, 2010: 167-174.

[55] Gimenez L, Robert S, Suard F, et al. Automatic reconstruction of 3D building models from scanned 2D floor plans[J]. Automation in Construction, 2016, 63: 48-56.

[56] Or S, Wong K H, Yu Y, et al. Highly automatic approach to architectural floorplan image understanding & model generation[J]. Pattern Recognition, 2005: 25-32.
[57] Ahmed S, Liwicki M, Weber M, et al. Improved automatic analysis of architectural floor plans[C]//International Conference on Document Analysis and Recognition, IEEE, 2011: 864-869.
[58] Bay H, Tuytelaars T, Van Gool L. Surf: Speeded up robust features[C]//European Conference on Computer Vision. Berlin: Springer, 2006: 404-417.
[59] Dosch P, Tombre K, Ah-Soon C, et al. A complete system for the analysis of architectural drawings[J]. International Journal on Document Analysis and Recognition, 2000, 3(2): 102-116.
[60] Dodge S, Xu J, Stenger B. Parsing floor plan images[C]//15th IAPR International Conference on Machine Vision Applications (MVA), IEEE, 2017: 358-361.
[61] Ah-Soon C, Tombre K. Variations on the analysis of architectural drawings[C]//4th International Conference on Document Analysis and Recognition, IEEE, 1997, 1: 347-351.
[62] Cordella L P, Vento M. Symbol recognition in documents: A collection of techniques?[J]. International Journal on Document Analysis and Recognition, 2000, 3(2): 73-88.
[63] Yin X, Wonka P, Razdan A. Generating 3D building models from architectural drawings: A survey[J]. IEEE Computer Graphics and Applications, 2009, 29(1): 20-30.
[64] Ijiri T, Yoshizawa S, Sato Y, et al. Bilateral hermite radial basis functions for contour-based volume segmentation[C]//Computer Graphics Forum, Oxford, UK: Blackwell Publishing Ltd, 2013, 32(2pt1): 123-132.
[65] Gimenez L, Hippolyte J L, Robert S, et al. Reconstruction of 3D building information models from 2D scanned plans[J]. Journal of Building Engineering, 2015, 2: 24-35.
[66] De las Heras L P, Ahmed S, Liwicki M, et al. Statistical segmentation and structural recognition for floor plan interpretation[J]. International Journal on Document Analysis and Recognition, 2014, 17(3): 221-237.
[67] De las Heras L P, Mas J, Sánchez G, et al. Notation-invariant patch-based wall detector in architectural floor plans[C]//International Workshop on Graphics Recognition. Berlin: Springer, 2011: 79-88.
[68] Cortes C, Vapnik V. Support-vector networks[J]. Machine Learning, 1995, 20(3): 273-297.
[69] Breiman L. Random forests[J]. Machine Learning, 2001, 45(1): 5-32.
[70] Ren S, He K, Girshick R, et al. Faster R-CNN: Towards real-time object detection with region proposal networks[C]//Advances in Neural Information Processing Systems, 2015: 91-99.

第 2 章　基于轮廓划分的建筑物屋顶形状推荐方法

开放街道地图（OSM）上的建筑物轮廓被越来越多地应用于三维城市重建。然而，在 OSM 上很少表达复杂建筑物屋顶形状。额外的数据需求（如航拍影像或三维点云）限制了许多屋顶重建方法的适用性。为了解决这一问题，本章提出一种新的方法，利用建筑物轮廓的内在特征，借助轮廓划分中的矩形组合规则和轮廓的对称特征来预测复杂建筑物的屋顶形状。首先，利用一种改进的最小不重叠覆盖算法将复杂的建筑物轮廓划分为多个小的矩形，选出矩形数量最少的划分。然后，提出一种基于图的对称性检测算法来识别划分中的所有对称子集，同时定义一组规则对划分进行排序，并选择最佳的划分进行后续的屋顶形状预测。最后，通过定义的组合规则和轮廓的对称特性，计算给定轮廓下建筑物屋顶为特定屋顶形状组合的概率，以及每个矩形和 L 单元（L-unit）为特定屋顶形状的概率。实验结果表明，使用本章提出方法后，正确预测单个矩形的先验概率从 17%提高到 45%、正确预测整个建筑物屋顶形状的先验概率从 0.29%提高到 14.3%，分别排除了 60%和 93%的不正确屋顶形状选项。

2.1　概　　述

开放街道地图（OSM）是最成功和最受欢迎的志愿者地理信息项目之一[1]。300 多万注册会员使 OSM 数据快速增长。OSM 数据不仅包含道路，还涵盖越来越多的兴趣点（points of interest，POI）、城市设施、土地利用情况和建筑物，从中可以提取并挤压成三维建筑物[2]。目前有多个项目从 OSM 生成并可视化三维建筑物，如 OSM-3D（www.osm-3d. org）、OSM Buildings（www.osm-3d.org）和 Glosm（http://wiki.openstreetmap.org/wiki/Glosm）等。这些项目的主要局限性在于缺乏建筑物屋顶信息，并且大多数建筑物的细节层次较低[3]。

三维屋顶重建[4-6]通常是利用激光雷达和航空图像实现的。如果有足够的传感器数据覆盖某个区域，那么该区域建筑物的屋顶形状可以被精准重建。然而，这些方法对传感器设备的依赖性较高且计算量大。测量数据的不足也会导致不准确和不完整的屋顶重建。此外，OSM 社区通常会为建筑物提供一个非常简单的屋顶形状标签，即 OSM 允许用户将屋顶形状定义为某一基本屋顶类型，如平面形、人字形、半四坡形、四坡形和棱锥形。然而，建筑物的屋顶类型构成往往很复杂，如由多个不同的基本屋顶类型构成，因此在 OSM 上不可能通过定义一个标签描述复杂建筑物的屋顶。本章提出一种将复杂的建筑物轮廓划分为小的矩形进而预测建筑物屋顶形状的方法。该方法只利用建筑物轮廓的内在特征，即轮廓划分的组合规则和对称特性，不需要借助额外的数据（如传感器数据）。因为在大多数国家，建筑物轮廓可以很容易地从地籍数据和 OSM 中获得。

本章提出的方法主要基于两个事实。一是 Kruger 等[7]提出的建筑物屋顶设计原则：屋顶的设计应该尽量减少降雨、降雪和树叶的积聚，从而避免狭窄空间的形成。当只考虑三个基本屋顶类型（人字形、半四坡形和四坡形）时，该设计原则就可以用来约束两个相邻矩形的屋顶形状。二是广泛存在的建筑物对称性。建筑物对称性的流行归因于文化、经济、审美等多方面的因素。图 2.1 展示了建筑物屋顶形状及其相关轮廓的划分示例。可以看出，建筑物轮廓的对称性也反映在屋顶的形状上。因此，轮廓对称性是对屋顶形状进行预测的重要依据。

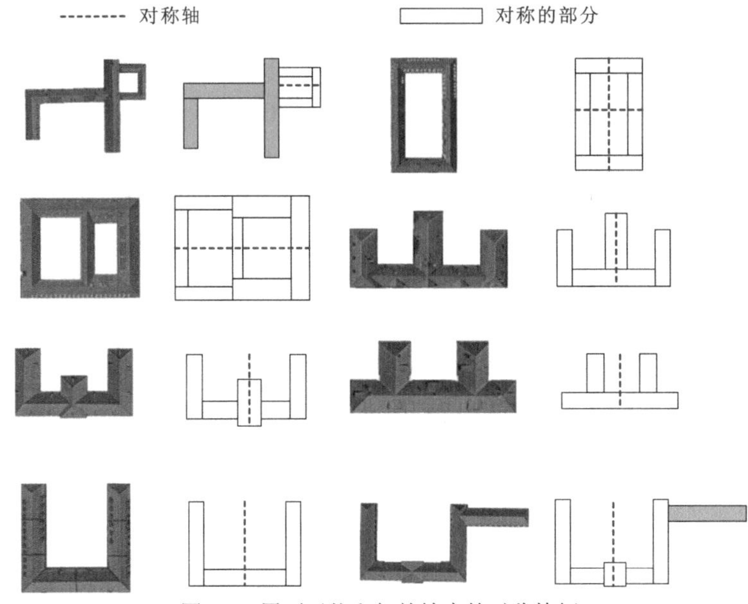

图 2.1　屋顶形状和相关轮廓的对称特征

本章首先利用增强的最小非重叠覆盖（minimal non-overlapping cover，MNC）算法[8]将复杂的建筑物轮廓分解为多个矩形，然后使用递归函数列出所有矩形数量最小的划分。接着，提出一种基于图的对称检测算法来识别划分中的对称子集。该算法将矩形表示为一维线段，从而使划分表达为无向图。相应的任务就变成寻找所有连通子图的对称轴。与此同时，定义一组规则来评估划分，并选择得分最高的划分用于屋顶形状推荐或预测。定义一组组合规则和对称规则来排除错误的屋顶选项。计算单个矩形或 L 单元和整个建筑物为某一特定屋顶形状或形状组合的概率，并对预测的屋顶形状或形状组合按照概率进行排序。

2.2　研 究 进 展

2.2.1　三维屋顶重建

三维屋顶重建方法可分为两大类：数据驱动[9,10]和模型驱动[5,11-13]。数据驱动方法直接从点云或从单源/多源数据提取的特征中重建三维模型。这个过程不需要将复杂的建筑物分解成基本体。许多数据驱动的算法（如区域生长算法、三维霍夫变换、随机抽样一致算法）被提出并用于识别屋顶类型。模型驱动方法需要屋顶基本体的模型库。基于模型库，用户可以在预定义的三维基本体与三维点云数据之间建立对应关系。对于复杂的建筑物，其轮廓通常会被分解成多个小的矩形。这两种方法都依赖传感器，而测量数据的不足往往会导致屋顶重建的不准确性和不完整性。此外，尽管模型驱动的方法也使用建筑物的轮廓，但其目的是将轮廓分割成与屋顶基本体相关联的矩形。

例如，Pita 等[14]调查了多个国家的不同建筑物屋顶形状的比例。在所调查的国家中，人字形和四坡形屋顶的占比分别为 72%和 20%，而这可以作为屋顶形状预测的参考。如果预先对测试区域进行调查，则可以获得较高的预测准确度。然而，大多数地区屋顶形状概率分布情况是未知的。

2.2.2 对称性检测

建筑物对称性是一个热门研究话题[15]。例如，Musialski 等[16]试图通过使用外观中的对称性来移除外观图像中不需要的内容，并用规则替换相应内容。常用的多边形对称性检测算法基于字符串匹配，例如将多边形编码为字符串，即将多边形编码为角度和边长序列[17-18]。Haunert[19]提出了一种基于字符串匹配方法的对称性检测算法，用于识别地图生成任务中轮廓的轴对称性和代表性结构。除了字符串匹配方法，Dehbi 等[20]使用支持向量机和一个正式的文法对建筑物轮廓的对称性和层次结构进行识别与建模，从而辅助外观和屋顶的重构。因此，本章提出一种新的方法，利用建筑物轮廓的对称特征来预测复杂建筑物的屋顶形状。

2.2.3 屋顶轮廓分解

许多学者在将复杂多边形划分为更小的部分以进行屋顶重建方面已经有了许多探索。Suveg 等[12]建议延长凹角相交的轮廓。该方法可能会生成多个划分，因为轮廓线可以在垂直和水平两个方向上延伸。如果两个矩形共享一条公共边，则它们将被合并。最后使用最小描述长度（minimum description length，MDL）原则对划分结果进行排序，并赋予矩形数量较少的划分更高的优先级。这种方法的缺点是，在特定情况下可能会产生多个具有最少矩形数量的划分，其中也包括不合理的划分。Vallet 等[21]提议将多边形轮廓分解为一组不重叠的多边形子轮廓，以解决轮廓中的不一致问题。它主要使用拆分和合并操作，该操作由合并了数字高程模型的水平和垂直梯度的能量函数控制。Vosselman 等[6]将轮廓划分为多个单元，然后通过合并或分割具有 LiDAR 点云的单元来细化分割结果。单元分解是完全分解的初始阶段。要实现完全分解，该方法必须借助传感器测量数据。Gooding 等[22]试图在一个建筑物轮廓中找到最大面积矩形。然而，在许多情况下，该方法会产生大量的矩形碎片，这些碎片太小，不能与屋顶基本体相关联，因此无法达到最佳的分割效果。

2.3 屋顶形状推荐

图 2.2 所示为屋顶形状推荐方法流程，具体步骤如下。①使用改进的最小非重叠覆盖（MNC）算法将轮廓分解成矩形，进而列出矩形最少的所有划分。②使用基于图的对称检测算法来检测划分中的对称结构，并表示为连通图。③定义一组规则来评估划分，并选择

最佳的划分用于屋顶形状推荐。④定义一组组合规则和一个对称规则。组合规则规定每个矩形组合方法只能对应于特定几个屋顶基本体的组合，而对称规则定义两个对称矩形必须具有相同的屋顶类型。应用上述规则可以排除许多违反这些规则的不正确的屋顶选项。⑤计算每个矩形为某个屋顶基本体的概率及整个建筑物为某个屋顶基本体组合的概率。概率最高的结果可以推荐给 OSM 志愿者。

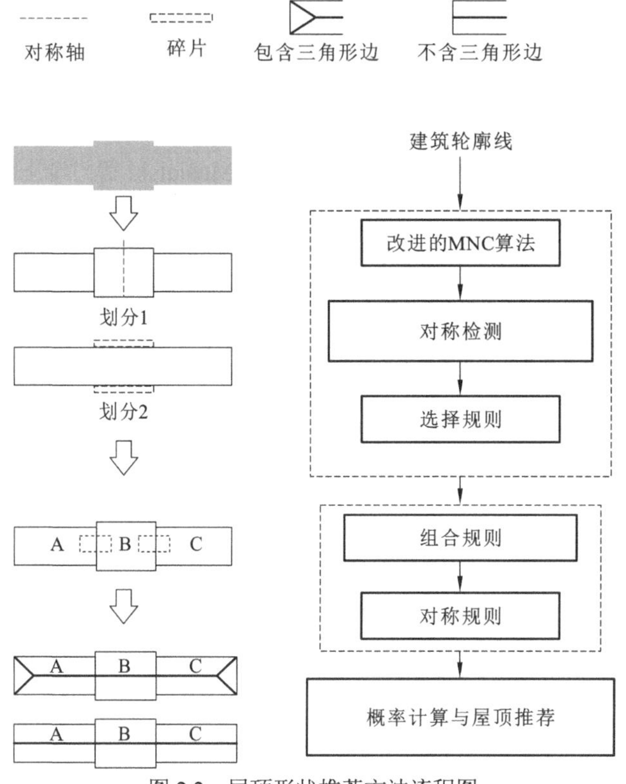

图 2.2　屋顶形状推荐方法流程图

如图 2.2 所示，基于改进的 MNC 算法，示例建筑物的轮廓可以被分解为两个划分（划分 1 和划分 2）。接下来，提出的算法会识别出每个划分中的对称轴，该轴用虚线表示。如在划分 1 中，由 A 和 B 的左半部分组成的子划分和由 C 和 B 的右半部分组成的另一个子划分是对称的。因为划分 2 包含两个小片段，所以它的评分低于划分 1，而划分 1 会被选为最优划分。然后，利用组合规则和对称规则可以计算出划分 1 中每个矩形是某一屋顶形状的概率，以及整个建筑物（轮廓）是某一屋顶形状组合的概率。通过定义的规则排除错误屋顶选项，最后只剩下两个候选的屋顶形状组合。因此，每个组合的概率都为 1/2。

2.3.1　轮廓分解算法

直角多边形形式的建筑物轮廓在实际环境中较为常见。本小节采用 MNC 算法，实现对建筑物屋顶轮廓的合理划分。一个合理的划分是指划分中的每个矩形都正确地对应于一个真实建筑物的屋顶基本体。假设直角多边形的水平边和垂直边分别平行于 x 轴和 y 轴，传统的 MNC 算法[23]包括以下 6 个步骤。

（1）识别直角多边形的凹顶点。

（2）通过连接两个分别具有相等 x 和 y 坐标的凹顶点来生成垂直弦和水平弦。由于轮廓数据存在一定的精度误差，定义当两个 x 或 y 坐标的差值小于 0.3 m 时，它们是相等的，x 或 y 坐标不等于任何其他凹顶点的 x 或 y 坐标的凹顶点称为自由凹顶点。

（3）使用 Hungarian 算法[24]获得最大匹配（maximum matching，MM）。将垂直弦和水平弦分别视为二分图的左侧和右侧部分，其中每条弦由端点表示。如果两条弦相交，将添加一条边连接它们。因此，二分图可以表示为 $G=(H\cup V,E)$，其中 H、V 和 E 分别表示水平弦、垂直弦及它们之间的边。二分图（bipartite graph）中的端点匹配遵循任意两条边都不依附于同一个顶点的约定来确定一组边。最大匹配边即为最多边数的匹配结果。

（4）从二分图中找到一个最大独立集（maximum independent set，MIS）。图中的一个独立集包含一组端点。由于这些端点的选择方式或匹配约定，结果是没有两个端点通过边连接。因此，一个最大独立集是一组边数最多的端点独立集合。

（5）在最大独立集中绘制弦以划分多边形。

（6）画一条从自由凹顶点到最近边的水平或垂直线段。

传统的 MNC 算法只能生成一种划分。为了解决这个问题，可将传统的 MNC 算法[23]进行改进，通过两个步骤列出矩形数目最少的所有划分：①生成上述步骤（4）中的所有最大独立集；②在上述步骤（6）中，从垂直和水平方向的自由凹顶点中绘制一条线段。对于第（1）步，可修改原始的 MaxInd 算法[23]。该算法只将最大匹配边的两个端点中的一个添加到最大独立集中。根据该端点，最大匹配边中的剩余合法端点也会被找到并添加到最大独立集中。在修改后的 MaxInd 算法中，使用递归过程遍历最大匹配边的两个端点的分支。算法伪代码如下。

算法 1 Advanced MaxInd

```
      Input:
        G=(H∪V,E) //bipartite graph;
        M//the maximum macthing of the graph;
        F//set of free endpoints relative to M;
        s'//current MIS;
        s//current MIS array;
      Output:
        S//all the MISs S={s'};such that s'∈H∪V ;
1:    Procedure AllMaxInd
2:    while (F≠null)or(M≠null) do
3:      if F≠null then
4:        let u∈F;F←F−{u};s'∪{u}
5:        [G, M, F] = Process_endpoint(u, G, M, F)
6:      else
7:        let(u,v)∈M
```

```
8:          M ← M − {(u,v)}; G ← G − {(u,v)}
9:          u̲ ← v; s̲ ← s′ ∪ {u̲}; s′ ← s′ ∪ {u}
10:         M̲ ← M; G̲ ← G; F̲ ← F
11:         [G,M,F]=process_endpoint(u,G,M,F)
12:         [G̲,M̲,F̲]=process_endpoint(u,G̲,M̲,F̲)
13:         S=AllmaxInd(G̲,M̲,F̲,s̲,S)
14:     S ← S ∪ {s′}
15:     return S
```

图 2.3 为改进的 MNC 算法的示例。首先，找到 19 个凹顶点（图 2.3 中小圆圈）。顶点 f、p、q、r 和 s 是 5 个自由的凹顶点，从这些顶点沿水平或垂直方向绘制直线，生成新边。接下来，通过用相等的 x 或 y 坐标连接两个凹顶点来生成 13 根弦。然后，形成一个由 6 根垂直弦和 7 根水平弦组成的二分图，如图 2.4 所示。从二分图中找到最大匹配。其中的一个最大匹配是 $\{(a,i),(h,i)\},\{(b,h),(a,b)\},\{(c,d),(c,o)\}$，$\{(d,n),(n,o)\},\{(e,g),(e,m)\}$ 和 $\{(g,j),(j,m)\}$。调用修改后的 MaxInd 算法生成 5 个最大独立集，并绘制每个最大独立集中的弦线以形成矩形。最后，一共生成 125（5×25）个划分，其中 5 表示最大独立集的数量，25 表示自由凹顶点数量。端点处理的算法伪代码如下。

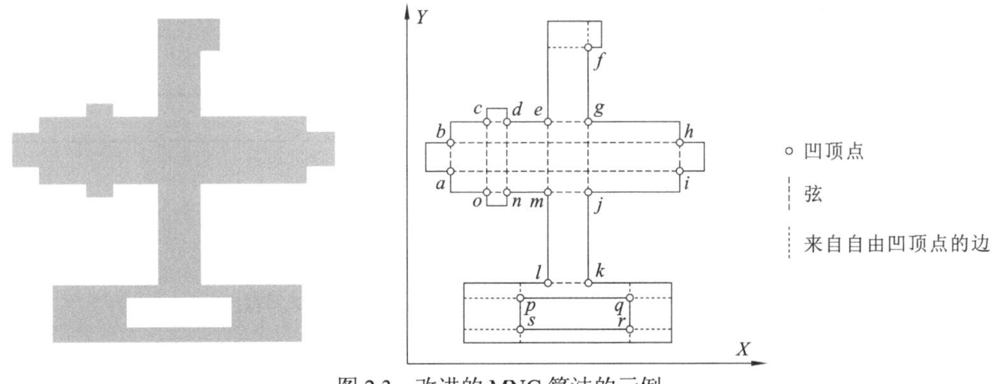

图 2.3　改进的 MNC 算法的示例

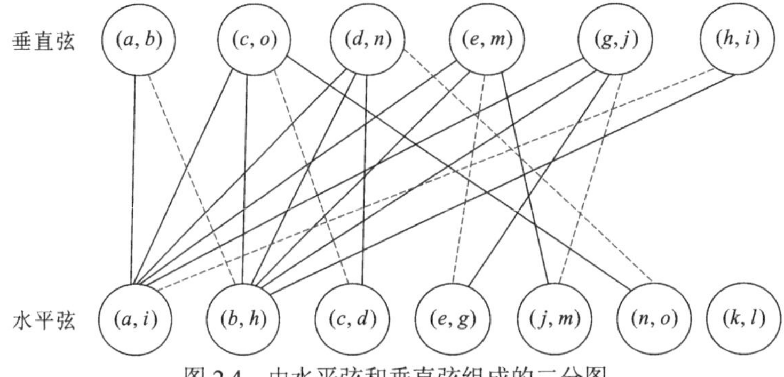

图 2.4　由水平弦和垂直弦组成的二分图

算法 2 Process Endpoint

```
1:    Procedure Process_endpoint(u, G, M, F)
2:    for all (h,u)∈G do
3:        G←G−{(h,u)};
4:        if there is a v such that (h,v)∈M then
5:            M←M−(h,v);F←F∪{v}
6:    return G, M, F
```

2.3.2 划分对称性检测

对称性是建筑物的基本特征。轮廓划分的对称性特征往往也反映在屋顶类型上，因此提取轮廓的对称性特征有利于屋顶重建。为了方便起见，可用具有长度和宽度属性的一维线段来表示划分中的二维矩形，即将矩形抽象为其长边的中心线（线段）。这种抽象化表达方法可能导致本应相连的矩形抽象后两者（中心线）不相连。为了解决这个问题，需要扩展原始片段或添加一个额外的片段来连接两个片段，如图 2.5 所示。具有相同宽度的两个相邻且共中心线的片段被视为一个片段。这样一来，就可以把一个划分转换成一个无向图。

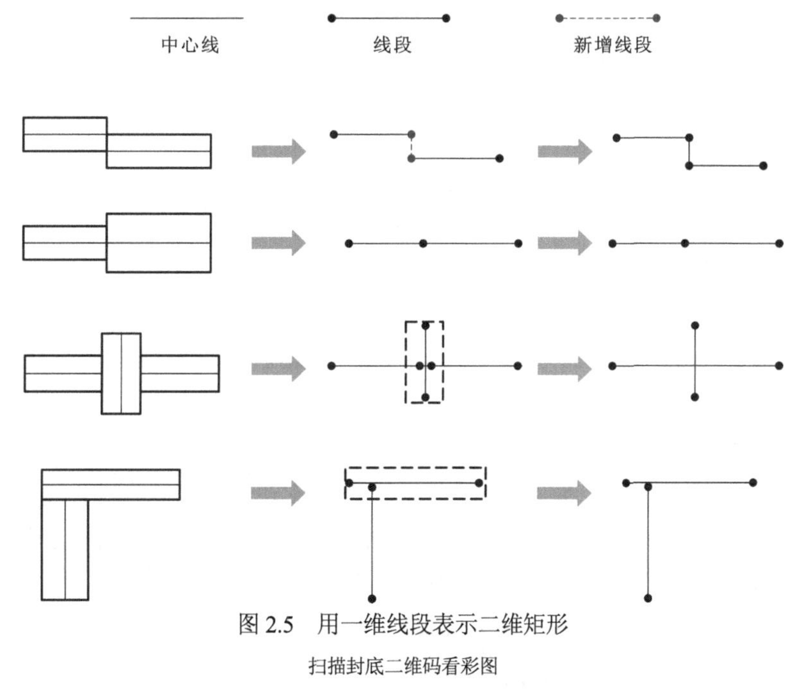

图 2.5 用一维线段表示二维矩形

扫描封底二维码看彩图

当一个划分中的两个子簇满足以下 4 个条件时，可认为它们是对称的：①两个子簇都是连通子图；②两个子簇是相互连接的；③两个子簇中的元素数量均超过 2 个；④两个子簇中的线段是相对对称轴对称的。对称轴实际上是一个线段的垂直平分线，因为它与线段垂直，并将这些线段分成分别属于两个对称子簇的两个相等子线段。当线段垂直时，定义线段 s 的上半部分为前半部分，下半部分为后半部分，分别用 s^1 和 s^2 表示。而当线段水平时，将线段的右半部分和左半部分分别作为前半部分和后半部分处理。对称检测算法描述如下。

遍历图 G 中的每一条线段 s，并将 s 的垂直平分线作为对称轴，记为 a。s 被分成两个相等的子线段，s^1 和 s^2 分别代表两个对称子簇中的第一个线段。然后，检查所有连接到 s 的线段是连接到 s^1 还是 s^2。下一步遍历所有从 s^1 开始的子图，同时通过调用递归过程 FindMatch 找到从 s^2 开始对应的对称子图。对称检测算法的伪代码如下。

算法 3 Detect Symmetry

```
     Input:
        G//Connection graph;
     Output:
     O//connection all the symmetrical subgraphs in G
1:   Procedure SymmetryDetection(G)
2:     V_s ← null
3:     O ← null
4:     for any s∈G do
5:       if s∉V_s then
6:         Treat the perpendicular bisector a of s as the
            symmetrical axis
7:         M ← null
8:         N ← null
9:         M ← M∪{s^1}
10:        N ← N∪{s^2}
11:        Assume L is the array that contains segments connected
            to s^2
12:        for all l∈L do
13:          [M,N]=FindMatch(G,M,N,s^1,s^2,l,a,V_s)
14:          if M and N include at least two elements then
15:            O ← O∪{M,N}
16:    return O
```

在伪代码中，通过使用变量 V_s 来控制循环次数，它记录了被检查过且被划分为两个对称子线段的线段。在先前的循环中划分为两个对称子段并添加到两个对称子图中的线段则不需要在第一次循环中被再次检查。图 2.6 为对称检测算法的一个示例。

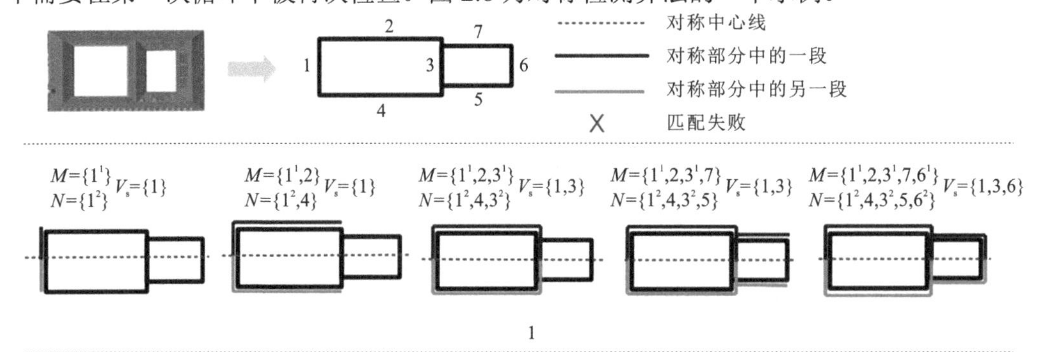

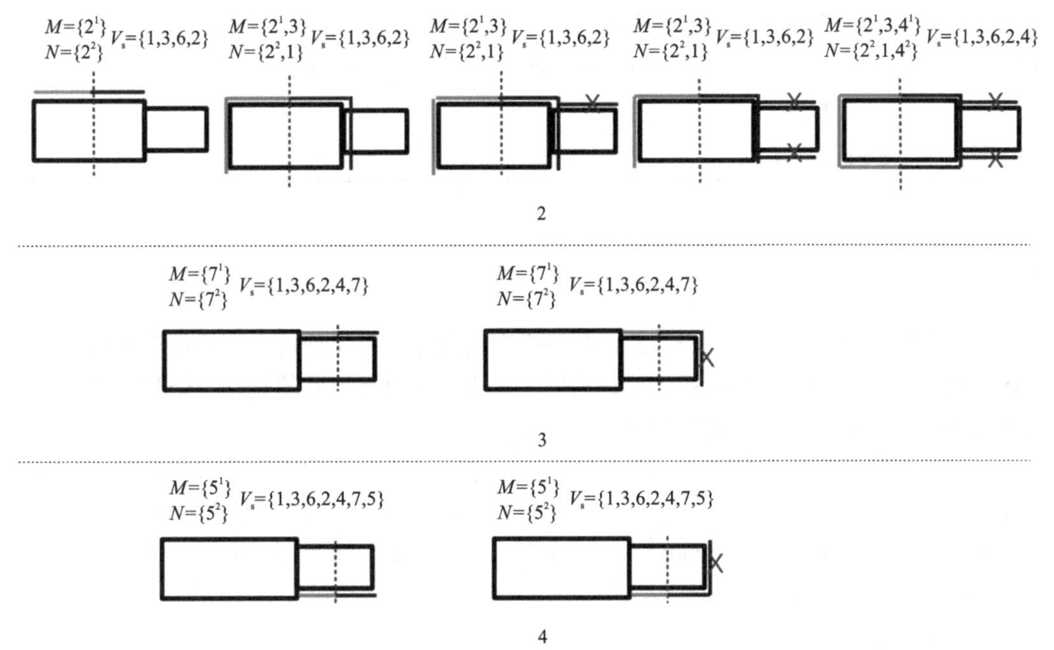

图 2.6　对称检测算法的示例

考虑轮廓数据中的噪声，采用 0.3 m 作为宽度差的阈值，0.5 m 作为长度差的阈值来进行分段比较。宽度差和长度差分别小于 0.3 m 和 0.5 m 的两个线段被视为大小相等。其中，从 s^1 到 s^2 的递归 FindMatch 算法的伪代码如下。

算法 4　Find Matched Part

1: **Procedure** Find Matched($G, M, N, p\_m, p\_n, l, a, V_s$)

2: **if** l can be divided into two parts being symmetrical to axis a **then**

3: Assume p_m connects l^1

4: **if** there exists a segment s such that s connects p_n and l^2 **then**

5: $M = M \cup \{l^1\}; N = N \cup \{l^2\}; V_s = V_s \cup \{l\}$

6: Assume P is array that contains the segments connected to l^1

7: **for** all $p \in P$ **do**

8: $[M,N]$ = FindMatched($G, M, N, l^1, l^2, p, a, V_s$)

9: **else**

10: Assume C is the array that contains the segments connected to p_n

11: **for** all $c \in C$ **and** $c \notin M$ **and** $c \notin N$ **do**

12: **if** c and l are symmetrical to axis a **and** $c.w = l.w$ **then**

13: $M = M \cup \{l\}; N = N \cup \{c\}$

14: Assume P is array containing the segments connected to l;

```
15:            for all p∈P do
16:              [M,N] = FindMatch(G, M, N, l, c, p, a, V_s)
17:            break
18:        return M, N
```

2.3.3 选择规则

在得到所有的划分后，下一步是选择最合理的划分，以保证每个矩形都正确地对应一个屋顶部分。假设每个划分的初始分数为零，定义一组更新分数的规则，得分最高的划分即被视为最好的划分。定义的规则如下。

（1）每个矩形碎片分数减 1。定义只有长、宽均大于 3 m 的矩形才可以对应一个有效的屋顶基本体，否则，该矩形被视为一个碎片。在划分过程中应该尽可能避免碎片的产生。虽然碎片可能存在于最好的划分中，如对应阳台或入口遮阳篷，但它们在后续过程中会被忽略。如图 2.7 所示，划分 2 和划分 3 中存在矩形碎片，划分 2 和划分 3 的得分低于划分 1，因此划分 1 被选为最佳划分。

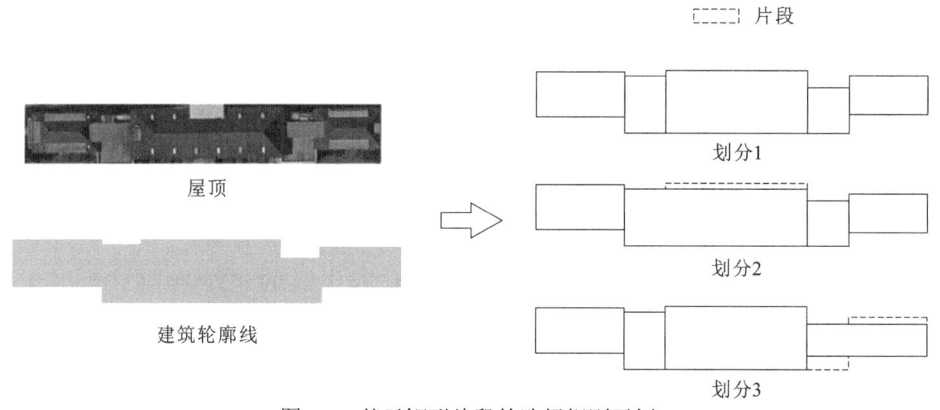

图 2.7　基于矩形片段的选择规则示例

（2）每对平行的矩形组得分减 2。两个平行矩形有一对长边是相邻且共线的。这个规则来源于 Kruger 等[7]研究中提出的屋顶设计原则，即屋顶设计应避免狭小空间的产生，从而避免较多雪和树叶的积聚。而两个平行的人字形、半四坡形或四坡形屋顶会产生狭窄的空间。一般认为，起到阳台或入口遮阳篷作用的矩形碎片比一对平行矩形更常见。图 2.8

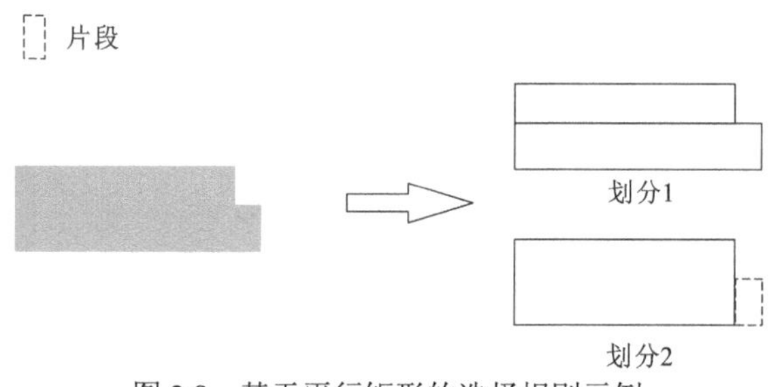

图 2.8　基于平行矩形的选择规则示例

显示了一个建筑物轮廓及其两个划分。划分 1 由一对平行的矩形组成，而划分 2 包含一个碎片。在这种情况下，更倾向于选取划分 2，因为它在现实世界中比划分 1 更常见。因此，给划分 1 分配一个较低的分数（如−2），而根据选取规则（1），划分 2 的分数须减 1。

（3）每对对称的子簇得分加 1。对称性是建筑物的基本元素。因此，具有对称子簇的划分比不含对称子簇的划分更合理。在图 2.9 中，一个轮廓对应 4 个划分。划分 1 和划分 2 的得分高于划分 3 和划分 4，因为前两个划分都包含对称的子簇。

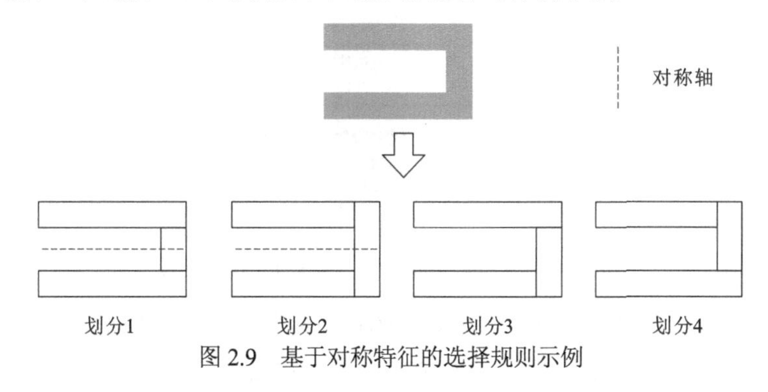

图 2.9　基于对称特征的选择规则示例

用图 2.3 中的轮廓来解释选择规则。图 2.10 展示了该轮廓的 4 个划分。根据选择规则，划分 1、划分 2、划分 3 和划分 4 的得分分别为−3、−13、−10 和−5。因此，划分 1 被视为最佳划分。

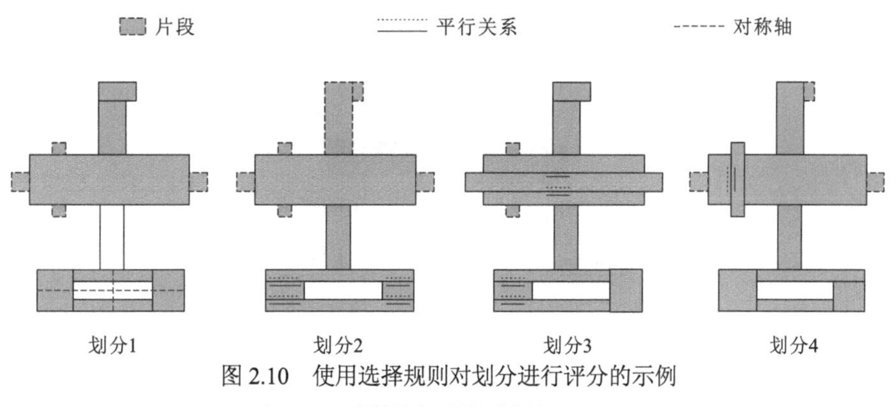

图 2.10　使用选择规则对划分进行评分的示例

扫描封底二维码看彩图

2.3.4　组合规则

在给定最佳划分的情况下，可以通过识别划分中矩形的三种组合方式来推理矩形的屋顶形状，包括线形、L 形和 T 形。每种矩形组合方式都对应几种特定的屋顶形状组合。人字形、半四坡形、四坡形和平面形是 4 种最常见的屋顶类型。由于平面形屋顶很容易通过激光雷达数据或航空影像进行识别，本小节仅考虑前三种屋顶类型。三种类型屋顶之间的区别在于屋顶矩形的两个短边或两端是否存在三角形边。本小节使用两个布尔变量来表示矩形两端的三角形边的选项，分别用 R_1 和 R_2 表示。R_1 表示当矩形的长边分别为水平和垂直时，该矩形的左端和下端的三角形边的选项，如图 2.11 所示。R_2 表示当矩形的长边分别为水平和垂直时，矩形右端和上端的三角形边的选项。$R=1$ 表示末端有两个选项：带三角形边或不带三角形边。$R=0$ 表示末端只有一个选项：没有三角形边。当两个矩形以某种组合方式连接时，两个矩形的 R 值将发生变化。三种组合规则描述如下。

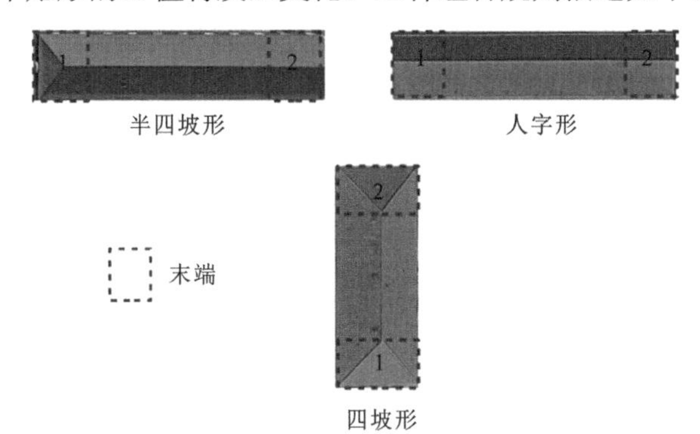

图 2.11　三个屋顶基本体中两端的差异和编号

组合 1（线形）：线形组合是指两个矩形的短边相邻且共线。用 $R_{a,1}$ 和 $R_{a,2}$ 表示矩形 A 的两个 R 值，$R_{b,1}$ 和 $R_{b,2}$ 表示矩形 B 的两个 R 值。在该组合方式下，矩形 A 和矩形 B 相邻的两端的 R 值会被设置为 0。如图 2.12 所示，虚线表示三角形边不存在。这个规则来源于 Kruger 等[7]研究中提出的屋顶设计原则：屋顶设计应该避免产生狭窄的空间。如果 A 的右端或 B 的左端存在一个三角形，则会产生一个狭窄的空间，如图 2.13 所示。

$$R_{a,2} \leftarrow 0, \quad R_{b,1} \leftarrow 0 \tag{2.1}$$

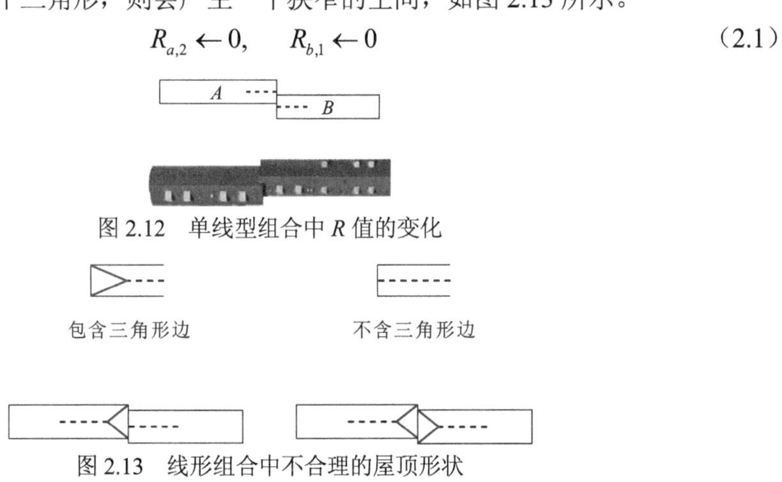

图 2.12　单线型组合中 R 值的变化

图 2.13　线形组合中不合理的屋顶形状

组合 2（T 形）：将矩形 B 的上端的 R 值设置为 0，如图 2.14 所示。该规则背后的原理与组合 1 规则相同。若 B 的上端存在一个三角形的边，则会产生一个狭窄的空间。

$$R_{b,2} \leftarrow 0 \tag{2.2}$$

图 2.14　T 形组合规则中 R 值的变化

组合 3（L 形）：每个 L 形组合可分为三个部分，即两个独立的部分 A 和 B 及一个公共部分 C，该公共部分又被称为 L 形连接端，如图 2.15 所示。L 形组合仅影响 L 形连接端的屋顶形状。一个 L 形组合一般有两个最好的划分，即公共部分分别属于其中一个单独的部分。占据公共部分的矩形用+标记，例如 A^+和 B^+。在每个最佳划分中，L 形组合连接端有两种可能的屋顶形状组合：用$\{A^{+1/2}, B^{+1/2}\}$表示的共享组合和 T 形组合，如图 2.16 所示。因此，在具有两个最佳划分的 L 形组合中，L 连接端是$\{A^+, B\}$形式的 T 形组合、$\{A, B^+\}$形式的 T 形组合，以及共享组合的概率分别为 1/4、1/4 和 1/2。

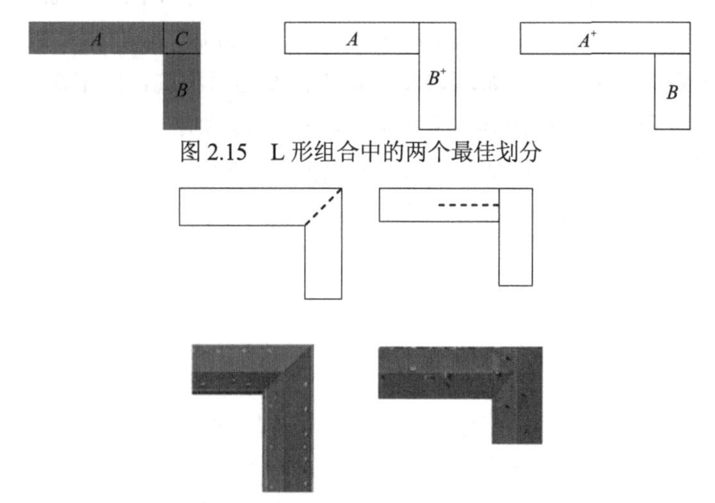

图 2.15 L 形组合中的两个最佳划分

图 2.16 L 形屋顶形状的两种可能的组合方式

在某些情况下，一个 L 形组合可能只存在一个最佳划分。例如，在图 2.17 中，划分$\{A, B^+\}$的得分为−1，因为 A 是一个小碎片。划分$\{A^+, B\}$的得分为 0，因此被视为最佳划分。在这种情况下，L 形连接端的组合只有两个选项：50% $\{A^+, B\}$形式的 T 形组合和 50%$\{A^{+1/2}, B^{+1/2}\}$形式的共享组合。

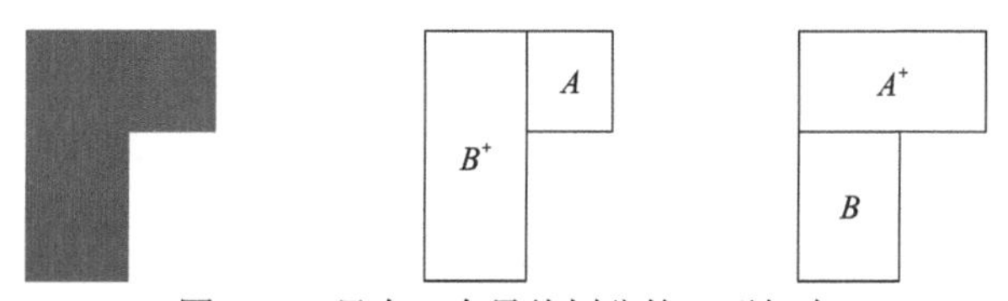

图 2.17 只有一个最佳划分的 L 形组合

如果在矩形的同一端识别出多种矩形组合方式，则使用满足所有组合方式约束的屋顶形状组合。如图 2.18 所示，组合$\{A^+, B\}$有两个屋顶形状组合：共享组合和 T 形组合，而线型组合$\{A^+, C\}$的相邻两端没有三角形边。为了同时满足$\{A^+, B\}$和$\{A^+, C\}$的约束，仅为组合$\{A^+, B\}$分配 T 形组合。

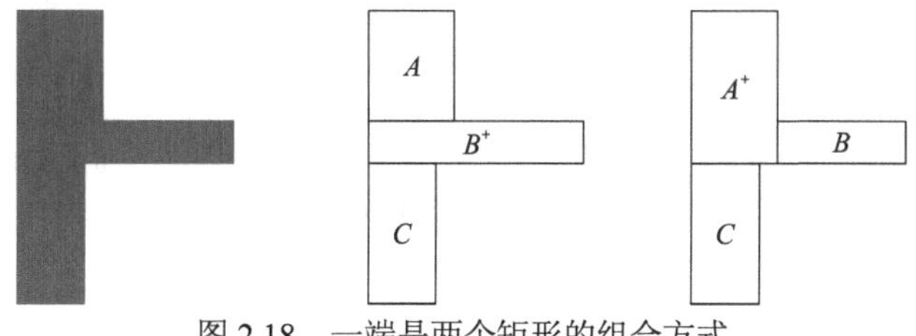

图 2.18 一端是两个矩形的组合方式

最后统计矩形两端三角形边存在与否，即计算矩形为某个屋顶基本体的概率。例如，对于 $R_1=0$ 和 $R_2=1$ 的矩形，它是人字形屋顶和半四坡形屋顶的概率都是 1/2。这是因为矩形的一端没有三角形边，而另一端有带三角形边或不带三角形边两个选项。

2.3.5 空间对称规则

空间的对称特征也反映在屋顶上。规定如果一个划分的两个矩形或两端是对称的，那么它们的屋顶形状也应该相同。在识别出划分中对称部分后，就可以找到对称的两端，并且可以将对称关系进行传递。例如，如果末端 A 和 B 是对称的，而末端 A 和 C 是对称的，那么 B 和 C 也是对称的。对称规则定义如下：通过组合规则推断出的 R 值相等的两个对称端具有相同的屋顶形状选项。例如，如果对称的两端有相等的 R 值，即 $R_{a,1}=1$，$R_{b,1}=1$，则两端有相等的三角形边选项：都有三角形边或都没有三角形边。该规则也适用于两个对称的 L 形连接端。

2.3.6 概率计算

利用组合规则和对称规则，可以排除许多错误的屋顶选项。然后可以计算从剩余的屋顶选项中选出正确屋顶的概率。本小节将矩形两端有无三角形边、L 形连接端是某一屋顶形状的事件定义为基本事件。根据 2.3.4 小节和 2.3.5 小节的规则，可计算出基本事件的概率。定义一个 L 单元包括相邻的 L 形连接端和矩形端。例如，图 2.19 中的矩形 D、E 和 F 形成了一个 L 单元。将每个矩形或 L 单元是某个屋顶基本体的事件定义为单一事件，将某个轮廓（建筑物）是某一屋顶基本体组合的事件定义为联合事件。因此，单一事件和联合事件的概率可以通过将多个基本事件的概率相乘获得，因为矩形、L 单元和轮廓划分是由矩形末端和 L 形连接端组成的。

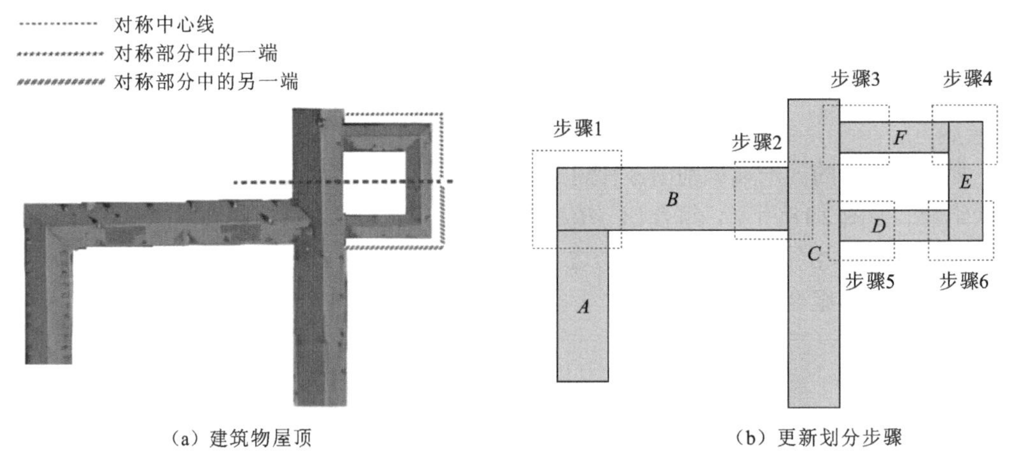

（a）建筑物屋顶　　（b）更新划分步骤

图 2.19 对称部分和最佳划分之一的建筑物

扫描封底二维码看彩图

如图 2.19 所示，该建筑物的最优划分包括一个矩形 C，以及分别由矩形 A 和 B 及由矩形 D、E 和 F 组成的两个 L 单元。除三个 L 形连接端外，划分中所有矩形端的初始 R 值均为 1，该划分中包含 6 种组合方式。所有末端的 R 值将按图 2.19（b）所示更新划分步骤进行更新。

矩形 A 的下端有两个选项是因为它的 R 值为 $R_{a,1}=1$，所以这一端没有三角形边的概率等于 1/2。从图 2.19（b）中步骤 1 结果可以得到 L 形连接端 L-AB 为共享屋顶$\{A^{+1/2}, B^{+1/2}\}$的概率等于 1/2。矩形 B 的右端只有一个选项，因为它的 R 值为 $R_{b,2}=0$，所以这一端没有三角形边的概率等于 1。矩形 C 的上下两端都有两个选项：$R_{c,1}=1$ 和 $R_{c,2}=1$，因此，两端没有三角形边的概率等于 1/2。矩形 F 的左端只有一个选项，因为它的 R 值为 $R_{f,1}=0$，所以这一端没有三角形边的概率等于 1。同样，矩形 D 的左端没有三角形边的概率等于 1，因为这一端的 R 值为 $R_{d,1}=0$。根据图 2.19（b）中步骤 4 的结果，可以得到 L 形连接端 L-EF 共享屋顶$\{E^{+1/2}, F^{+1/2}\}$的概率等于 1/2。类似地，L 形连接端 L-DE 共享屋顶$\{D^{+1/2}, E^{+1/2}\}$的概率等于 1/2。

值得注意的是，矩形 F 的左端和矩形 D 的左端是对称的，并且具有相等的 R 值。此外，两个 L 形连接端 L-EF 和 L-DE 是对称的，具有相等的 R 值。根据对称规则，矩形 D 和 F 的左端具有相等的屋顶选项，L 形连接端 L-EF 和 L-DE 具有相同的屋顶选项。因此，L-EF 为$\{E^{+1/2}, F^{+1/2}\}$和 L-DE 为$\{D^{+1/2}, E^{+1/2}\}$的联合概率为 1/2 而不是 1/4。正确预测矩形 C、由矩形 A 和 B 组成的 L 单元和由矩形 D、E 和 F 组成的 L 单元屋顶形状的概率分别为 1/4、1/4 和 1/2。最后，通过这三个概率的乘积即可得到正确预测该建筑物屋顶形状组合的概率，即 1/32。

2.4　实验与分析

本章实验首先从开放街道地图上选择 30 个复杂建筑物的轮廓数据，然后利用提出的方法预测其屋顶类型，最后通过比较谷歌遥感影像上的对应建筑物屋顶形状来评估提出的方法，如图 2.20 所示。为了评估推荐算法的有效性，本节比较在推荐算法使用前（先验概率）和使用后（估计概率）正确预测矩形或 L 单元的屋顶形状，以及建筑物屋顶形状组合的概率的差异。先验概率是指仅利用屋顶基本体的先验知识正确预测屋顶基本体的概率，它等于屋顶选项数量的倒数。例如，一个矩形由两个端点组成，每个端点都有两个选项：包含或不包含三角形边。矩形总共有 4 个屋顶选项，因此为矩形正确推荐屋顶形状的先验概率是 1/4。最初，如果相应的 L 形分别具有 1 个和 2 个最佳划分，则 L 形连接末端有 5 个和 9 个屋顶选项。因此，正确选择 L 形连接端屋顶的先验概率为 1/9 或 1/5。本节评估单个事件概率和联合概率。单个事件概率是指正确预测矩形或 L 单元屋顶形状的概率。联合概率是指正确预测整个建筑物屋顶形状组合的概率。

需要注意的是，建筑物 13～16 由多个单一或复杂的建筑物组成，而其他建筑物则是独立的复杂建筑物。本节提出的规则仍然适用于由单一和复杂的建筑物组成的整体建筑物。在开放街道地图上，它们的轮廓被分解成多个单一或复杂的轮廓，每个轮廓对应一座独立的建筑物。在这种情况下，只需要将 MNC 算法应用于这些分割的轮廓即可。

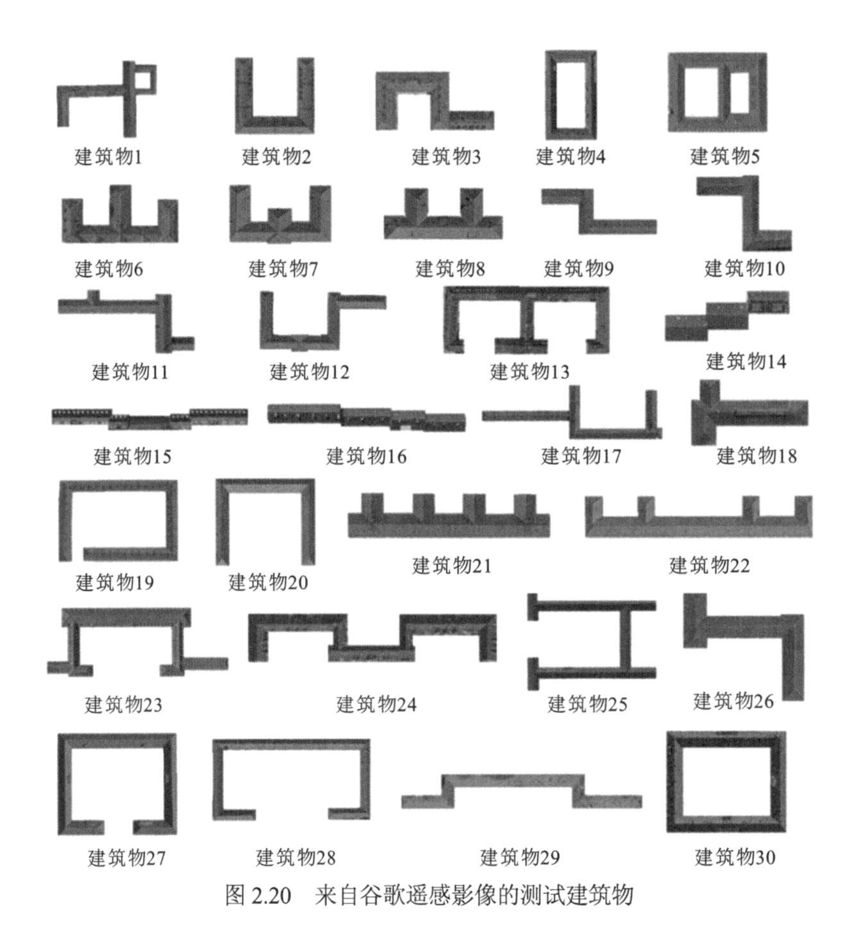

图 2.20　来自谷歌遥感影像的测试建筑物

2.4.1　联合事件概率比较

估计的联合概率可以根据本章提出的概率计算方法来计算。对于先验联合概率，首先记录每个矩形末端和 L 形连接末端可能的屋顶形状选项的数量，用 $m_i(i \in [1,n])$ 表示，其中 n 为划分中的端点数。使用式（2.3）计算一个划分的屋顶选项的总数。如前所述，一个轮廓可能有多个最佳划分，而从不同划分产生的屋顶形状组合选项需要被集成，但是对重复选项只需计算一次。用 O' 表示全部选项，则正确预测建筑物屋顶形状组合的先验联合概率为 $1/O'$ 。

$$O = \prod_{i=1}^{n} m_i \tag{2.3}$$

以图 2.20 中的建筑物 1 为例来解释计算先验联合概率的过程。根据对称选择规则，由矩形 D、E 和 F 组成的 L 单元有两个最佳划分，对应图 2.9 中的划分 1 和划分 2。在每个划分中，两个 L 形连接端总共有 25（5×5）个屋顶选项。作为共享组合的两个 L 形连接端的选项在两个划分中总共出现两次，因此集成选项的数量为 49（25+25−1）个。矩形 A 的下端、L 形连接端 L-AB、矩形 B 的右端、矩形 C 的下端和上端、矩形 D 和 E 的左端及 L-DE 和 L-EF 的两个 L 形连接端的屋顶选项数分别为 2、9、2、2、2、2、2 和 49。因此，屋顶形状组合的总数为 28 224，先验联合概率为 1/28 224。

其他测试建筑物的联合事件的先验概率和估计概率可以用类似的方式计算。表 2.1 显示了先验概率和估计概率的结果。将满足组合规则和对称规则约束的屋顶形状组合称为候选选项。推荐算法排除的屋顶形状组合称为删除选项。在图 2.21 中，每个条形代表一个建筑物，空白部分表示删除选项的比例，而阴影部分和虚线部分之和表示候选选项的比例，阴影部分表示预测概率低于屋顶形状真实组合的候选选项的比例，斜线部分表示屋顶形状的真实组合的排名。从图中可以看出，删除选项数量远远大于候选选项的数量，删除选项占整个选项的 93%。这证明本章所提出的推荐算法在排除不正确的屋顶形状组合方面具有有效性。表 2.2 显示了真实屋顶的排名结果，以建筑物 2 为例，1.02%表示该屋顶排名在前 1.02%。从表中可以看出，被推荐的真实建筑物屋顶排名很高。尽管在某些情况下，真实屋顶在候选选项中排名最低，但从表的最后一列可以看出，大多数不正确的选项已被删除。该结果可以用来改进屋顶的重建任务，因为大多数不正确的选项已经被提前删除，只需要很少的测量数据就可以从候选选项中选择出真正的屋顶。

表 2.1　联合事件的先验概率和估计概率

建筑物	先验概率	估计概率
建筑物 1	1/28 224	1/32
建筑物 2	1/196	1/4
建筑物 3	1/980	1/32
建筑物 4	1/1249	1/2
建筑物 5	1/581 042	1/8
建筑物 6	1/784	1/32
建筑物 7	1/3 136	1/16
建筑物 8	1/64	1/4
建筑物 9	1/324	1/256
建筑物 10	1/324	1/256
建筑物 11	1/256	1/32
建筑物 12	1/12 544	1/32
建筑物 13	1/73 728 000	1/256
建筑物 14	1/64	1/4
建筑物 15	1/1024	1/2
建筑物 16	1/256	1/4
建筑物 17	1/576	1/32
建筑物 18	1/144	1/16
建筑物 19	1/1 764	1/100
建筑物 20	1/196	1/4
建筑物 21	1/1024	1/8
建筑物 22	1/3136	1/20

续表

建筑物	先验概率	估计概率
建筑物 23	1/50 176	1/32
建筑物 24	1/153 664	1/16
建筑物 25	1/1024	1/8
建筑物 26	1/64	1/16
建筑物 27	1/9604	1/8
建筑物 28	1/9604	1/8
建筑物 29	1/9604	1/8
建筑物 30	1/1249	1/2

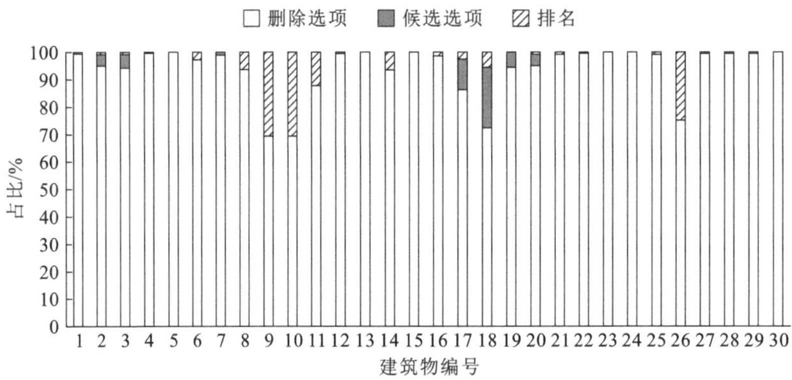

图 2.21 建筑物删除选项与候选选项的比较及真实屋顶排名结果

表 2.2 真实屋顶在所有选项和候选选项中的排名

建筑物	真实屋顶是否被推荐	所有选项中真实屋顶百分比排名/%	候选选项中真实屋顶百分比排名/%	删除选项在整个选项中的比例/%
建筑物 1	是	0.03	—	—
建筑物 2	是	1.02	20.00	94.90
建筑物 3	是	0.82	13.33	93.88
建筑物 4	是	0.08	20.00	99.60
建筑物 5	是	0.00	0.80	99.98
建筑物 6	是	2.55	100.00	97.45
建筑物 7	是	0.26	20.00	98.72
建筑物 8	是	6.25	100.00	93.75
建筑物 9	是	30.86	100.00	69.14
建筑物 10	是	30.86	100.00	69.14
建筑物 11	是	12.50	—	—
建筑物 12	是	0.13	20.00	99.36
建筑物 13	是	0.00	0.74	100.00
建筑物 14	是	6.25	100.00	93.75

续表

建筑物	真实屋顶是否被推荐	所有选项中真实屋顶百分比排名/%	候选选项中真实屋顶百分比排名/%	删除选项在整个选项中的比例/%
建筑物 15	是	0.20	100.00	99.80
建筑物 16	是	1.56	100.00	98.44
建筑物 17	是	2.78	20.00	86.11
建筑物 18	是	5.56	20.00	72.22
建筑物 19	是	0.23	4.00	94.33
建筑物 20	是	1.02	20.00	94.90
建筑物 21	是	0.78	100.00	99.22
建筑物 22	是	0.13	20.00	99.36
建筑物 23	是	0.03	20.00	99.84
建筑物 24	是	0.00	4.00	99.93
建筑物 25	是	0.78	100.00	99.22
建筑物 26	是	25.00	100.00	75.00
建筑物 27	是	0.02	4.00	99.48
建筑物 28	是	0.02	4.00	99.48
建筑物 29	是	0.02	4.00	99.48
建筑物 30	是	0.08	20.00	99.60

图 2.22 所示为针对建筑物 4、8 和 15 的候选方案中排名较高的屋顶形状组合。对于建筑物 4，其中有一个屋顶形状组合排名为第 1 位，有 4 个屋顶形状组合排名前 5 位。某一屋顶形状组合排名前 5 位意味着有 5 个屋顶形状组合的估计概率大于或等于该组合。推荐的屋顶形状组合排名第 1 的正是建筑物 4 的真实屋顶。建筑物 8 和 15 的真实屋顶形状组合分别位于前 4 位和前 2 位。

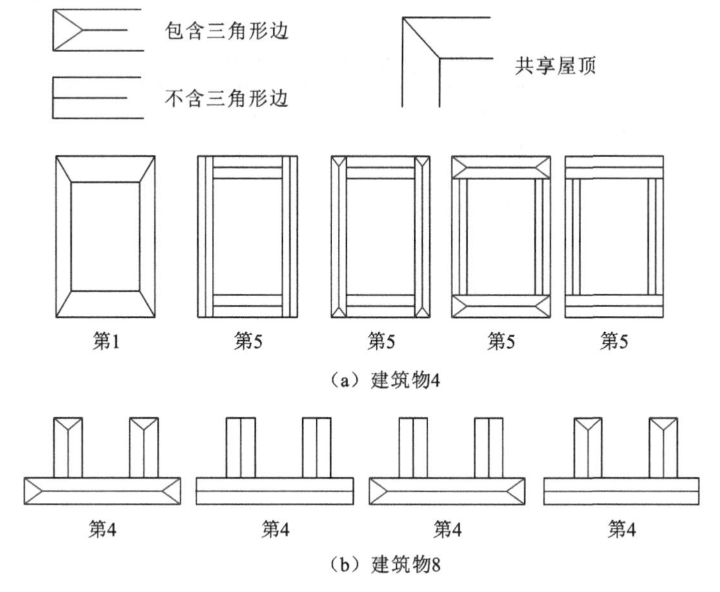

（a）建筑物4

（b）建筑物8

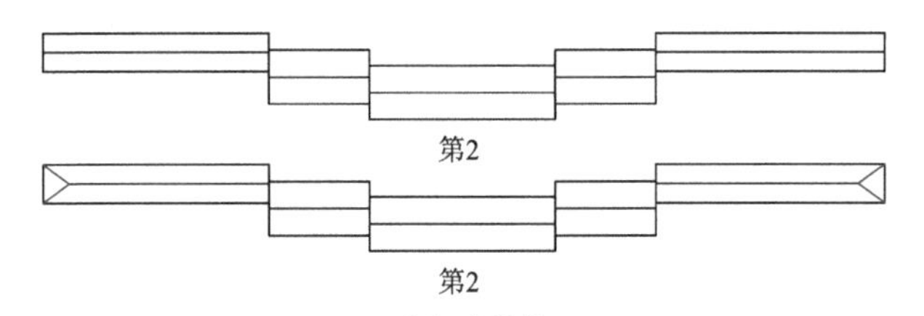

（c）建筑物15

图 2.22　建筑物 4、8 和 15 中排名较高的屋顶形状组合示例

扫描封底二维码看彩图

2.4.2　单一事件概率比较

本小节将分析为单个矩形和 L 单元正确推荐屋顶形状的概率，采用与联合事件类似的方式计算单个事件的先验概率和估计概率。一个单个事件由多个基本事件组成，因此也可以被视为“联合”事件。在获得为每个矩形和 L 单元正确推荐屋顶形状的概率 p' 之后，根据式（2.5）计算平均概率 $\overline{p}$：

$$p' = \frac{\sum_{i=1}^{q} p_i}{q} \tag{2.4}$$

$$\overline{p} = \frac{\sum_{j=1}^{s} p'_j q_j}{\sum_{j=1}^{s} q_j} \tag{2.5}$$

式中：p_i 为概率；q 为建筑物中矩形和 L 单元的数量；s 为建筑物的数量。

所有建筑物的先验概率和估计概率如表 2.3 所示。此外，可以根据式（2.5）的加权平均方法来计算总的平均概率。使用推荐算法之前，平均先验概率仅为 17%；使用推荐算法之后，平均估计概率达到 45%，该结果表明，为单个矩形和 L 单元正确推荐屋顶形状的概率有了很大的提高。

表 2.3　所有建筑物的先验概率和估计概率

建筑物	先验概率	估计概率	矩形和 L 单元的数量
建筑物 1	499/5292	1/3	3
建筑物 2	1/196	1/4	1
建筑物 3	1/980	1/32	1
建筑物 4	1/1 249	1/3	1
建筑物 5	1/581 042	1/4	1
建筑物 6	25/196	1/32	2
建筑物 7	11/108	1/4	3
建筑物 8	1/4	5/12	3
建筑物 9	1/324	1/256	1
建筑物 10	1/324	1/256	1

续表

建筑物	先验概率	估计概率	矩形和 L 单元的数量
建筑物 11	1/4	7/16	4
建筑物 12	5/36	5/16	4
建筑物 13	341/1800	21/32	8
建筑物 14	1/4	2/3	3
建筑物 15	1/4	4/5	5
建筑物 16	1/4	3/4	4
建筑物 17	19/108	3/8	3
建筑物 18	5/36	5/16	2
建筑物 19	1/1764	1/100	1
建筑物 20	1/196	1/4	1
建筑物 21	1/4	1/2	5
建筑物 22	33/196	5/12	3
建筑物 23	29/180	2/5	5
建筑物 24	83/972	1/4	3
建筑物 25	1/4	1/2	5
建筑物 26	1/4	1/2	3
建筑物 27	1/9604	1/8	1
建筑物 28	1/9604	1/8	1
建筑物 29	1/9604	1/8	1
建筑物 30	1/1249	1/2	1

图 2.23 显示了删除选项和候选选项的比例，以及单个矩形或 L 单元的真实屋顶形状的排名。每个条形对应一个矩形或一个 L 单元，空白、阴影和斜线部分的含义与图 2.21 相同。由图 2.23 可知，对于大多数矩形或 L 单元，删除选项远多于候选选项，删除选项占整个选项的比例接近 60%。结果还表明，矩形和 L 单元的真实屋顶形状排在第 1 和前 2 的比例分别达到 21%和 77%。

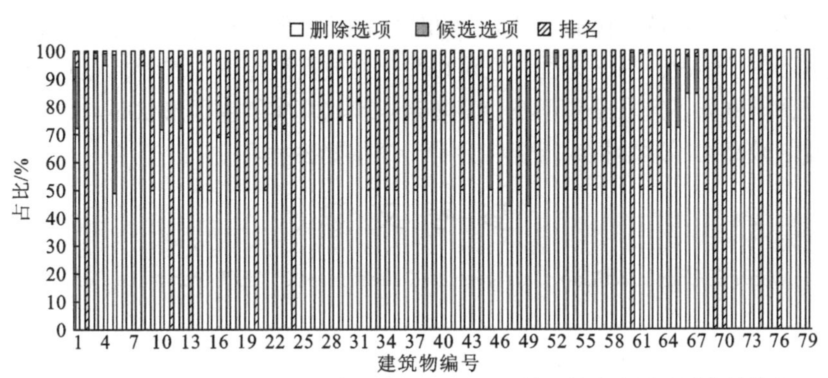

图 2.23　删除选项与候选选项的比较及矩形和 L 单元的真实屋顶形状的排名

2.5 总结与展望

2.5.1 理论局限性

本章提出的算法依赖两个假设。假设一：轮廓是直角多边形。本章只选取具有直角多边形轮廓的建筑物作为测试数据。对于存在非直角的轮廓，可以采用 Vosselman 等[6]、Kada[25]、Noskov 等[26]提出的方法将其非直角多边形转换成与其最接近的直角多边形。假设二：建筑物遵循屋顶设计原则，即避免在屋顶之间产生狭小空间。尽管有些建筑物的设计可能会违反这项原则，但这种情况并不多见，在今后的工作中，可以通过将其建模为一个小概率事件来解决这个问题，并将其集成到提出的概率模型中。这样一来，违反设计原则的屋顶形状仍然会被保留，但将获得较低的推荐概率。

2.5.2 经验阈值

本章使用了两组经验阈值。第一个经验阈值与轮廓噪声有关，即在分解轮廓的算法中，使用 0.3 m 的距离阈值来确定两个矩形 x 或 y 坐标是否相等。此外，在对称性检测算法中，使用 0.3 m 作为宽度差的阈值、0.5 m 作为长度差的阈值来确定两个矩形是否相等。为了使这些阈值适用于更广泛的测试数据，可以从标记的数据中学习这些阈值。第二个经验阈值与片段的定义有关。本章将宽度或长度小于 3 m 的矩形定义为碎片。碎片可能是一个错误划分的衍生物，但也可能起到阳台、垂直通道和入口遮阳篷的作用。该阈值的选择主要基于两个事实：一是这三个建筑物构件的大小，它们的宽度和长度通常都小于 3 m；二是车库大小，最小宽度约为 3.4 m。根据屋顶的先验知识，车库是最小的有屋顶的建筑物单元。类似地，还可以通过从标记的数据中学习来选择更好的阈值。

2.5.3 方法应用

本章的方法可以应用在两个方面。一方面，它可以辅助利用激光雷达数据或航空图像进行屋顶重建。例如，只需使用极少的激光雷达数据或航拍图像，就可以从候选屋顶形状中识别出正确的屋顶形状。由此，计算量和所需的传感器数据将大大减少，这特别适用于传感器数据不足的情况。另一方面，它可以简化开放街道地图志愿者标记复杂建筑物屋顶信息时的工作。例如，当志愿者不清楚某复杂建筑物真实的屋顶形状时，单个矩形和整个建筑物的排名较高的屋顶形状或组合将会是一个重要参考。

参 考 文 献

[1] Haklay M, Weber P. OpenStreetMap: User-generated street maps[J]. IEEE Pervasive Computing, 2008, 7(4): 12-18.

[2] Goetz M, Zipf A. OpenStreetMap in 3D-detailed insights on the current situation in Germany[C]//AGILE International Conference on Geographic Information Science, Avignon, France, 2012: 2427.

[3] Kolbe T H, Gröger G, Plümer L. CityGML-Interoperable access to 3D city models[J]. Geo-information for Disaster Management, 2005, 49: 883-899.

[4] Elberink S O, Vosselman G. Building reconstruction by target based graph matching on incomplete laser data: Analysis and limitations[J]. Sensors, 2009, 9(8): 6101-6118.

[5] Henn A, Gröger G, Stroh V, et al. Model driven reconstruction of roofs from sparse LiDAR point clouds[J]. ISPRS Journal of Photogrammetry and Remote Sensing, 2013, 76: 17-29.

[6] Vosselman G, Dijkman S. 3D building model reconstruction from point clouds and ground plans[J]. International Archives of Photogrammetry Remote Sensing and Spatial Information Sciences, 2001, 34(3-4): 37-44.

[7] Kruger A, Seville C. Green building: Principles and practices in residential construction[M]. Stanford: Cengage Learning, 2012.

[8] Ohtsuki T. Minimum dissection of rectilinear regions[C]//IEEE Symposium on Circuits and Systems, Roma, 1982: 1210-1213.

[9] Kim K H, Shan J. Building roof modeling from airborne laser scanning data based on level set approach[J]. ISPRS Journal of Photogrammetry and Remote Sensing, 2011, 66(4): 484-497.

[10] Tarsha-Kurdi F, Landes T, Grussenmeyer P. Hough-transform and extended RANSAC algorithms for automatic detection of 3D building roof planes from LiDAR data[J]. ISPRS Workshop on Laser Scanning and SilviLaser, 2007, 36: 407-412.

[11] Kada M, McKinley L. 3D building reconstruction from LiDAR based on a cell decomposition approach[J]. International Archives of Photogrammetry, Remote Sensing and Spatial Information Sciences, 2009, 38(3): 4.

[12] Suveg I, Vosselman G. Reconstruction of 3D building models from aerial images and maps[J]. ISPRS Journal of Photogrammetry and Remote Sensing, 2004, 58(3-4): 202-224.

[13] Xiong B, Elberink S O, Vosselman G. A graph edit dictionary for correcting errors in roof topology graphs reconstructed from point clouds[J]. ISPRS Journal of Photogrammetry and Remote Sensing, 2014, 93: 227-242.

[14] Pita G L, Pinelli J P, Subramanian C S, et al. Hurricane vulnerability of multi-story residential buildings in Florida[C]//17th European Safety and Reliability Conference (ESREL 2008), 2008(3): 2453-2461.

[15] Zhang H, Xu K, Jiang W, et al. Layered analysis of irregular facades via symmetry maximization[J]. ACM Transactions on Graphics, 2013, 32(4): 1-13.

[16] Musialski P, Wonka P, Recheis M, et al. Symmetry-based façade repair[C]// The Vision, Modeling, and Visualization, Braunschweig, Germany, 2009: 3-10.

[17] Lladós J, Bunke H, Martı E. Finding rotational symmetries by cyclic string matching[J]. Pattern Recognition Letters, 1997, 18(14): 1435-1442.

[18] Wolter J D, Woo T C, Volz R A. Optimal algorithms for symmetry detection in two and three dimensions[J]. The Visual Computer, 1985, 1: 37-48.

[19] Haunert J H. A symmetry detector for map generalization and urban-space analysis[J]. ISPRS Journal of Photogrammetry and Remote Sensing, 2012, 74: 66-77.

[20] Dehbi Y, Gröger G, Plümer L. Identification and modelling of translational and axial symmetries and their hierarchical structures in building footprints by formal grammars[J]. Transactions in GIS, 2016, 20(5):

645-663.

[21] Vallet B, Pierrot-Deseilligny M, Boldo D. Building footprint database improvement for 3D reconstruction: A direction aware split and merge approach[J]. International Archives of Photogrammetry, Remote Sensing and Spatial Information Sciences, 2009, 38(3): 4.

[22] Gooding J, Crook R, Tomlin A S. Modelling of roof geometries from low-resolution LiDAR data for city-scale solar energy applications using a neighbouring buildings method[J]. Applied Energy, 2015, 148: 93-104.

[23] Wu S Y, Sahni S. Fast algorithms to partition simple rectilinear polygons[J]. VLSI Design, 1994, 1(3): 193-215.

[24] Kuhn H W. Variants of the Hungarian method for assignment problems[J]. Naval Research Logistics Quarterly, 1956, 3(4): 253-258.

[25] Kada M. Scale-dependent simplification of 3D building models based on cell decomposition and primitive instancing[C]//2007 Spatial Information Theory: 8th International Conference, Melbourne, Australia. Berlin: Springer, 2007: 222-237.

[26] Noskov A, Doytsher Y. Hierarchical quarters model approach toward 3D raster based generalization of urban environments[J]. International Journal on Advances in Software, 2013, 6(3-4): 343-353.

第3章 利用二元不平衡学习标记公共建筑物正门方法

建筑物的入口是连接建筑物内部和外部空间的关键点/重要特征。最常见的自动检测建筑物入口的方法是基于街景地图，但是这种方法无法适用于所有场合。为了解决这个问题，本章提出一种仅基于开放街道地图（OSM）数据来推断公共建筑物正门位置的方法。该方法采用三个二元分类模型：加权随机森林（weighted random forest，WRF）、平衡随机森林（balance random forest，BRF）和 SmoteBoost 算法（基于合成少数类过采样技术的增强算法）。分类模型采用的特征有两种类型：①与建筑物轮廓相关的内在特征，例如到轮廓质心的距离；②与空间上下文相关的外在特征，例如到主要道路的最短路径距离。对 320 座平均周长为 350 m 的公共建筑物进行实验，结果表明利用加权随机森林（WRF）模型和平衡随机森林（BRF）模型分别可以达到平均线性距离误差为 21 m 的精度和平均路径距离误差为 22 m 的精度，这排除了建筑物正门 90%的错误位置。

3.1 概　　述

公共建筑物的入口是连接室外和室内空间的关键点/重要特征。确定正门的位置在许多基于位置服务（location based services，LBS）的应用中至关重要，例如寻径，正门通常是户外寻径的最终目的地[1]。但是目前的主流地图提供商如必应地图、谷歌地图缺少入口信息，因此使用这些地图服务时可能会导致一些问题。例如当用户根据地图导航到目标建筑物时，通常会到达距离大门很远的位置，需要花费更多的时间找到正门。如果建筑物的正门是地图特征，则可以节省时间和寻径工作，并缩短路线。公共建筑物一般比较复杂且占比大，寻找建筑物的正门相对来说比较困难，尤其是对于行动不便的人，导航到建筑物入口是非常重要的。图 3.1 所示为两个使用谷歌地图通往特定建筑物的路线。OSM 志愿者创建了一个标签，使用 OSM“entrance”键和“main”值的键值对，将正门表示为一个节点[2]。

图 3.1　谷歌地图导航路径

目前OSM上只有一小部分建筑物有入口标签。例如，伦敦地区只有大约60座建筑物标有正门。与通过个人经验、公共信息和必应卫星图像可获取的建筑物信息（如建筑物的轮廓和名称）相比，只有熟悉建筑物的志愿者才能标记 OSM 的入口，因此让志愿者标记大量的建筑物入口很难。目前学者已经提出了可以从街道图像中识别建筑物入口的自动解决方案[3-5]，并取得了诸多的标记结果。但是该方案利用的数据限制了其实用性。因为迄今为止最大的街景图像提供商——谷歌街景视图也无法保证可以获得覆盖广泛区域的街道图像，特别是在一些不发达的国家。此外，由于存在障碍物或者正门不面向任何街道，有时从街道上并不能直接观察到建筑物的入口。

如图 3.1 所示，由于缺少入口，谷歌地图导航时常不准确且具有误导性。各图圆圈标记的位置上下分别是谷歌导航提供的目标位置和真实正门位置。圆点虚线表示谷歌地图规划的路径。实线表示基于导航的目标位置找到真实正门的路径。短虚线表示谷歌地图没有发现的捷径。

为了解决这些问题，本章提出一种更通用的标记公共建筑物（如医院、办公楼和博物馆）正门的方法，该方法采用的是开放的 OSM 数据，该数据为欧洲和美国等许多地区提供高质量的地理信息[6]。公共建筑物的形状复杂且规模很大，并且它们往往是导航路线目的地，引导用户寻找公共建筑物的入口意义重大。本章只关注公共建筑物，而不关注私人建筑物（如住宅）。从导航的角度来看，主要入口比次要入口重要，因为次要入口通常用于特殊用途，如紧急撤离，在许多情况下公众不被允许使用次要入口。因此，本章侧重于主要入口（正门）的识别，忽略第二入口或次要入口。

本章提出的方法基于两点事实。①公共建筑物正门的位置与其轮廓的形状有关。如图 3.2（a）所示，正门通常位于轮廓的质心附近。如果轮廓是反射对称的，那么为了保持建筑物的对称特性，正门很可能位于轮廓对称轴附近，如图 3.2（b）所示。之前已经有研究将轮廓的对称特性应用于重建建筑物元素如屋顶类型[7]。另一个示例是正门有时位于轮廓的凹边或凸边上，如雨棚、独立的垂直通道或入口门厅。②建筑物的正门与其周围的空间上下文（如街道）相关。正门通常易于从街道上观察和进入，因此正门距离街道很近，从街道上可观察到正门的区域比观察到轮廓上其他位置的区域大，如图 3.3 所示。

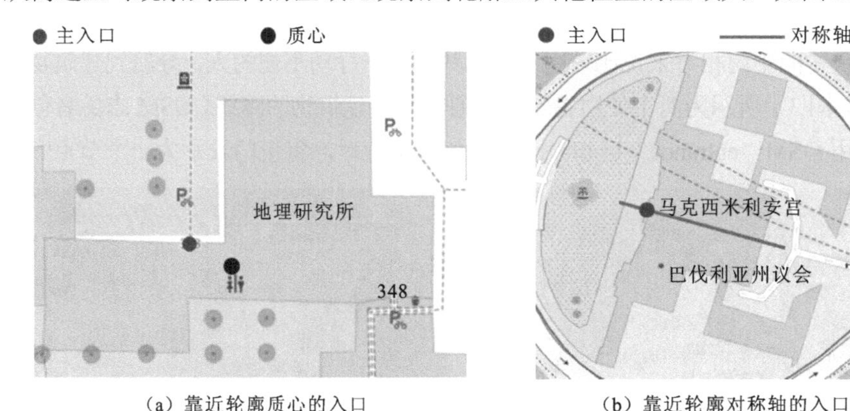

（a）靠近轮廓质心的入口　　（b）靠近轮廓对称轴的入口

图 3.2　入口的位置与轮廓的形状相关

本章将正门标签问题视为二元分类问题。将轮廓分成离散的等距点（称为样本），正门标签问题可转换为识别最可能为正门的样本（正样本），然后通过衡量每个样本点与轮廓

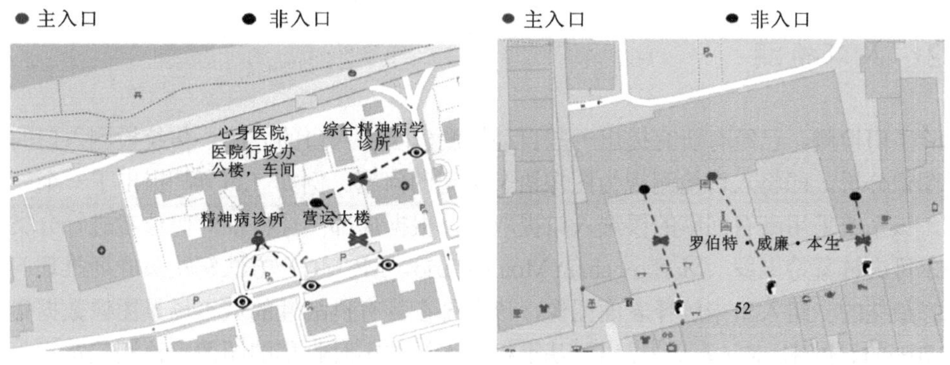

（a）从道路容易观察到入口　　（b）从道路容易到达入口

图 3.3　入口位置与建筑物的空间上下文相关

及其空间上下文的关系，提取相应的内部和外在特征。本章方法包括训练和测试两个阶段。训练阶段拟合三种不同的分类模型，分别是加权随机森林[8]、平衡随机森林[9]和SmoteBoost[10]算法。测试阶段用训练的模型计算测试建筑物中每个样本为正样本的概率，并选择概率值最高的样本作为正门的估计位置。

3.2 研究进展

将入口检测方法分为两类：门检测（室内）和入口检测（室外）。在某种程度上入口也是门，但是二者检测方法有所不同。

3.2.1 门检测

门检测方法在以下两个领域得到了广泛的应用：一是在机器人自动导航时识别门的位置；二是室内重建时检测门的位置，从而构建完整的室内行人导航网络。例如，Murillo 等[11]提出了一种仅使用机器人导航时的视觉信息检测门的技术。在有监督的环境下，采用基于模型的方法，从几张参考图像中以参数形式学习概率分布。门模型由表征对象的形状和外观的小部分参数来描述，其中形状由少量参数指定，外观从参考数据中获取。人为环境的约束条件用于生成模型的多个假设，而学习到的概率分布则用于评估其可能性。Zhao 等[12]提出了一种轻量级且广泛适用的基于嵌入式智能手机磁力计的门检测方法。磁信号通常在门所在位置发生异常或急剧波动，因此可通过内置磁传感器进行捕获。Nikoohemat 等[13]提出使用移动激光扫描仪采集数据，结合遮挡推理和移动激光扫描仪的轨迹来检测室内环境中的开口（如门和窗）。结果表明，使用结构化学习方法进行语义分类很有效。Quintana 等[14]提出了一种从室内环境的三维激光扫描数据中检测开口、半开口和闭合状态的门的方法，该方法集合了一组经过校准的三维激光扫描仪和彩色相机提供的几何形状和颜色信息，这对由扫描位置处照明条件不同导致的颜色遮挡和变化具有很好的鲁棒性。

3.2.2 入口检测

除了门检测，已经有研究提出一些自动检测建筑物入口的方法。传统检测入口的方法基于图像分析，即将入口检测视为图像语义标记的问题。例如 Liu 等[4]提出了一个三阶段系统，该系统采用高召回率的候选入口提取器，根据局部图像特征对候选者进行分类，使用马尔可夫链蒙特卡罗（Markov chain Monte Carlo，MCMC）方法解决贝叶斯推理问题，并选择最佳的一组入口来解释表面图像，该系统在具有挑战性的城市场景图像数据集上实现了 70%的召回率。Kang 等[3]提出了基于机器人导航实时收集的图像来检测建筑物入口的方法，定义入口所具有的特征基于概率模型检测入口，其基本思想是排除建筑物表面上的非入口区域，例如墙壁和窗户，而这些区域可以从外观图像中提取，其他区域被视为入口的候选区域，然后通过其提出的概率模型评估候选区域。Talebi 等[15]提出了一个基于视觉的识别建筑物入口的方法。首先将 RGB 图像转换成一个灰度图，并使用线段识别算法来识别灰度图中的垂直和水平线段，然后识别垂直线段之间的区域，获得区域的高度、宽度、位置、颜色、纹理和线数等特征，最后使用一些限制条件，如图像底部的入口是否存在，以及入口高度和宽度是否合理，来确定是否检测到入口。与上述使用手动定义的特征来检测入口不同，Liu 等[5]提出使用随机森林分类器自动选择特征和分类入口。该方法的过程为：首先利用场景几何，并将多维问题简化为一维问题，然后根据构造设计提取丰富的用于判别是否为入口的图像特征，特别是对称性和颜色一致性等属性，最后从三个维度对给定表面上的入口制订联合模型，利用在同一表面上不同入口之间的物理约束修剪假阳性，从而在给定表面上选择一组最佳入口。该方法的缺点在于依赖街道级别的图像，该图像可以从某些地图提供商（如谷歌街景视图）及导航过程中获取，但是入口可能不会面对街道，因此街道级别的图像并不总是包含所有建筑物的入口。此外，谷歌街景视图仅仅覆盖世界上的部分大城市，而导航的解决方案不适用于行人寻径，因为行人寻径需要提前知道入口的位置。

3.3 研究方法

本章方法包括训练和测试两个阶段，如图 3.4 所示。在训练阶段，首先将每个建筑物的边划分为多个离散点，也称为样本。然后将它们分别标记为正（真实正门）和负，通过测量样本与轮廓（内在特征）和周围空间实体（外在特征）之间的关系来提取每个样本的特征，例如到轮廓质心的距离和到主干道的最短路径距离。但是某些负样本与正样本在物理空间上比较接近，这可能会导致正样本分类错误。为解决该问题，在训练数据中仅使用与正样本在物理或特征距离上较远的“强”负样本。

在测试阶段，将测试建筑物的轮廓分成多个离散点，采用与训练阶段相同的方式提取相应的特征，并使用“稻草人”策略进一步补全缺失的数据[16]。最后使用训练后的模型来计算将每个样本分配为正样本或负样本的概率，选择建筑物所有样本中具有最高正概率的样本作为正门的估计位置。

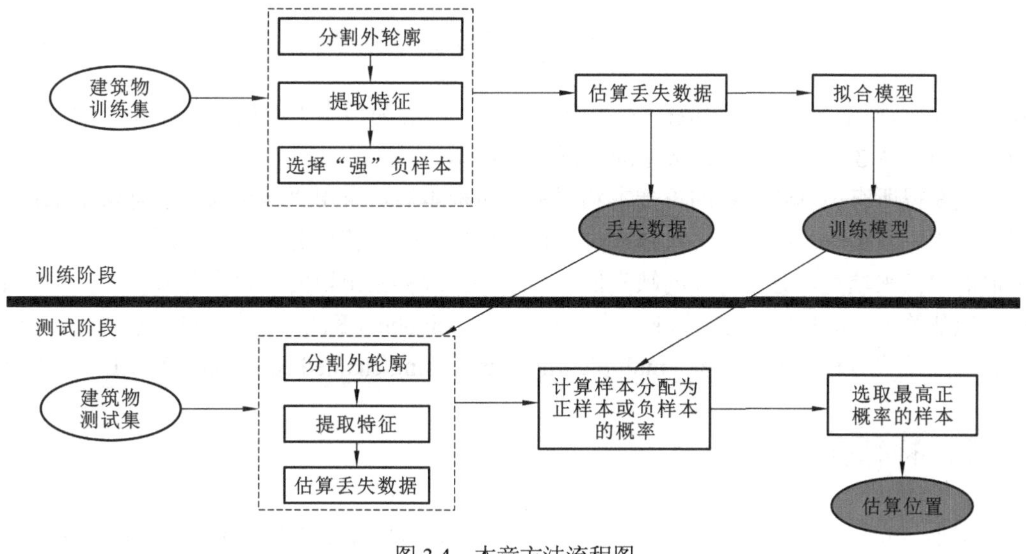

图 3.4　本章方法流程图

3.3.1　数据预处理

训练阶段的输入是建筑物。对于每个输入，首先将其外轮廓的边分成 3 m 的小段，将长度小于 3 m 的线段直接视为完整段。然后选择线段的中点作为样本点(正门的候选位置)。父母段包含真实正门的样本点标记为正，其他样本点标记为负，将包含样本的边定义为样本的主边。通过测量样本和轮廓（内在特征）与周围空间实体（外在特征）之间的关系提取每个样本的特征。图 3.5 所示为建筑物轮廓分割和采样的过程，从图中可以看出：①负样本比正样本（仅一个）大得多；②正样本被一些负样本包围。如果采用一般的分类模型拟合这些样本，为了实现最高分类准确性，那么所有测试样本最有可能被归类为负样本。

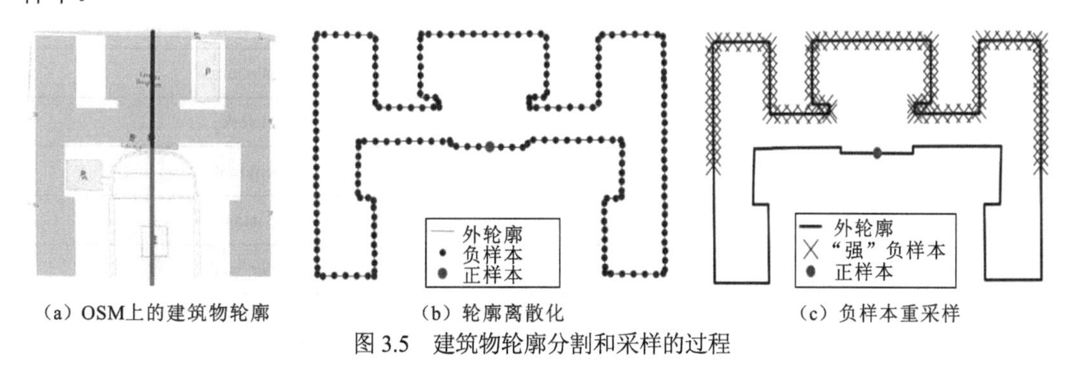

(a) OSM上的建筑物轮廓　(b) 轮廓离散化　(c) 负样本重采样

图 3.5　建筑物轮廓分割和采样的过程

为了减少负样本对正样本的干扰，从训练样本中排除在物理距离或特征距离上都与正样本接近的负样本，仅保留“强”负样本。物理距离阈值和特征距离阈值分别由 P_{T} 和 F_{T} 表示，两个样本之间的物理距离定义为沿着轮廓的最短线性距离，特征距离定义为两个样本的特征向量的欧几里得距离。在计算特征距离之前，向量中的每个变量首先使用最小-最大归一化方法进行归一化处理，如式（3.1）所示，将所有变量的值限制在 0～1。

$$X'=\frac{X-X_{\min}}{X_{\max}-X_{\min}} \tag{3.1}$$

式中：X' 为样本归一化后的值；X 为样本的值；$X_{\max}$ 为样本中的最大值；$X_{\min}$ 为样本中的最小值。图 3.5（c）所示为选定的“强”负样本。

在获得所有训练建筑物的正样本和“强”负样本后，采用“稻草人”插补策略来处理训练样本中数据缺失的问题。具体来说，训练样本中数值特征的缺失值采用该特征的非缺失值的中值来填充，分类特征的缺失值采用该特征最频繁出现的非缺失值来填充。也可采用其他估算缺失数据的方法，如 k-近邻（k-nearest neighbor，KNN）算法、缺失森林（missing forest）及链式方程式多重填补（multiple imputation using chained equations，MICE）等[16-17]。

3.3.2 特征提取

本小节介绍提取每个建筑物样本特征的过程。从 OSM 获得给定建筑物的轮廓和周围的空间上下文或实体，在 OSM 上可以分别获得样本的外在和内在特征。

1. 外在特征

空间上下文包括 addr_street（地址街道）、主干道、人行道、便道、轨道、自行车停车区、路标和邮箱，部分建筑物已标有地址街道。键是 OSM 中的“addr_street”，相应的值被重命名为“addr_street_value”，并以此为基础检索建筑物的地址街道。表 3.1 给出了 OSM 中一些空间上下文的键和值，可以通过多种方式来衡量样本与空间上下文之间的关系。连接到建筑物的路径具有非常强的特征，如图 3.6 所示，因此不选择其作为空间上下文。

表 3.1 用于提取外在特征的 OSM 的键和值

空间上下文	键	值
地址街道	name	addr_street_value
主干道	highway	primary/secondary/tertiary/unclassified/residential
路标	artwork_type	sculpture
	tourism	artwork
	historic	memorial
	amenity	fountain
	man_made	water_well
	man_made	flagpole
邮箱	amenity	post_box
人行道	highway	pedestrian
便道	highway	service
轨道	railway	rail
自行车停车区	amenity	bicycle_parking

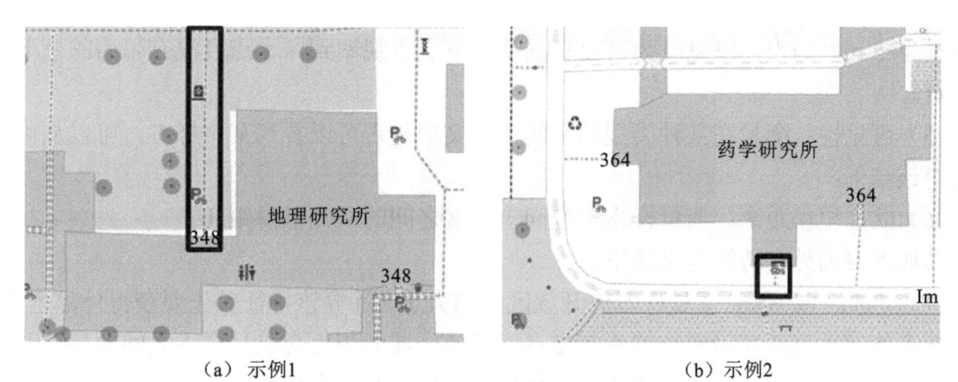

（a）示例1　　（b）示例2

图 3.6　矩形包围的通道连接到 OSM 建筑物

连接点为正门的位置

首先定义样本的外部垂直线（outer perpendicular line，OPL）和内部垂直线（inner perpendicular line，IPL）。样本的 OPL 是以样本为起点，沿着垂直于样本主边并向偏离建筑物方向延伸的线。样本的 IPL 是以样本为起点，沿着垂直于样本主边并朝向轮廓的延伸线。以下定义外在特征，如表 3.2 所示。

表 3.2　提取的衡量样本与空间上下文之间关系的外在特征

外在特征	地址街道	主干道	人行道	便道	轨道	自行车停车区	路标	邮箱
最短路径距离（*）	√	√	√	√	√	√		
可达性	√	√	√	√	√	√		
转弯度	√	√	√	√	√	√		
可见度（*）	√	√		√	√			
可见性	√	√		√	√	√	√	√
欧几里得距离（*）							√	√

（1）最短路径距离：衡量样本到同一类型多个空间上下文的最短路径距离。通常从地址街道和主道路可以轻松到达真实样本（或正门，路径距离比其他样本短）。计算路径距离首先需要提取路径障碍物，包括建筑物、草地、水、铁路和花园等。将线段或多边形的空间上下文按一定的间隔（本小节设为 5 m）分为多个点，然后使用 A-star（A*）算法[18]计算样本到这些上下文点的路径距离，并获得其中最短的路径距离。

（2）转弯度：衡量样本到特定空间上下文最短路径的转弯度。它是通过将最短路径距离除以样本到最短路径上目标位置的欧几里得距离计算的。转弯度值越大，则最短路径上的转弯就越多。

（3）可达性：衡量某个样本是否可以从特定的空间上下文到达，可从最短路径距离中获得该结果。

（4）可见度：衡量从特定空间上下文中观察样本（候选入口）的难易程度。通常从主要道路很容易观察到正门，阻碍可见度的是建筑物和障碍物。具体而言，OSM 上视觉障碍的键是“隔栏”，为了计算样本点的可见度，将空间上下文（如主干道）离散为一定间隔（本小节设为 5 m）的点，可见度为可以直接从上下文点观察到样本点且没有阻碍的上下文点的数量。

（5）可见性：衡量在某种类型的空间上下文中是否可以看到某个样本，可以从可见度中获得该结果。

（6）欧几里得距离：衡量样本与空间上下文之间的欧几里得距离。

其他重要的外在特征定义如下。

（1）开放区域（*）：衡量样本前开放区域的大小。计算该特征首先要获得外部垂直线，然后搜索外部垂直线和障碍物的所有交点，开放区域面积为交点与样本之间的最短欧几里得距离，这里的障碍物主要有建筑物、草地、主要道路、水和铁路等。

（2）到建筑物的距离（*）：衡量从样本到最近建筑物的欧几里得距离。它的计算方法与开放区域相同，唯一的区别是这里的障碍物仅包含建筑物。

2. 内在特征

内在特征是指从 OSM 轮廓中提取的特征，一些重要的内在特征定义如下。

（1）到质心的距离（*）：从样本到轮廓质心的欧几里得距离。

（2）比例（*）：衡量样本到其主边中间点的距离，样本与其主边中点之间的距离除以其主边的长度即为比例，取值范围为 0～0.5。

（3）轴：并非每个建筑物都是对称的，因此轴表示是否存在反射对称轴。例如，图 3.5（b）中的覆盖区是反射对称的，并且轴是正样本主边的垂直平分线。

（4）到反射对称轴的距离（*）：如果存在轴，则表示从样本到轮廓反射对称轴的垂直距离。

（5）在轴的相交边上（*）：衡量样本是否位于与建筑物轴相交的边上。

（6）主边的长度（*）：表示包含样本的边的长度。

（7）面向内侧（*）：衡量样本的外部垂直线是否与建筑物的其他边（主边除外）相交，入口样本的外部垂直线通常不与轮廓的边相交，例如图 3.5（b）中的正样本。

（8）凹形和凸形：表示样本的主边是凹形（0）、凸形（1）或者都不是（−1）。当该边的两个端点的内角近似 90° 且相邻的两个角近似 270° 时，将该边定义为凸形；当该边的两个角度近似 270° 且相邻的两个角度近似 90° 时，将该边定义为凹形。如图 3.5（b）所示，正样本的主边是凹形的。

（9）相反形状：表示样本主边的相对边是凹形（0）、凸形（1）或者都不是（−1）。相对边定义为建筑物最接近外部的边，相对边与主边的垂直平分线相交。

上述定义的外在特征和内在特征中，带有星号（*）的特征表示除绝对测量值以外，同一建筑物中计算的样本特征值的排序结果也被视为特征，它衡量的是一个样本是否比同一建筑物的其他样本更接近某些空间上下文或在某些地方更易于被观察到。直观上正样本（入口）比大多数负样本更接近建筑物的质心。建筑物中每个样本的分类结果可表示为 $S=\{s_1, s_2,\cdots, s_n\}$，然后对其进行归一化，用 $N=\{s_i/n\}$表示，其中 s_i 为排序结果，第 i 个样本的取值范围为 1～n，n 为建筑物中的样本数。将排序特征值限制在 0～1，使其具有全局可比性。

3.3.3 不平衡分类

正样本远小于负样本会导致数据不平衡问题[19]，解决该问题的常用方法包括对少数类进行上采样、对多数类进行下采样、给予少数样本类型更多的权重。本章采用 SmoteBoost 算法、平衡随机森林和加权随机森林三种具有代表性的分类模型来解决数据不平衡的问题。

（1）SmoteBoost 算法。SmoteBoost 算法最初是由 Chawla 等[20]提出用来解决数据集中的不平衡问题。它结合了 Smote 和 AdaBoost 两种算法（自适应增强算法）[21]。具体而言，在每个增强步骤之前获取每个少数类样本并从其 k 个最近的少数类中生成合成样本，对少数类进行上采样。SmoteBoost 算法试图改善弱学习者的性能（预测模型较差，但优于随机猜测），为当前弱学习者在每次迭代中误分类的样本分配更高的权重，迭代地创建弱学习者的集合，这个权重决定了样本出现在下一个弱学习者训练中的可能性。因为在每个连续的迭代中，对经常被错误分类的少数类给予较高的权重，所以诸如 SmoteBoost 的增强算法对数据不平衡问题特别有效[20]。

（2）平衡随机森林。平衡随机森林是随机森林的一种变体，它在构建每个决策树时对多数类进行下采样。平衡随机森林算法主要分为三个步骤：①对于随机森林中的每次迭代（构建一棵树），从少数类中选择一个引导样本，从多数类中随机选择相同数量的样本并进行替换；②基于上述样本构建分类树；③重复上述两个步骤，直到产生预设数目的树，在标记阶段汇总森林中所有树的预测以做出最终预测[9]。

（3）加权随机森林。加权随机森林是随机森林的另一种变体，它遵循代价敏感型学习的思想，分配少数类别较大的权重（即错误分类的代价较高），对少数类的错误分类处以较重的惩罚。加权随机森林算法主要分为三个步骤：①在树的构建过程中，类权重被用来权衡基尼标准以找到合理的划分；②在每个终端节点的类别预测中，再次考虑类别权重，每个终端节点的类别预测由“加权多数投票”确定，即某类的投票数是该类的权重乘以该终端节点为该类的数目；③汇总来自每棵树的加权投票来估算最终类别预测，其中权重是终端节点中的平均权重[8]。

3.4 实验与分析

3.4.1 实验设置

从德国 8 个城市收集了 320 个公共建筑物数据：法兰克福（60），曼海姆（28），海德堡（46），卡尔斯鲁厄（40），慕尼黑（44），斯图加特（38），柏林（40）和科隆（24），括号中的数字表示在相应城市中收集的公共建筑物数量。使用开放平台 IGIS.TK 及其空间数据模型将 8 个城市的 OSM 数据导出到空间数据库，检索出建筑物周围的相应 OSM 实体[22]。具体而言，从数据库中检索建筑物缓冲区中或与建筑物缓冲区相交的 OSM 元素（节点、道路和关系）。缓冲区以建筑物的质心为中心，半径为 150 m。相应的 SQL 脚本如下。

```
"SELECT
elements.id,AsGeoJson(Transform(geom,32630)),keys.txt,vals.txtFROM
elementsJOINtagsONelements.id=tags.idJOINkeysONtags.key=keys.rowid
join vals on tags.val=vals.rowid
    WHERE MbrIntersects(Transform(Buffer(Transform(MakePoint
(8.3728, 49.0159, 4326), 32630), 150), 4326), elements.geom)"
```

其中(8.3728，49.0159)代表建筑物质心的经纬度坐标。基于检索到的结果可以提取建筑物的属性和其空间上下文。

分析测试建筑物的面积、周长和边数的分布，如图 3.7 所示。从图中可以看出，建筑物的形状和大小变化较大。分析建筑物的空间上下文和对称建筑物（有轴），不同空间上下文的出现频率和对称建筑物的出现频率如图 3.8 所示。从图中可以看出，数据缺失的问题非常严重，因为只有主干道、便道和地址街道的出现频率超过 0.7，这使分类任务充满了挑战。为了知道哪个特征对识别正门更重要，计算从随机森林中排除某些特征（共 84 个）时精度降低情况来衡量每个特征的重要性。从中挑选出最重要的 20 个特征，它们的归一化权重如图 3.9 所示。

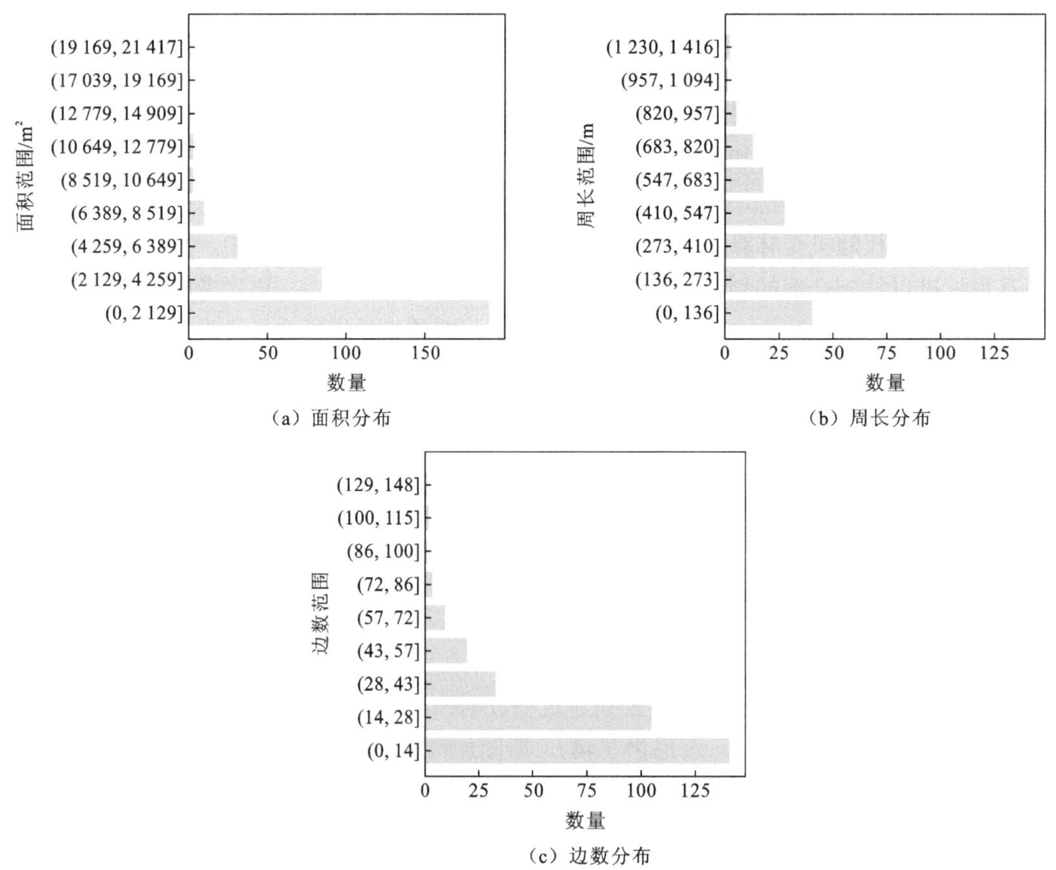

图 3.7　测试建筑物的面积、周长和边数的分布

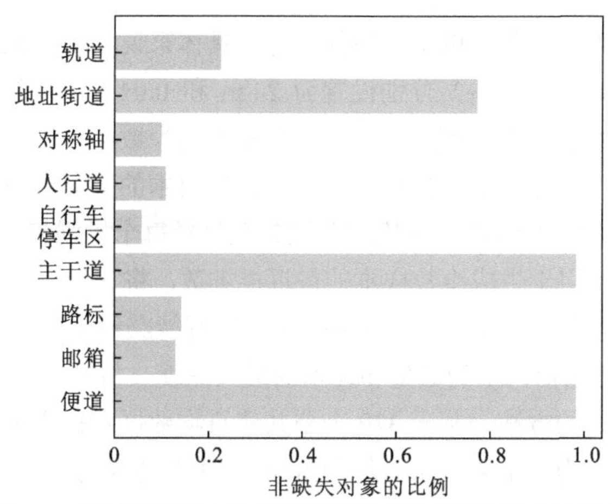

图 3.8　测试建筑物中空间上下文和对称建筑物的出现频率

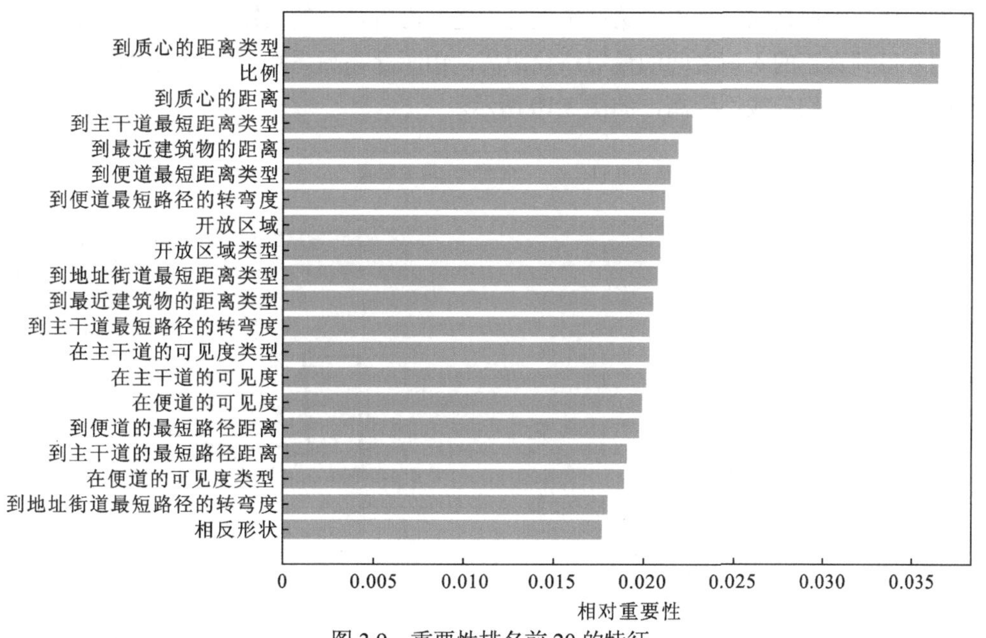

图 3.9　重要性排名前 20 的特征

如图 3.9 所示，排名前 20 位的特征包括到质心的距离类型、比例、到质心的距离、到主干道最短距离类型、到最近建筑物的距离、到便道最短距离类型、到便道最短路径的转弯度、开放区域、开放区域类型、到地址街道最短距离类型、到最近建筑物的距离类型、到主干道最短路径的转弯度、在主干道的可见度类型、在主干道的可见度、在便道的可见度、到便道的最短路径距离、到主干道的最短路径距离、在便道的可见度类型、到地址街道最短路径的转弯度、相反形状。以上特征对确定正门位置的影响较大。因为只有一小部分建筑物是对称的，所以与轴相关的特征未如预期的那样排在前 20 位之中。

3.4.2　标记精度

本小节实验比较处理不平衡类问题的三种分类模型和常规随机森林模型。为提出方法和分类模型设置一些重要参数，以实现最佳性能。具体来说，将“强”负样本的物理距离阈值（P_T）和特征距离阈值（F_T）分别设置为 24 m 和 0.04。加权随机森林模型重要参数包括树木的数量、树木的最大深度及与多数类别相比的少数类别的权重，将它们分别设置为 80、12 和 160:1。平衡随机森林模型关键参数包括树木的数量和树木的最大深度，将它们分别设置为 140 和 14。SmoteBoost 模型关键参数包括每个增强步骤的新合成样本数、估计器的最大数量，以及用于生成少数样本的最近样本数，将它们分别设置为 130、90 和 4。SmoteBoost 模型在测试中不稳定，使用相同的参数可能获得不同的预测结果。随机森林（RF）模型重要的参数包括树木的数量和树木的最大深度，将它们分别设置为 110 和 14。

使用五重交叉验证的方法，基于 320 个公共建筑物数据对提出的方法进行评估。首先将 320 个公共建筑物分为 5 个测试组，每个组包含 64 个建筑物。在每个测试组中将 64 个建筑物视为测试集，将其余已知正门位置的 258 个建筑物视为训练集。用两种方法衡量真实入口与估计入口之间的偏差：第一个是它们之间沿着轮廓的最短线性距离；第二个是从估计的入口到真正的入口之间的最短路径距离。由于存在障碍物，两个位置之间的路径距离可能远大于它们的线性距离，如图 3.10 所示。

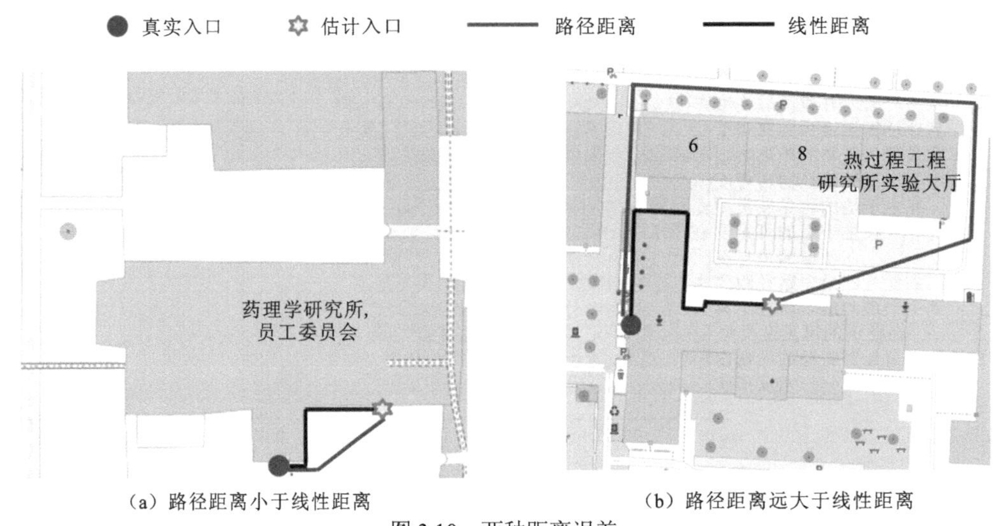

（a）路径距离小于线性距离　　（b）路径距离远大于线性距离

图 3.10　两种距离误差

图 3.11 所示为 5 个测试组的累积线性距离误差。可以看出，加权随机森林和平衡随机森林方法可获得最佳标记效果，平均误差约为 21 m，30%的建筑物被正确标记了入口位置，即线性距离误差为 0 m，80%的情况下距离误差在 30 m 以内。SmoteBoost 和随机森林方法的平均误差约为 35 m，这表明平衡随机森林和加权随机森林方法与 SmoteBoost 和随机森林方法相比，可以更好地处理数据不平衡的问题。

在有障碍物（如建筑物和栅栏）的情况下，估计入口与真实入口之间的线性距离误差不能反映用户从估计入口到真实入口所需的实际步行距离。进一步计算 5 个测试组的估计入口与真实入口之间的最短路径。如果无法从估计入口到达真实入口，将最短路径距离设置为 1 000 m。图 3.12 所示为 4 种分类模型路径距离误差的累积分布函数（cumulative distribution function，CDF）。从图中可以看出，平衡随机森林和加权随机森林方法仍然取

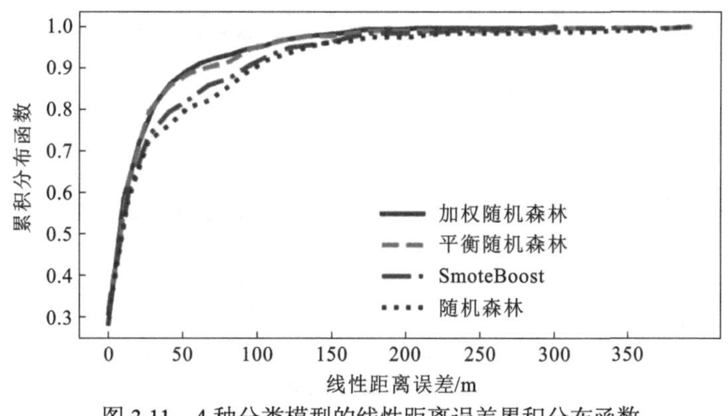

图 3.11　4 种分类模型的线性距离误差累积分布函数

得了令人满意的结果，平均误差为 22 m，80%的情况下路径距离误差在 30 m 以内。SmoteBoost 和随机森林方法的路径距离误差分别为 38 m 和 46 m，相比于其线性距离误差更大。由于人类具有强大的空间认知能力，当估计入口与真实入口相距不远时，行人在沿着通往估计入口的路线时也可以轻松地看到建筑物的真实入口，约 30 m 的距离偏差不会影响人们找到真正的入口[23]。此外，分析线性距离误差超过 60 m 的建筑物可以发现，主要有三个原因导致较大的标记误差：①不正确或不完整的 OSM 数据；②估计的位置是辅助入口，而不是主要入口；③有许多不符合正门布局原则的特殊建筑物。

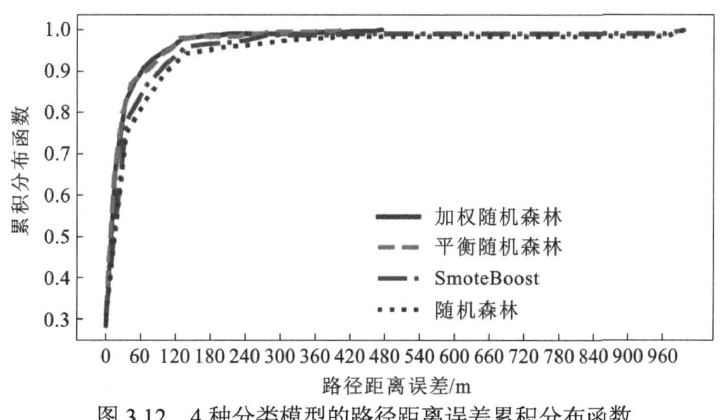

图 3.12　4 种分类模型的路径距离误差累积分布函数

对分配给正样本的正概率与同一建筑物的其他样本进行排序，排名结果有两种。第一种是所有样本的绝对排名结果，值的范围为 1～N，其中 N 为建筑物中样本的数量。图 3.13 所示为通过 4 种分类模型获得的绝对排名结果的累积分布函数，可以看出平衡随机森林方法的结果表现最好，其在 55%情况下正样本的正概率位于前 4%，在 75%情况下位于前 10%。

第二种为所有样本的相对排名结果，其累积分布函数如图 3.14 所示，它考虑了测试建筑物中样本数量的变化，将绝对排名结果除以相应建筑物中的样本总数，将值限制在 0～1。

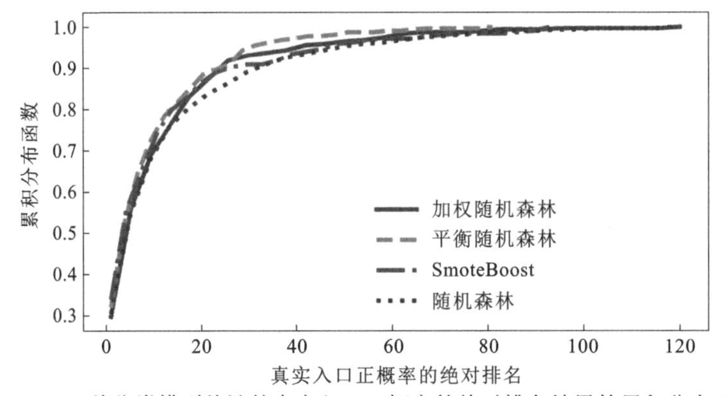

图 3. 13　4 种分类模型估计的真实入口正概率的绝对排名结果的累积分布函数

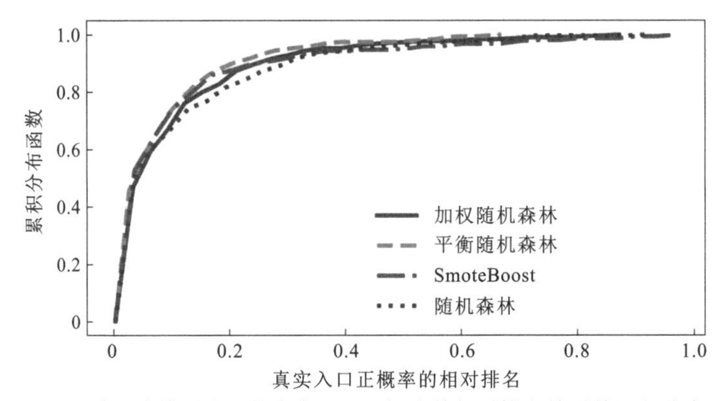

图 3.14　4 种分类模型估计的真实入口正概率的相对排名结果的累积分布函数

3.5　总结与展望

3.5.1　正门假设

本章提出方法的假设之一是公共建筑物中只有一个正门。这种假设来源于两个方面：①在大多数情况下此假设成立；②如果不确定存在多少个主要入口，那么在公共建筑物中检测主要入口是非常困难的。在采集测试建筑物数据时发现，一栋公共建筑物可能由多个单元组成，每个单元都有一个门牌号和一个对应的主要入口，这种情况超出了本章研究范围。这种情况将在未来工作中通过考虑在 OSM 数据上标记门牌号码来解决，即每个门牌号码对应一个正门。这意味着，如果门牌号码的标记位置是已知的，那么可以从建筑物中识别出多个主要入口。

3.5.2　多源数据融合

正如 3.4 节所述，标记错误通常是由 OSM 中的数据丢失或不完整引起的，这大大降低了本章方法的适用性和鲁棒性。可使用卫星图像（如必应地图）来解决这个问题，这将为寻找可能的正门位置提供更多线索。例如在图 3.15（a）中正门前面有一个可以从卫星图像中识别出来的开放空间，但是仅使用 OSM 中的数据就会产生很大的标记错误。植被空间是不可能的入口位置的线索之一，如图 3.15（b）所示，可以从卫星图像上观察到植被空间，但是在仅使用 OSM 数据时平衡随机森林方法估计的入口位于绿色空间。因此，解决上述问题的方法之一是将从 OSM 提取的手动定义特征与从卫星图像自动提取的特征通过深度学习方法相结合。

（a）位于开放空间的正门

（b）不可能位于植被空间的正门

图 3.15　正门在遥感影像中的线索

参考文献

[1] Zeng L, Weber G. A pilot study of collaborative accessibility: How blind people find an entrance[C]//17th International Conference on Human-Computer Interaction with Mobile Devices and Services, 2015: 347-356.

[2] Goetz M, Zipf A. Extending OpenStreetMap to indoor environments: Bringing volunteered geographic information to the next level[J]. Urban and Regional Data Management: UDMS Annual, 2011(1): 47-58.

[3] Kang S J, Trinh H H, Kim D N, et al. Entrance detection of buildings using multiple cues[C]//Intelligent Information and Database Systems: Second International Conference, ACIIDS, Hue City, Vietnam. Berlin: Springer, 2010: 251-260.

[4] Liu J, Korah T, Hedau V, et al. Entrance detection from street-view images[C]//IEEE International Conference on Computer Vision and Pattern Recognition Workshop (CVPR), Columbus, 2014(1): 24-27.

[5] Liu J, Parameswaran V, Korah T, et al. Entrance detection from street-level imagery: US Patent, 798931[P]. 2017-11-25.

[6] Hochmair H H, Zielstra D, Neis P, et al. Assessing the completeness of bicycle trails and designated lane features in OpenStreetMap for the United States and Europe[C]// Transportation Research Board Annual Meeting, Washington D. C. , 2013: 1-21.

[7] Hu X, Fan H, Noskov A. Roof model recommendation for complex buildings based on combination rules and symmetry features in footprints[J]. International Journal of Digital Earth, 2018, 11(10): 1039-1063.

[8] Effendy V, Baizal Z K A. Handling imbalanced data in customer churn prediction using combined sampling and weighted random forest[C]//2nd International Conference on Information and Communication

Technology, IEEE, Nanjing, China, 2014: 325-330.
[9] Khalilia M, Chakraborty S, Popescu M. Predicting disease risks from highly imbalanced data using random forest[J]. BMC Medical Informatics and Decision Making, 2011, 11: 1-13.
[10] Chawla N V, Bowyer K W, Hall L O, et al. SMOTE: Synthetic minority over-sampling technique[J]. Journal of Artificial Intelligence Research, 2002, 16: 321-357.
[11] Murillo A C, Košecká J, Guerrero J J, et al. Visual door detection integrating appearance and shape cues[J]. Robotics and Autonomous Systems, 2008, 56(6): 512-521.
[12] Zhao Y, Qian C, Gong L, et al. LMDD: Light-weight magnetic-based door detection with your smartphone[C]// 44th International Conference on Parallel Processing, IEEE, Beijing, China, 2015: 919-928.
[13] Nikoohemat S, Peter M, Elberink S O, et al. Exploiting indoor mobile laser scanner trajectories for semantic interpretation of point clouds[J]. ISPRS Annals of Photogrammetry, Remote Sensing & Spatial Information Sciences, 2017, 2(4): 355-362.
[14] Quintana B, Prieto S A, Adan A, et al. Door detection in 3D coloured point clouds of indoor environments[J]. Automation in Construction, 2018, 85: 146-166.
[15] Talebi M, Vafaei A, Monadjemi A. Vision-based entrance detection in outdoor scenes[J]. Multimedia Tools and Applications, 2018, 77(20): 26219-26238.
[16] Tang F, Ishwaran H. Random forest missing data algorithms[J]. Statistical Analysis and Data Mining: The ASA Data Science Journal, 2017, 10(6): 363-377.
[17] Deng Y, Chang C, Ido M S, et al. Multiple imputation for general missing data patterns in the presence of high-dimensional data[J]. Scientific Reports, 2016, 6(1): 21689.
[18] Hart P E, Nilsson N J, Raphael B. A formal basis for the heuristic determination of minimum cost paths[J]. IEEE Transactions on Systems Science and Cybernetics, 1968, 4(2): 100-107.
[19] Sun Y, Wong A K C, Kamel M S. Classification of imbalanced data: A review[J]. International Journal of Pattern Recognition and Artificial Intelligence, 2009, 23(4): 687-719.
[20] Chawla N V, Lazarevic A, Hall L O, et al. SmoteBoost: Improving prediction of the minority class in boosting[C]//7th European Conference on Principles and Practice of Knowledge Discovery in Databases, Cavtat-Dubrovnik, Croatia. Berlin: Springer, 2003: 107-119.
[21] Schapire R E. Explaining AdaBoost[M]. Berlin: Springer, 2013.
[22] Noskov A, Zipf A. Open-data-driven embeddable quality management services for map-based web applications[J]. Big Earth Data, 2018, 2(4): 395-422.
[23] Foo P, Warren W H, Duchon A, et al. Do humans integrate routes into a cognitive map? Map-versus landmark-based navigation of novel shortcuts[J]. Journal of Experimental Psychology: Learning, Memory, and Cognition, 2005, 31(2): 195.

第 4 章　基于几何地图文法的房间语义推理方法

目前的室内制图方法可以检测到精确的几何信息，但很难检测到房间类型。本章探讨利用基于几何地图的文法推断房间类型的可行性。具体来说，以高校科研楼为例，创建一个约束属性文法来表示不同房型的空间分布特征与房型之间的拓扑关系。在此基础上，提出一种自底向上的方法来构建解析森林并推断房间类型。在此过程中，使用贝叶斯推理方法从几何地图中提取出一个封闭房间的几何属性（如面积、长度和宽度），计算该房间属于某种类型的初始概率。使用该方法对 15 张地图上的 408 个房间进行测试，在 84%的案例中，房间类型定义正确。

4.1　概　　述

人们大部分时间都待在室内，如办公室、住宅和购物中心[1]。如今新型室内移动应用正以惊人的速度发展，涵盖广泛的室内社交场景，如室内导航和基于位置的广告推荐[2]。包含房间用途（如办公室、餐厅、书店）的语义丰富的室内地图是室内定位服务不可或缺的部分[3-4]。在计算机辅助设计（computer aided design，CAD）、建筑物信息建模（building information model，BIM）、工业基础类（industry foundation class，IFC）和地理信息系统（geographic information system，GIS）（如 ArcGIS 和谷歌地图）中，楼层平面图包含丰富的语义信息，包括房间的类型和功能。然而，目前只有一小部分室内环境的几何地图被绘制出来[5]，更不用说更加丰富的语义信息（如房间类型）。

目前，基于数字化的方法和基于测量的方法是室内制图的两种主流方法。基于数字化的方法从现有栅格或者扫描的地图中自动提取房间、走廊和门[6-9]。基于测量的方法借助传感器数据，如激光雷达点云[10-13]、图像[14-16]和志愿者轨迹[5,17]。基于激光雷达点云和图像的方法可以重建包含丰富语义的精确三维场景，如墙、窗、天花板、门、地板，甚至房间中的家具类型（如沙发、椅子和桌子）[11,18]，但其往往忽略房间类型。与基于激光雷达点云和基于图像的方法相比，利用志愿者轨迹的方法重建室内地图因硬件要求低、计算复杂度低而备受关注。借助大量的轨迹，可以检测出准确的几何信息（如房间和走廊的尺寸）和简单的语义信息（如楼梯和门）。然而，该方法很难根据轨迹推理房间的类型。为了解决这个问题，Luperto 等[19]提出使用统计关系学习方法来推理学校和办公楼的房间类型及建筑物类型。Elhamshary 等[3,20]使用签到信息自动识别商场室内场所的语义标签，即企业名称（如星巴克）或类别（如餐厅），但是大部分室内场景往往都不存在用户的签到信息。

本章以科研楼（如大学的实验室和办公楼）为例，探讨利用文法来推断房间类型的可行性。本章使用的几何地图包括房间的几何信息和简单的语义信息（如走廊和门）。必须承认，手动构造一个完整可靠的文法来表达世界各地的科研楼布局几乎是不可能的，这也并不是本章的目标。本章的目标是通过推理房间类型来证明，文法在一定程度上可以为现有的室内制图方法带来益处。为了创建完整可靠的文法，可使用文法推理技术[21-22]在大量训练数据的基础上自动学习概率文法。

本章使用文法来表示不同房间类型的拓扑和空间分布特征，并使用高斯分布来构建不同房间类型的几何特征模型，将它们组合起来用以推断房间的类型。文法规则主要来源于有关科研楼设计原则的指南[23-26]。本章提出的方法主要基于两个假设：①不同的房间类型遵循一定的空间分布特征和拓扑原理。例如：办公室通常与外墙相邻；两间办公室通过门相连；多个相邻的实验室聚集在一起而不被其他房间类型,如卫生间和复印室隔开。②不同的房间类型具有不同的几何特性。例如，教室通常比私人办公室大得多。此外，本章假设每个房间类型的几何特性（如面积、长度和宽度）遵循高斯分布。

本章提出方法的输入是没有房间类型信息的建筑物单层几何图，该方法的步骤为：①从训练数据中获取每种房间类型的频率和多元高斯分布的参数；②对文献[27]中定义的规则进行改进，删除一些无用的规则，在房间语义推理中加入一些有用的规则，并改变规则的格式，以使其用于房间语义推理；③根据这些规则的依赖关系将它们划分为多个层次；④依次将规则从最低层到最高层应用于平面图的原始对象中，从而构造一个解析森林。在最底层应用规则时，根据从几何地图中提取的房间几何特性（如面积、长度和宽度），应用贝叶斯推理方法计算房间为特定类型的初始概率。构造的森林包含多个解析树，每个解析树对应整个楼层全部房间的完整语义解释。

4.2 研 究 进 展

4.2.1 室内空间模型格式

目前，主流的地理空间标准包括 CAD、BIM/IFC、CityGML 和室内地理标记语言（indoor geographic markup language，IndoorGML）。CAD 通常用于建筑物施工过程中，用来表示建筑物室内实体的几何尺寸和方位。CAD 使用线条的颜色和粗细来区分不同的空间实体。除与室内空间有关的注释外，CAD 不包含进一步的语义信息。与 CAD 相比，BIM 能够恢复建筑物构件的几何信息和丰富的语义信息及它们之间的关系[28]。BIM 支持室内实体的三维几何图形的多模式表示。IFC 是 BIM 中的主要数据交换标准，它旨在促进建筑物、工程和施工（architecture，engineering，construction，AEC）[29]行业利益相关者之间的信息交流。不同于 IFC，CityGML[30]是从地理空间的角度发展起来的。它定义了与地理空间最相关的地形对象（如城市中的建筑物、交通和植被）的几何、拓扑、语义和外观属性的类别和关系[31]。CityGML 有 5 个细节层次（LoD），每个层次都有不同的用途。第 4 细节层次（LoD 4）的定义是支持建筑物内部的对象，如门、窗、天花板和墙。室内空间的唯一类型是被表面包围的房间。然而，它们缺乏与室内空间模型、导航网络和室内空间语义相关的特征，而这些特征是大多数室内空间信息应用的关键需求[32]。为了满足这种需求，开放地理空间信息联盟（Open Geospatial Consultium，OGC）将 IndoorGML 作为一种标准的数据模型和基于可扩展标记语言（extensible markup language，XML）的交换格式进行发布，它包括几何、符号空间和网络拓扑[33]。IndoorGML 的基本目标是为室内空间信息提供一个语义、拓扑和几何模型的通用框架，允许在室内空间中定位静止或移动的对象，并提供面向其在室内空间位置的空间信息服务，而不是表达建筑物构件。

4.2.2 基于数字化的室内建模

经典的解析扫描地图或平面图的方法包括两个阶段：基本体检测和语义识别[6,34-37]。它从底层图像处理开始，提取几何图元（即线段和圆弧）并将这些图元矢量化。然后，识别室内空间元素（如墙、门、窗、家具）的语义类别。近年来，机器学习技术被应用于检测语义类型（如房间、门和墙）。例如，De las Heras 等[7,8,38]提出了一种基于分割的方法，将室内元素的矢量化和识别融合到一个过程中。在提取特征的基础上，对支持向量机（SVM）等分类器进行训练，然后利用这些分类器预测每个小块的类别。随着计算机视觉和深度学习技术的迅速发展，深度神经网络也被应用于平面图的图像分析。例如，Dodge 等[9]采用基于分割的方法和全卷积网络（fully convolutional networks，FCN）对墙的像素进行分割。该方法在不调整参数的情况下获得了较高的识别精度。总的来看，基于数字化的方法是很有用的，因为目前存在大量未矢量化的楼层平面图。但是，如果平面图中不包含指示房间类型的文本信息，现有的方法仍无法识别房间的类型。

4.2.3 基于图像的室内建模

基于图像的室内建模方法可以通过智能手机捕捉精确的几何信息。深度相机的出现进一步提高了室内场景识别的准确度，并能识别丰富的语义。例如，Sankar 等[39]提出了一种利用智能手机上的相机和惯性传感器来建模包括办公室和房间在内的室内场景的方法，它允许用户在简单的交互式摄影测量建模的基础上创建精确的二维和三维模型。同样，Pintore 等[40]提出通过使用配备有加速计、磁力计和摄像头的智能手机获取单个房间的测量值，进而生成楼层平面图。Furukawa 等[14]提出了一种曼哈顿世界融合技术，用于生成室内场景的平面图。它使用运动结构、多视图立体（multi-view stereo，MVS）和立体算法生成轴对齐的深度图，然后与 MVS 点合并生成最终的三维模型。Tsai 等[41]基于点、线、平面和运动的简单几何知识，提出使用运动线索来计算室内结构。具体来说，利用贝叶斯滤波算法从点特征中自动识别三维直线，并用来检测形成最终模型的平面结构。Ikehata 等[16]提出了一种基于深度相机全景图像的室内场景三维建模框架与描述场景各部分之间语义关系和房间结构的结构文法。在该文法中，场景几何体被表达为图形，其中节点代表结构元素，如房间、墙和对象。然而，这些工作主要集中在识别房间的几何布局上，而忽略了房间语义。为了丰富室内场景的语义，Zhang 等[18]提出了一种利用深度相机传感器的外观和深度特征来估计房间布局和场景中实体（如家具）的方法。总体而言，基于图像的方法可以精确地重建场景中的几何模型甚至实体对象，但是它们通常忽略了房间类型。

4.2.4 基于轨迹的室内建模

基于轨迹的解决方案假定用户的轨迹反映了可访问的空间，包括未占用的内部空间、走廊和大厅。有了足够的轨迹，房间、走廊和大厅的形状就可被重构。例如 Youssef[4]、Jiang

等[42]和 Gao 等[5]利用志愿者的运动轨迹、惯性传感器数据、Wi-Fi 得出的位置来确定房间和走廊的几何形状。然而，房间的边缘有时会被家具或其他障碍物挡住，用户的轨迹无法覆盖这些地方，从而导致不完整的房间形状推测。为了解决这个问题，Chen 等[43]提出了一个结合轨迹和图像的地图众包系统。Gao 等[44]提出了一种编织机系统，它可以通过单个随机用户 1 h 内收集的数据，快速构建大型建筑物的室内平面图。该系统的核心部分是地图融合框架，其通过动态贝叶斯网络，融合图像定位、基于惯性传感器的轨迹估计和地标识别技术。基于轨迹的方法可以识别部分语义信息，如走廊、楼梯和电梯，但不能识别房间类型。

4.2.5 基于 LiDAR 点云的室内建模

与基于轨迹的方法相比，基于 LiDAR 点云的方法可以实现更高精度的房间几何重构。例如，Mura 等[45]提出用一组杂乱的三维输入扫描重建一个干净的建筑物模型，以适应复杂的室内环境。它可以重建一个房间图和每个房间的精确多面体表达。此外，基于 LiDAR 点云的方法可以重构语义丰富的三维模型。例如，Xiong 等[10]提出了一种将原始三维点数据自动转换为语义丰富的信息模型的方法，这些点源于整个建筑物内多个位置的激光扫描仪，它主要建模室内环境的结构组件为天花板、门窗等。Ambrus 等[13]提出了一种自动利用三维点信息重建二维平面图的方法。它通过使用能量最小化方法来实现对建筑物结构（如墙壁）的准确和可靠识别。该方法的一个新颖之处在于它不依赖视点信息和曼哈顿框架假设。Nikoohemat 等[46]提出使用移动激光扫描仪进行数据采集。它通过使用遮挡推理和移动激光扫描仪的轨迹来检测杂乱室内环境中的开口（如窗户和门）。结果表明，使用结构化学习方法进行语义分类是有效的。Armeni 等[11]提出一种新的基于层次分析的大规模彩色点云语义分析方法。Qi 等[12]提出了一种基于点云的多层感知器（multilayer perceptron，MLP）结构，用于三维分类和分割。该方法从一个三维点提取一个全局特征向量，使用提取的特征向量和附加的点级变换对每个点进行处理，然后直接将点云作为输入，并为整体输入或点片段输出一个标签。与基于图像的方法类似，基于 LiDAR 点云的方法通常会忽略房间类型。

4.2.6 基于规则的室内建模

基于规则的方法借助特定建筑物类型的结构规则或知识来辅助地图重建。这些规则可以通过手动定义[27,47-49]或通过机器学习方法[19,50-52]获得。Yue 等[48]提出使用表达安妮女王住宅风格的形状文法，借助一些观察值，如轮廓和窗户的位置来推理住宅的内部布局。Philipp 等[49]使用分裂文法来描述房间的空间结构。该方法可以从重建的地图中自动学习某一楼层的文法规则，并用于推导其他楼层的布局，这样可以减少重构建筑物室内地图所需的传感器数据。类似地，Khoshelham 等[53]和 Mitcheu 等[54]使用形状文法重建包含墙、门和窗的室内地图，采集的点云用来学习规则中的参数。Dehbi 等[55]提出通过学习加权属性上下文无关文法规则来重建三维模型。Rosser 等[50]建议从大量住宅的真实楼层平面图中获得房间的尺寸、朝向和频率，在此基础上，建立了一个贝叶斯网络来估计房间的尺寸和方位。Luperto

等[52]提出了一个语义映射系统，该系统处于机器人移动的环境，根据建筑物类型对室内环境的房间进行分类。此外，Luperto 等[19]提出使用统计关系学习方法对建筑物（如办公楼和学校）的整体结构进行全局推理，并评估了该方法在房间分类、建筑物分类和模拟事件验证三个应用中的潜力。Liu 等[56]通过概率生成模型和基于马尔可夫链蒙特卡罗（MCMC）方法的推理技术，提出了一种从预处理传感器数据中自动提取语义信息（如房间和走廊）的新方法。该方法的新颖之处在于，构建了一个抽象的语义和自上而下的领域表达：一个经典的由多个房间组成且通过门和过道相连的室内环境。类似地，Liu 等[57]提出了一个可概括的数据抽象知识框架。基于该框架，机器人可以重建一个室内语义模型。该框架是通过结合马尔可夫逻辑网络（Markov logic networks，MLNs）和数据驱动 MCMC 采样来实现的。基于 MLNs，可将任务特定的上下文知识作为描述性软规则，在实际数据和模拟数据上的实验验证了该框架的有效性。

4.3 布局的形式化表达

4.3.1 建筑物类型定义

科研楼是大学的核心建筑物，包括实验室和办公楼[26]。具体来说，实验室指物理、生物、化学和医疗机构等的学术实验室，这些机构对实验室的配置往往有着严格的要求。Watch[26]将科研楼的封闭房间分为 11 类：实验室、实验室支持空间、办公室、会议室、计算机室、图书室、卫生间、复印/打印室、储藏室、休息室和厨房。实验室通常遵循模块设计原则[24-25]设计，并且在整个工作日内都被占用。因此，它们常常位于自然采光好的外侧区域。实验室支持空间由两部分组成：一部分是非标准实验室，即不采用标准模块设计原则，一般也不会被连续占用，因此，它们会被设计在建筑物的内部区域；另一部分是支持实验室的辅助空间，如设备室、仪器室、冷藏室、玻璃器皿储存室和化学品储存室等[25]。

本节以典型的科研楼，即基于廊道布局的科研楼作为研究对象。基于走廊布局的三种典型研究建筑物布局，包括单走廊、双走廊和三走廊[24]，如图 4.1 所示。大多数科研楼布局都是这三类的变种。

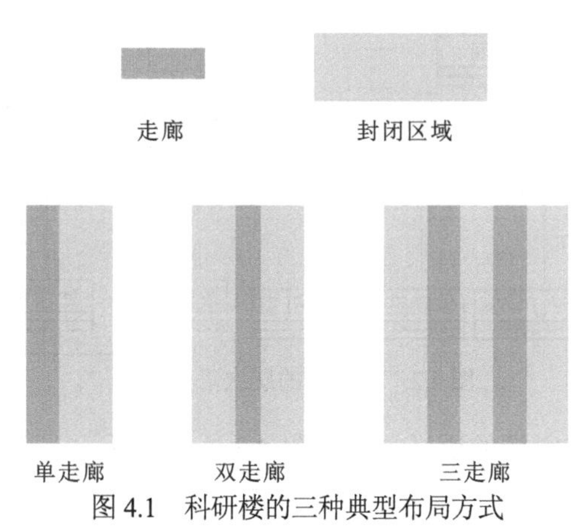

图 4.1　科研楼的三种典型布局方式

4.3.2 建筑物层次语义划分

使用统一建模语言（unified modeling language，UML）类图来表示科研楼的层次语义划分，如图 4.2 所示。图中所有定义的对象都对应同一个建筑物楼层，忽略跨越多个楼层的对象（如中庭）。建筑物由一个或多个通过天桥连接的建筑物单元组成。每个建筑物单元都有一个核心功能，如以实验室为中心、以办公室为中心、以学术区为中心。在物理上，建筑物单元包含可自由访问的空间（如走廊和大厅）和封闭区域。根据物理位置，封闭区域可分为两类：外墙周边区域和中心暗区[24]。中心暗区并不意味着该区域没有光线，它是指位于建筑物中心且不能轻易接收到自然光的区域。外墙周边区域可被划分为主区域和主区域两端可选的辅助空间。主区域有实验室区、办公室区和学术区三个变体。主区域可进一步划分为单个房间，如实验室、办公室、实验室支持空间、会议室和图书室等。

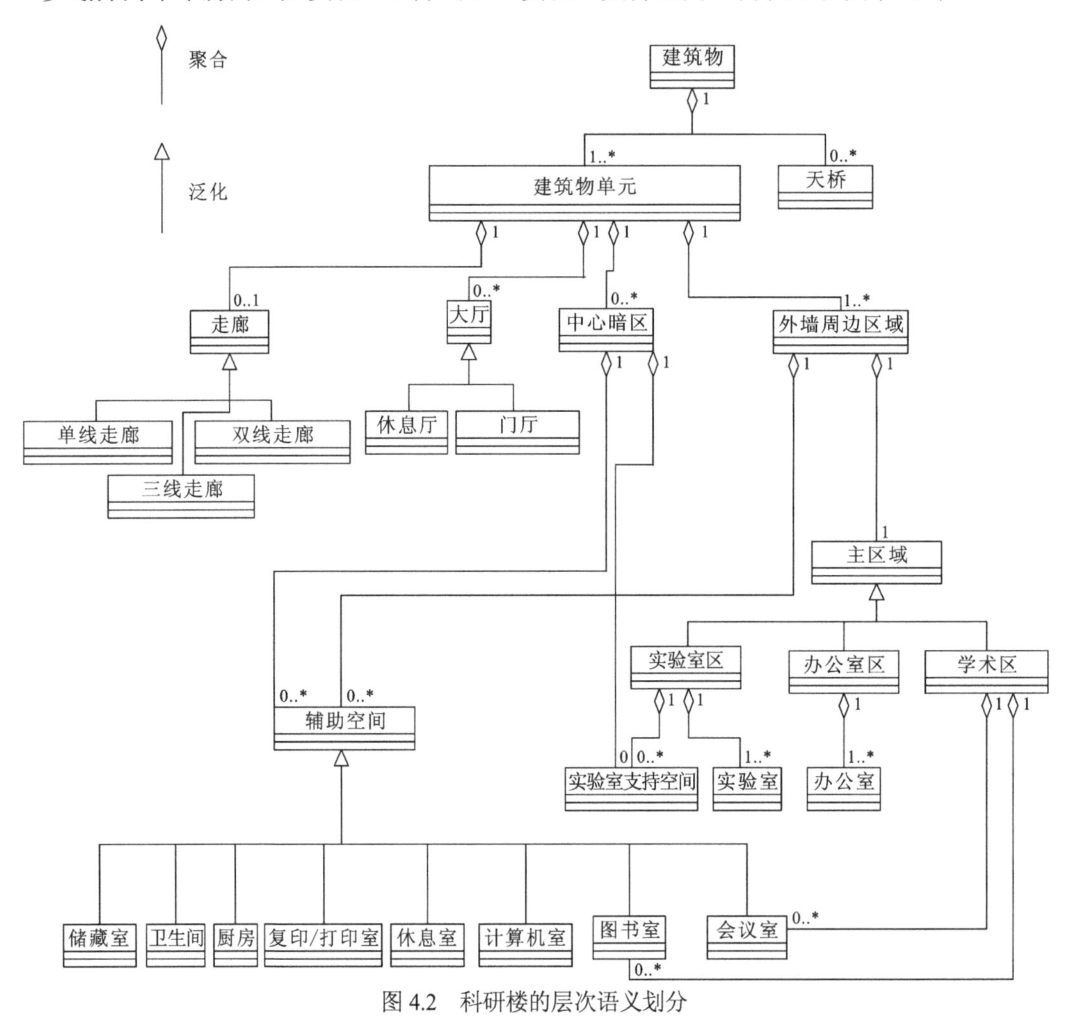

图 4.2 科研楼的层次语义划分

用一个例子来解释研究楼的语义划分。图 4.3（a）显示了一座由两个相邻的建筑物单元组成的建筑物。在图 4.3（b）中，左侧建筑物单元被划分为三个外围区域（1、4 和 5）、两个中心暗区（2 和 3）、一个三走廊和一个入口大厅。右侧建筑物单元被划分为一个外围区域和一个单走廊。在图 4.3（c）中，外围区域 1、4、5 和 6 分别被划分为没有辅助空间的实验室区域、没有辅助空间的办公区域、具有辅助空间的办公区域和没有辅助空间的学术区域。在图 4.3（d）中，实验室区域被划分为单个实验室和实验室支持空间。这两个办公区被进一步划分为多个办公室。辅助空间被划分为一个计算机室和一个会议室，学术区被划分为两个会议室，两个中心暗区被划分为多个实验室支持空间和两个卫生间。

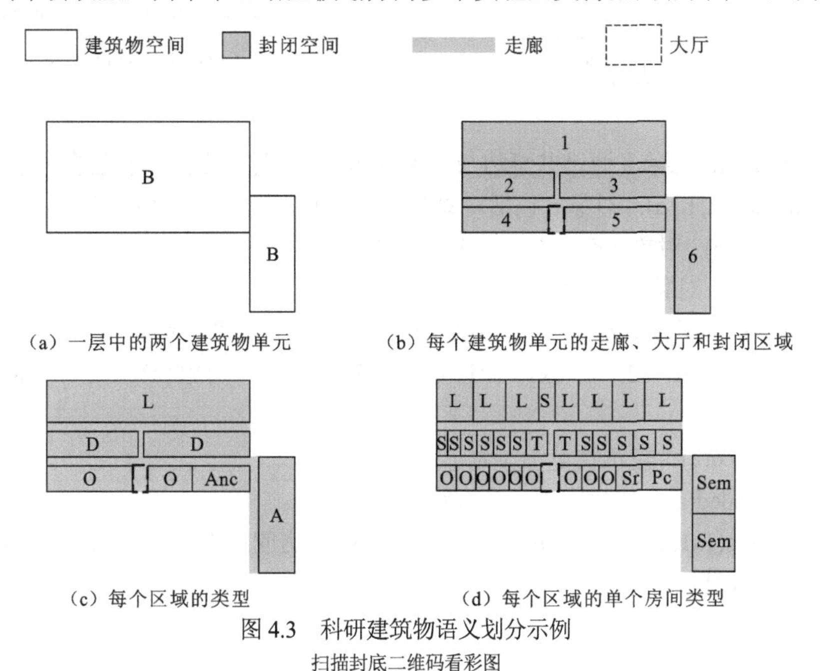

（a）一层中的两个建筑物单元　（b）每个建筑物单元的走廊、大厅和封闭区域

（c）每个区域的类型　（d）每个区域的单个房间类型

图 4.3　科研建筑物语义划分示例

扫描封底二维码看彩图

4.3.3　约束属性文法

式（4.1）表达了约束属性文法的一个典型规则[58-60]，其中 p 表示应用该规则通过右侧对象生成左侧对象的概率；Z 为父对象或上级对象，这些对象可以通过合并由 X_k 表示的右侧对象获得，x_k 表示对象的实例。除生成 11 个科研楼房间类型（如实验室、办公室和卫生间）对应的对象外，生成其他所有左侧对象都被赋予等概率值（1）。生成 11 个房间类型的概率是通过贝叶斯推理方法获得的，即给定房间的几何特性，通过贝叶斯方法推测其为某一房间类型的概率。约束定义在应用此规则之前应满足的先决条件。属性部分定义了应用该规则时需要对左侧对象的属性执行的操作：

$$p: Z_z \rightarrow X_{1_{x_1}}, X_{2_{x_2}}, \cdots, X_{k_{x_k}} \langle \text{Constraints} \rangle \{\text{Attribute}\} \tag{4.1}$$

为了简化规则的描述，定义一个集合操作集，用于表达同一类型中的多个对象。例如，set(office, k)O 定义了一组（k）由 O 表达的 office 对象。

4.3.4　规则变量的断言

条件是应用于规则变量的断言的连接。断言主要表示几何需求，但通常也可以表示底层对象上的任何约束。本小节通过参考研究建筑物的设计原则指南定义几个断言[23-26]，如

图 4.4 所示，图中各断言释义如下。

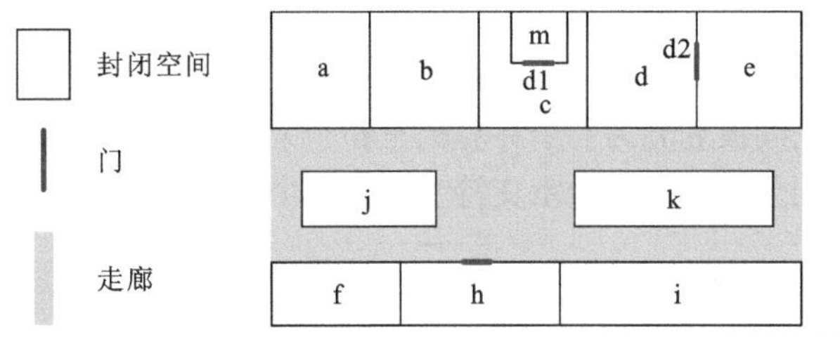

图 4.4　定义的断言

edgeAdj (a, b)：对象 a 通过共享边与对象 b 相邻，a 与 b 之间没有包含关系。

inclusionAdj (a, b, d)：对象 a 包括对象 b，它们通过一个内门 d 连接。

withExtDoor(a): 对象 a 有一个连接到走廊的外门。

onExtWall (a): 对象 a 在外墙的边上。

inCenter (a): 对象 a(区域)中的大多数房间不位于建筑物的外墙。

conByIntDoor({a1, a2,⋯, ak}, {d1, d2,⋯,dm})：多个对象{a1, a2,⋯, ak}通过内门{d1,d2,⋯,dm}连接。

isTripleLoaded(a)：建筑物单元 a 为三走廊的布局。

isDoubleLoaded(a)：建筑物单元 a 为双走廊的布局。

formFullArea({a1, a2,⋯, ak})：多个由内门连接的房间可形成一个完整的区域（如外墙周边区域或中心暗区）。

4.3.5　规则的定义

本小节共定义 16 个规则，其中 “|” 表示或运算，规则中的对象对应图 4.2 中的对象。具体来说，规则中的 Ancillary、Zone、Center、CZone、BUnit 和 Building 对象分别对应图 4.2 中的 AncillarySpace、PrimaryZone、DarkZones、PerimeterArea、BuildingUnit 和 Building 对象。

A1：房间（room）对象可以被赋予 8 种类型之一。在应用该规则时，使用贝叶斯推理方法计算该房间对象为特定房间类型的初始概率。

A2：当一个到三个房间（room）对象满足断言 conByIntDoor 并且只有一个房间（room）对象有外门时，可以通过合并它们来生成一个卫生间（Toilet）对象。贝叶斯推断技术用于计算每个房间（room）对象为卫生间的平均概率。

A3：卫生间（Toilet）、复印/打印室（Copy）、储藏室（Storage）、厨房（Kitchen）、休息室（Lounge）、计算机室（Computer）、会议室（Lecture）和图书室（Library）对象可生成辅助（Ancillary）对象。

A4：一个图书室（Library）对象可以由通过内门连接的多个房间（room）对象合并生成。贝叶斯推理方法用于计算每个房间（room）对象为图书室类型的平均概率。

A5：几个通过内门相邻或相连的会议室（Lecture）对象可以生成一个学术区域（Zone）对象。

A6：一个图书室（Library）对象可以生成一个学术区域（Zone）对象。

A7：一个实验室（Lab）对象可以通过合并一个位于外墙的房间（room）对象和一个

可选的内部房间（room）对象生成。贝叶斯推断方法用于计算位于外墙的房间（room）对象为实验室的初始概率。

A8：至少一个实验室（Lab）对象与可选的通过内门连接的支持（Support）对象可以合并生成一个 LGroup 对象。

A9：通过合并多个相邻的 LGroup 对象生成一个实验室区域（Zone）对象。

A10：一个房间（room）对象和一个可选的内部房间（room）对象可以合并生成一个办公室（Office）对象。贝叶斯推理方法被用来计算该房间（room）对象为一个办公室的初始概率。

A11：多个相邻或通过内门连接的办公室（Office）可以合并生成一个办公室区域（Zone）对象。

A12：通过组合最多三个辅助（Ancillary）对象和可选的相邻或连接的支持（Support）对象来生成一个中心（Center）对象，其前提条件是该中心（Center）对象满足 formFullArea 断言。如果不存在支持（Support）对象，生成的中心（Center）对象的类型被设定为辅助（ancillary）功能，否则被设定为支持（support）功能。

A13：一个 CZone 对象可以通过组合最多三个辅助（Ancillary）对象和一个区域（Zone）对象生成，其前提条件是生成的 CZone 对象满足 formFullArea 断言。

A14：以办公室为中心或以学术区为中心的建筑物单元（BUnit）对象可以通过合并至少一个具有办公室类型的 CZone 对象、最多两个辅助类型的中心（Center）对象及最多两个学术类型的 CZone 对象来生成，其前提条件是该生成的对象满足 formFullArea 断言。

A15：以实验室为中心的建筑物单元（BUnit）对象可以通过合并至少一个实验室类型的 CZone 对象、至少一个办公室类型的 CZone 对象及可选的学术类型的 CZone 对象生成，其前提条件是该生成的对象满足 formFullArea 断言。需要注意的是，如果该建筑物单元（BUnit）对象具有三走廊结构（即包含中心暗区），则至少存在一个支持（Support）类型的中心（Center）对象。

A16：一个建筑物（Building）对象可以通过合并所有相邻的建筑物单元（BUnit）对象生成。

4.4 房间类型推理算法

4.4.1 方法流程

本章提出方法的流程如图 4.5 所示，其中输入包含三个部分：①训练数据，包括多个房间及其 4 个属性（面积、长度、宽度和房间类型），基于训练数据，可以统计获得每种房间类型的高斯分布参数；②几何地图；③文法规则，这些文法规则首先被划分成多个层，然后从基本构件（房间和门）出发，从最低层到最高层依次应用这些规则来构建解析森林。基本构件通过输入的几何地图获得。假设走廊、大厅和楼梯是已知的，因为它们可以通过点云和轨迹数据推理得到[45,47]。在应用规则对某个房间赋予特定类型时，根据从输入的几何地图中提取的房间的几何特性（面积、长度和宽度），采用贝叶斯推理方法计算应用规则的概率。可以根据解析森林计算房间属于某个类型的概率，进而选择概率最大的类型作为房间的估计类型。

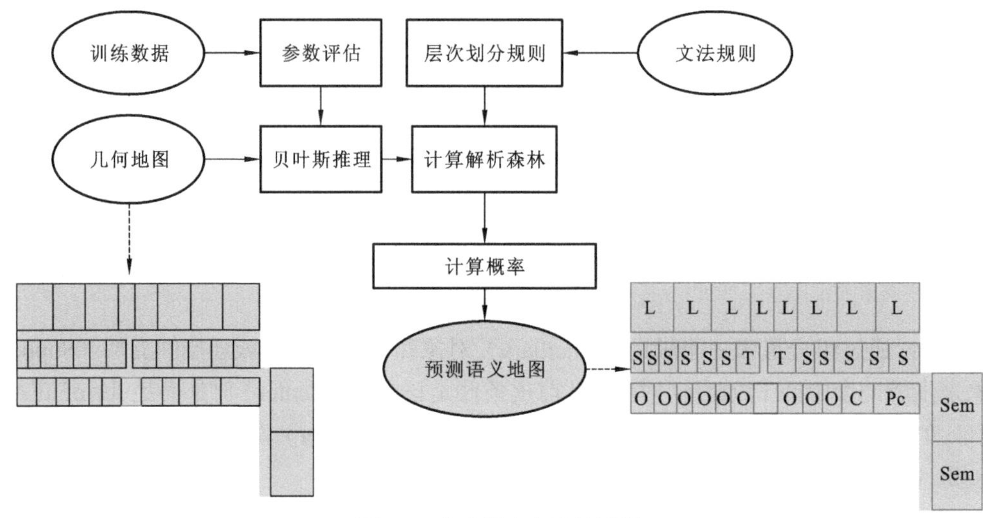

图 4.5 本章提出方法的流程

4.4.2 贝叶斯推理

不同的房间类型具有不同的几何特性，如长度、宽度和面积。例如，通常会议室的面积比个人办公室面积大得多。将位于外墙（用 w_q 表示）的矩形房间的长度和宽度重新定义为房间的宽度对应于 w_q 平行的边，而房间的长度对应另一条边。对于不位于任何外墙或位于多个外墙的房间，其宽度和长度遵循其原始定义。

当应用规则 A1、A2、A4、A7 和 A10 生成特别房间类型对象时，使用贝叶斯概率理论计算某房间属于某一房间类型的初始概率。估计的初始概率表示应用规则 A1、A2、A4、A7 和 A10 生成相应的上级对象（房间类型）的概率。使用向量 $\boldsymbol{x}=(w, l, a)$表示房间的几何属性，其中 w、l、a 分别表示宽度、长度和面积，用 t 来表示房间的类型。因此，概率估计方程可表示为

$$p(t \mid \boldsymbol{x})=\frac{p(\boldsymbol{x} \mid t) p(t)}{p(\boldsymbol{x})} \tag{4.2}$$

式中：$p(t)$为先验概率，近似于每种房间类型在训练数据中出现的相对频率；$p(\boldsymbol{x})$通过求和所有 t 的 $p(\boldsymbol{x} \mid t) p(t)$ 获得，为可忽略的归一化常数；$p(\boldsymbol{x}|t)$为似然函数。为了计算概率，假设变量 w、l 和 a 服从正态分布，似然函数表示为

$$p(\boldsymbol{x} \mid t)=\frac{\exp\left(-\frac{1}{2}(\boldsymbol{x}-\boldsymbol{u}_t)^{\mathrm{T}} \boldsymbol{\Sigma}_t^{-1}(\boldsymbol{x}-\boldsymbol{u}_t)\right)}{\sqrt{(2\pi)^k\left|\boldsymbol{\Sigma}_t\right|}} \tag{4.3}$$

式中：$\boldsymbol{u}_t$ 为三元素向量，表示 t 类型房间几何特性的均值向量；$\boldsymbol{\Sigma}_t^{-1}$ 为 t 类型房间几何特性的协方差矩阵。给定一几何特性，即 $\boldsymbol{x}=(w, l, a)$已知的房间，可以首先计算该房间为 11 种类型中某一类型的概率，用 $\hat{p}_i$ 表示，$1<i<11$。删除排名靠后的候选类型，保留排名靠前的类型，即最高的 T（本章设 T=5）个类型，并将它们的概率标准化。

4.4.3 计算解析森林

一个解析树对应一个建筑物楼层的语义解释。本章方法可以生成用解析森林表达的多种解释，使用自底向上的方法来构造解析森林。具体而言，当下级对象满足某一规则的条件时，不断地应用规则将下级对象合并为上级对象。一直重复该过程直至不能再应用任何规则。下级对象指规则右侧的对象，上级对象指规则左侧的对象。

为了提高该过程中搜寻有效规则的效率，首先将规则分成多个层次。较低层的规则先于较高层的规则被应用。

1. 文法规则分层

某些规则有多个右侧对象，例如规则 $r^{-}: Zz \rightarrow Xx, Yy, Pp$ 。这些规则只有在其所有右侧对象都已被生成的情况下才能被应用。也就是说，以 X、Y、P 作为左侧对象的规则（记为 $\acute{r}$ ）应该先于 r^{-} 规则应用。因此可以定义规则 r^{-} 依赖规则 $\acute{r}$ 。据此，全部规则之间的依赖关系可以用一个有向无环图来表示，其中节点表示规则，带箭头的边表示依赖关系。基于依赖图，可以将文法规则划分为多个层次，最底层的规则不依赖任何规则。文法规则分层的步骤如下。

（1）建立依赖图。遍历每个规则，并从当前规则画一条有向边指向另一条其依赖的规则，即前面规则的右侧对象是后面规则的左侧对象。如果某规则的右侧对象仅包括基本对象（房间和门），该规则被当作自由规则。

（2）删除自由规则。将自由规则放在最底层，然后从图中删除自由规则和连接它们的所有边。

（3）处理新的自由规则。确定新的自由规则并将其放在下一层。同样，删除自由规则和相应的边。重复该步骤，直到依赖图中不存在任何规则。

2. 应用规则

在将规则划分为多个层之后，从最低层到最高层应用规则将下级对象合并为上级对象。在此过程中，如果生成的上级对象对应某个房间类型，则使用 4.4.2 小节中介绍的贝叶斯推理方法计算其初始概率，并将该概率分配给生成的对象，否则，为生成的对象指定一特定的概率值。解析森林的具体计算步骤如下。

（1）使用基本对象初始化对象列表，并将当前层设置为第一层。

（2）将当前层上的所有规则应用于列表中的对象以生成上级对象。

（3）将生成上级对象的下级对象添加到该上级对象的子列表。

（4）为新生成的对象指定一个概率值。当应用规则 A1、A2、A4、A7 和 A10 时，通过贝叶斯推理估计概率，否则，将为生成的对象指定一特定的概率。

（5）将新生成的对象添加到对象列表中。

（6）移动到下一层，重复步骤（2）～（6）。

（7）创建根节点并将所有建筑物（Building）对象添加到其子列表中。

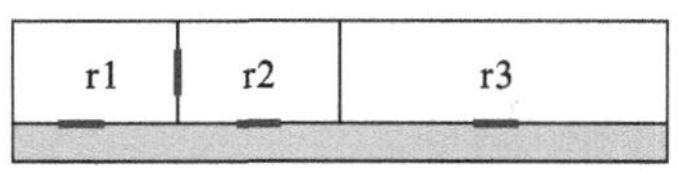

图 4.6　由三个房间构成的平面图

以一个简化的平面图（图 4.6）为例，阐述使用所提出的自下而上的方法创建解析森林的过程。该平面图由 3 个房间、1 个内门和 3 个外门（用加粗实线表示）及 1 个走廊（深色背景）构成。基于这个平面图，可以生成由数百个解析树构成的解析森林，本小节只选择其中 3 个解析树作为例子。为了清楚地说明自下而上的方法，将构建森林的过程分为多个子过程，每个过程构建一个解析树。用 r1、r2、r3 和 d 分别表示 4 个基本对象：3 个房间和 1 个内门。在图 4.7（a）中，解析树的初始结构是 4 个基本对象，扮演着叶子节点的角色。通过应用规则 A10，r1、r2 和 r3 可被解释为分别由 O1、O2 和 O3 表示的 3 个办公室（Office）对象。接下来，通过应用规则 A11 合并 O1、O2、O3 和 d，进而生成一个由 Zone1 表示的区域（Zone）对象。最后，通过连续应用规则 A13、A14 和 A16 来创建一个建筑物（Building）对象。类似地，可以创建另外两个建筑物对象（解析树），如图 4.7（b）和（c）所示，其中 Anc、T 和 Sem 分别为规则中的辅助、卫生间和会议室对象。在这 3 个解析树中，具有相同名称的节点（如第一个和第二个解析树中 O1 节点）是指最终构建的解析森林中的相同节点。通过合并这些解析树中的相同节点，可以获得一个初始的解析森林（图 4.8 中的左侧森林），该结构中的每个节点都指向构成该节点的子节点。

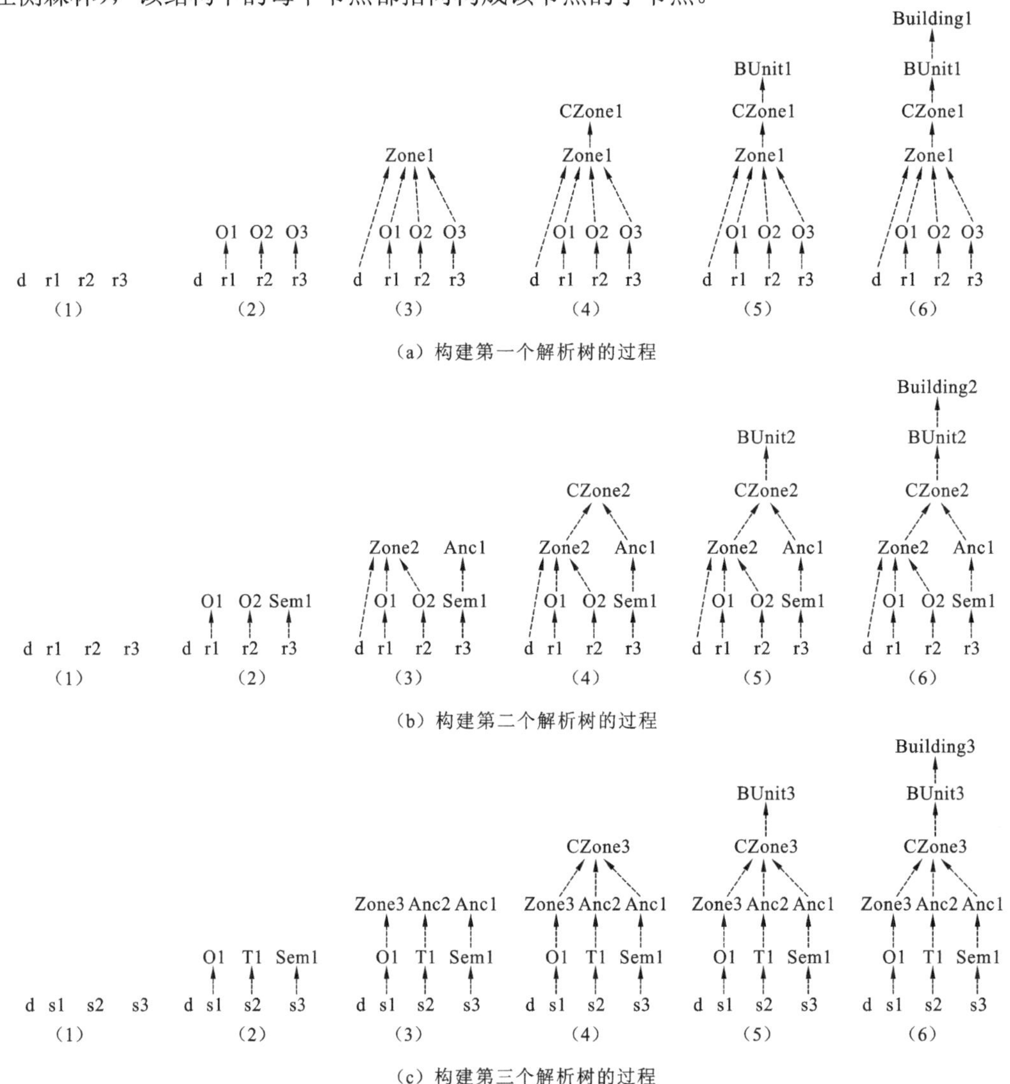

（a）构建第一个解析树的过程

（b）构建第二个解析树的过程

（c）构建第三个解析树的过程

图 4.7　使用自底向上的方法创建解析森林的过程

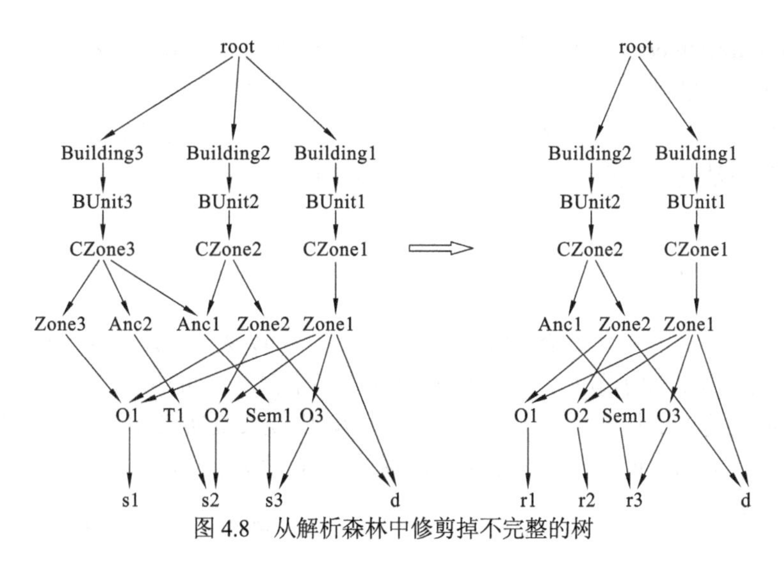

图 4.8　从解析森林中修剪掉不完整的树

解析森林的叶节点是基本对象。森林的根节点可连接多个建筑物节点。从一个建筑物节点开始，可以递进式地遍历它的子列表直到叶子节点，从而找到一个解析树。在创建解析森林的过程中，若某些子树的语义解释违反了定义的规则，则可能会创建不成熟或不完整的树。因此，需要将它们从森林中剪除，以此去除房间的不正确语义解释（类型）。不完整的树指根节点是建筑物节点但叶节点只包括部分基本对象的树。例如，图 4.7（c）中的树是一个不完整的树，因为它的叶节点漏掉了门对象，这可以解释为将办公室和卫生间通过内门相连是极少见的。因此，这个树会从森林中剪除。而图 4.8 中的两个树是有效的解析树。计算解析森林的算法的伪代码描述如下。

```
Procedure F= ComputeParsingForest ((R_i)_{i≤i≤h},G);
Input:
    (R_i)_{i≤i≤h} //partitioned rules. h denotes the number of layers.
    G // all the primitives: rooms and internal doors
Output:
    F//parse forest
begin
    O← // initialize object list with G
    for i=1 to h do
        for each rule r⁻ ∈ R_i do
            O← applyRule (r⁻,O)
        end
    end
    F.child_list ←null
    for each object o⁻ ∈O do
        if the type of o⁻ is a Building
            F.child_ list ← F.child_list ∪{o⁻}
        end
    end
end
```

过程 initializeObjects(G)用基本对象（如房间和内部门）初始化对象列表，这些基本对象被当作解析森林的叶节点。过程 applyRule(r, O)在 O 中搜索满足规则前提条件的对象。然后，它们被合并以形成位于规则 R 左侧的上级对象。生成上级对象或应用规则的概率通过贝叶斯推理方法估计获得或被设置为一个常量（1）。

4.4.4 计算概率

给定一个修剪过的具有 t 个解析树的解析森林，可以从一个建筑物节点开始递归遍历每个节点，直到到达叶子节点。对于解析森林中某个树（i）的房间对象 r，生成其父对象（某个房间类型）的概率值用 p_i 表示，$1\leqslant i\leqslant t$，生成其真实类型的概率值用 e p_k 表示，$1\leqslant k\leqslant m$，其中 m 为房间被正确分配类型的树的数量。房间 r 属于其真实类型的概率，因此等于 $\sum_{k=1}^{m}\tilde{p}_k / \sum_{i=1}^{t}\overline{p}_i$ 。假设图 4.6 中 r1、r2 和 r3 的真实类型分别为办公室（O）、办公室（O）和讲座（Sem），图 4.8 右侧的森林是估计的森林。将分配给节点 O1、O2、O3 和 Sem1 的概率值表示为 $\ddot{p}_1$、$\ddot{p}_2$、$\ddot{p}_3$ 和 $\ddot{p}_4$，它们是通过贝叶斯推断方法估计获得的。因此，房间 r1、r2 和 r3 为其真实类型的概率为 $(\ddot{p}_1+\ddot{p}_1)/(\ddot{p}_1+\ddot{p}_1)$、$(\ddot{p}_2+\ddot{p}_2)/(\ddot{p}_2+\ddot{p}_2)$ 和 $\ddot{p}_4/(\ddot{p}_3+\ddot{p}_4)$。同理，可以计算 r1、r2 和 r3 属于其他房间类型（真实类型除外）的概率。最后，对于某一房间，选择具有最高概率的候选类型作为该房间的估计类型。

4.5 实验与分析

4.5.1 训练数据

从德国海德堡大学校园里共收集 2304 个房间。用一个 2304×4 的矩阵 ***D*** 代表训练数据，矩阵的每一行对应一个房间，代表它的 4 个属性：房间类型、面积、长度和宽度。从矩阵中，可以提取不同房间类型所占比例，如图 4.9 所示。此外，对于每种房间类型，可以计算其面积、宽度和长度的协方差矩阵（3×3）和平均向量。

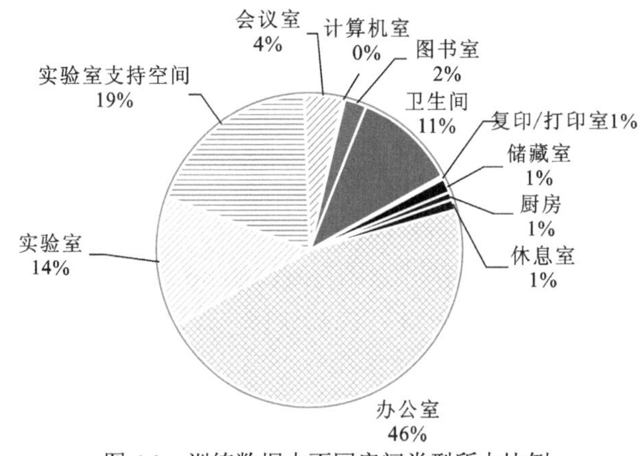

图 4.9 训练数据中不同房间类型所占比例

4.5.2 测试过程

选择分布在海德堡大学两个校区的 15 栋建筑物作为测试数据。这些建筑物的轮廓包括外部通道、门厅和外部垂直通道，因此，有些轮廓是非直线多边形。删除外部部分，从这些建筑物中手动提取 15 个直线多边形，如图 4.10 所示。表 4.1 为每个平面图中以实验室为中心、以办公室为中心和以学术区为中心的建筑物单元的数量。

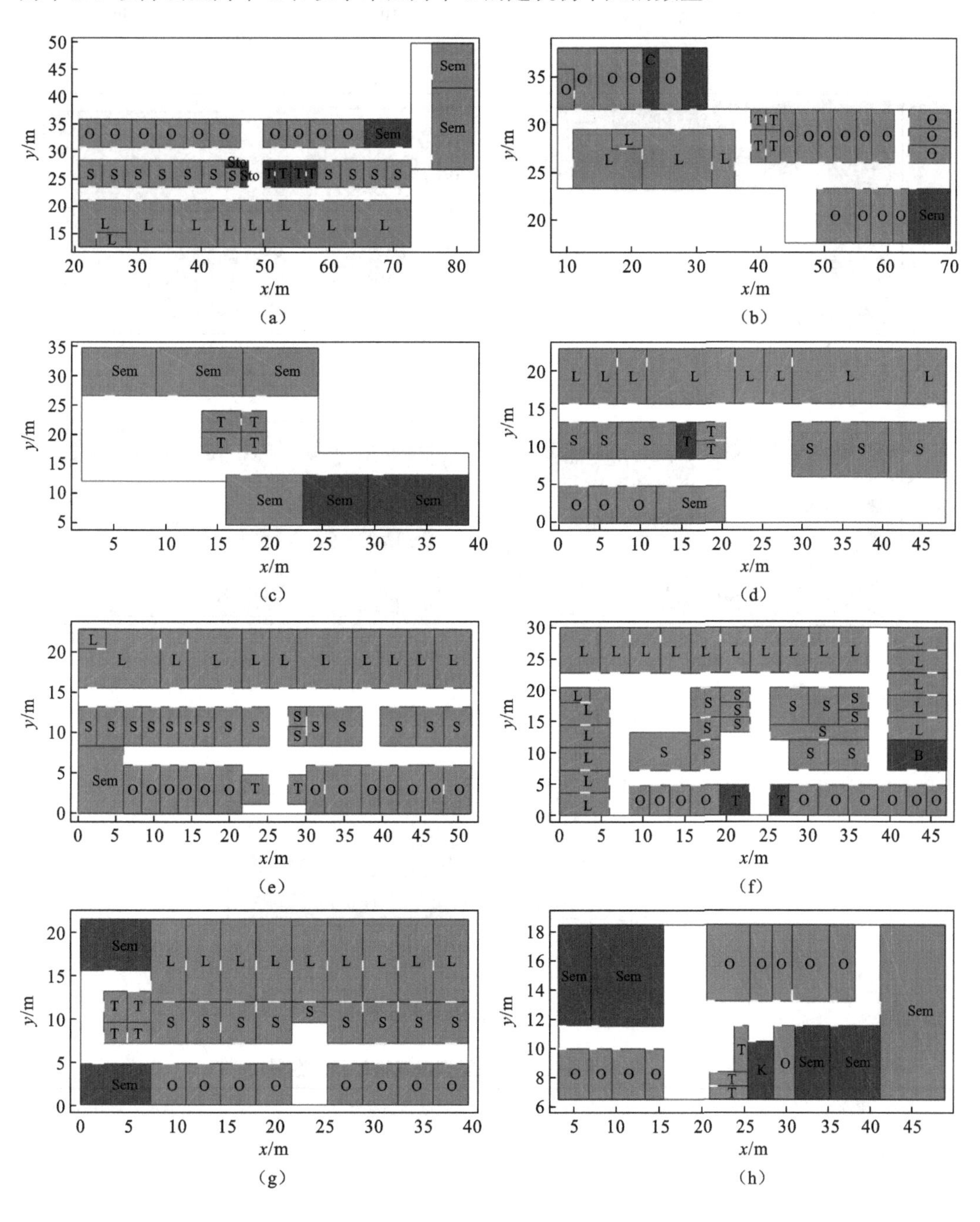

(a) (b) (c) (d) (e) (f) (g) (h)

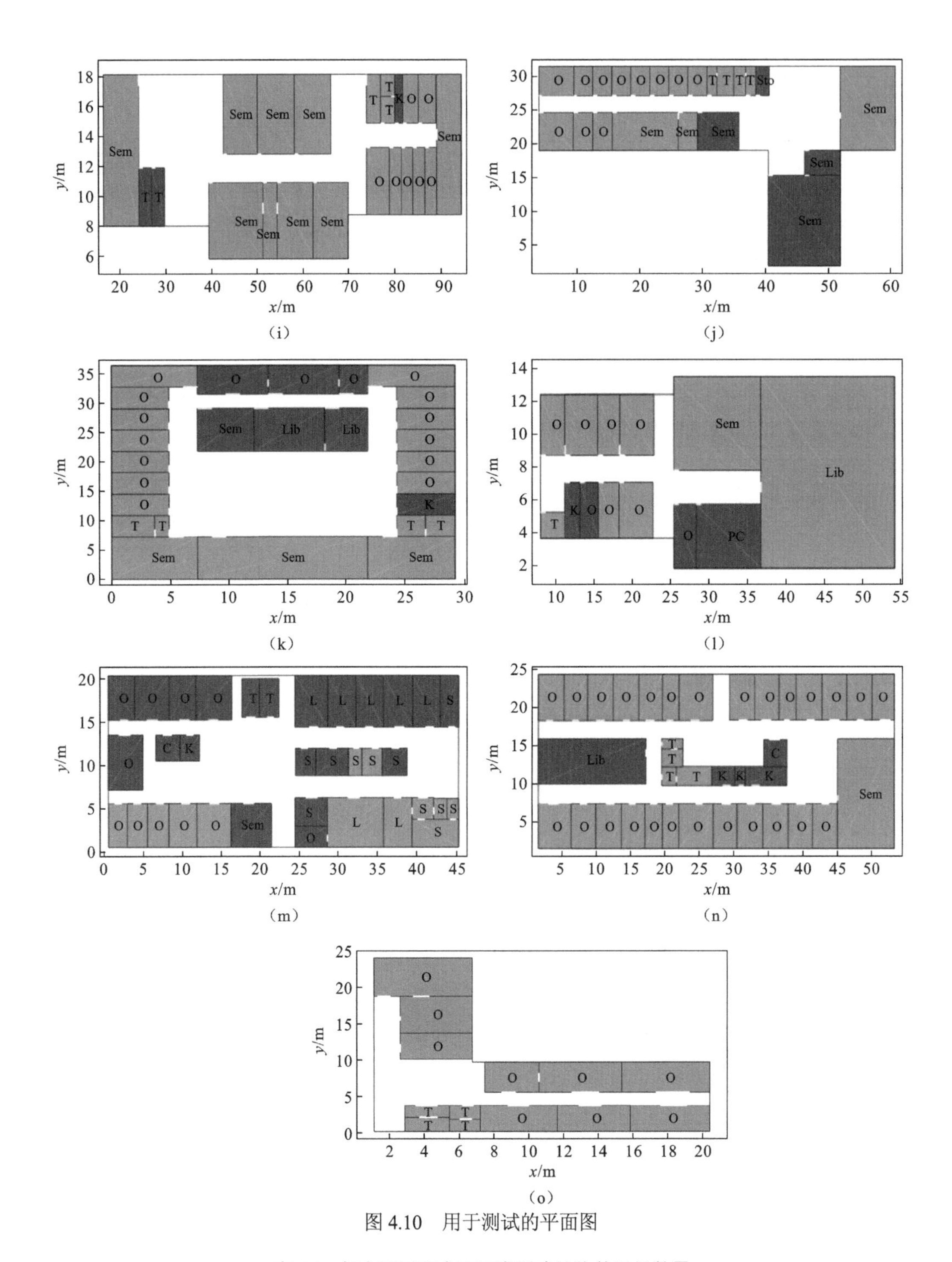

图 4.10　用于测试的平面图

表 4.1　每个平面图中不同类型建筑物单元的数量

平面图	以实验室为中心	以办公室为中心	以学术区为中心
平面图（a）	1	0	1
平面图（b）	1	1	0
平面图（c）	0	0	2

续表

平面图	以实验室为中心	以办公室为中心	以学术区为中心
平面图（d）	1	0	0
平面图（e）	1	0	0
平面图（f）	1	0	0
平面图（g）	1	0	0
平面图（h）	0	1	0
平面图（i）	0	1	2
平面图（j）	0	1	1
平面图（k）	0	1	0
平面图（l）	0	1	1
平面图（m）	1	0	0
平面图（n）	0	1	0
平面图（o）	0	2	0

首先从扫描的平面图中提取几何地图，即手动标记建筑物的轮廓、房间和走廊的形状及内外门的位置，所有线条都用像素坐标表示，在这个过程中，忽略房间里的家具。然后，基于扫描地图上标记房间的区域，可以将线的像素坐标转换为本地地理坐标。最后，获得房间、走廊和门的几何尺寸及拓扑关系。假设这些空间实体是已知的，因为通过当前的室内重构方案可以很容易地识别这些空间实体[42,44,46]。将房间和内门作为基本对象。内门是指连接两个房间的门，外门是指连接一个房间和走廊的门。门由房间边上的空白部分表示。从几何图中删除一些不重要的空间或者很容易被识别的空间，如电气室和楼梯。所有测试数据中总共包含 408 个房间，每个房间都有一个代表其类型的标签。标签 O、L、S、Sem、Lib、T、PC、Sto、C、K 和 B 分别表示办公室、实验室、实验室支持空间、会议室、图书室、卫生间、计算机室、储藏室、复印/打印室、厨房和休息室。需要注意的是，创建的文法也考虑了多个通过内部门连接的子空间（房间）组成的房间单元，每个子空间都被分配一个特定的类型。在测试平面图中存在许多房间单元，如图 4.10（a）中由内门连接的多个实验室组成的单元，图 4.10（e）中由内门连接的多个实验室支持空间组成的单元，图 4.10（g）中由内门连接的多个实验室和实验室支持空间组成的单元，以及图 4.10（i）中由多个会议室组成的单元。

4.5.3 实验结果

本小节只展示提出方法的房间标记结果，而没有与现有方法进行比较。识别准确率指的是在平面图中房间类型被正确预测的房间占所有房间的比例。如表 4.2 所示，本章方法在 15 个测试平面图中的平均识别准确率可以达到 83%，分别使用浅色和深色背景标记类型被正确和错误识别的房间，如图 4.10 所示。

表 4.2　每个平面图的识别

平面图	识别准确率/%	房间数量	时间消耗/s
平面图（a）	82	39	8.05
平面图（b）	90	29	3.93
平面图（c）	80	10	2.40
平面图（d）	95	21	3.10
平面图（e）	100	43	27.02
平面图（f）	94	48	7.18
平面图（g）	97	32	459.00
平面图（h）	74	19	3.68
平面图（i）	86	22	4.14
平面图（j）	82	22	4.45
平面图（k）	74	27	2.62
平面图（l）	69	13	5.66
平面图（m）	38	34	13.12
平面图（n）	86	36	2.33
平面图（o）	100	13	2.09
全部平均值/总数	83	408	548.77

本章方法获得较高的识别准确率主要归因于融合了不同类型房间的两种特征。第一是用文法规则来表示的不同房间类型之间的空间分布特征和拓扑关系。仅使用文法（几何概率设置为 1）来计算预测房间类型的概率，即可达到 0.3 的准确度。第二是不同房间类型的频率和几何属性（如面积、宽度和长度）。仅使用贝叶斯推理方法，基于 408 个测试房间的几何属性来估计它们的房间类型，即可达到 38%的准确率。同时，使用随机森林算法基于 2300 个房间的几何属性来训练模型，应用该模型预测测试集中每个房间的类型，可达到高于贝叶斯推理方法的准确率（45%）。此外，使用随机森林方法代替贝叶斯推理方法，实验结果表明，最终预测准确率并没有显著提高。

必须承认，违反定义规则的实例仍然存在。例如，在图 4.10（b）中，复印/打印室位于两个办公室之间，而根据定义的规则，这种布局是不合理的。此外，在创建解析森林的过程中，首先通过贝叶斯推理方法计算房间类型的初始概率并删除概率低的房间类型，这样可以大大加快解析森林的创建过程，但也可能排除正确的房间类型。例如，在图 4.10（k）中，厨房被错误地识别，因为估计的初始概率显示这个房间不可能是厨房。图 4.10（m）的识别准确率低，这主要是因为实验室和办公室具有相似的几何属性、空间分布及拓扑特征。

表 4.2 还给出了在每个平面图中用于计算解析森林和基于解析森林预测房间类型的时间。对于大多数平面图，构建解析森林和预测房间类型只需要约 10 s。这是因为在森林构建开始时已经通过贝叶斯估计的几何概率排除了许多不可能的房间类型，从而避免了解析树数量的指数级增长。然而，图 4.10（g）的预测时间需要 459 s，这是因为其中一个区域总共包含 23 个房间，其中 18 个房间相互连接，这极大地增加了可能的房间类型组合的数量。

图 4.11 给出了混淆矩阵，其中类别标签 1～11 分别表示办公室、实验室、实验室支持

空间、会议室、计算机室、图书室、卫生间、休息室、储藏室、厨房和复印/打印室。识别实验室、办公室和实验室支持空间的准确率比其他类型高得多，这主要是因为：①它们比其他类型更常见；②定义的规则主要来自指南，这些指南侧重于研究这三种类型的房间的特征及它们之间的关系。此外，内门在确定房间类型方面起着至关重要的作用，因为只有相关的类型才会通过内门连接，如两个办公室、一个实验室和一个实验室支持空间，以及一个卫生间中的多个功能空间。对于辅助空间（如休息室、储藏室、厨房和复印/打印室），它们的出现频率较低，并且它们的尺寸和拓扑特征不明显，因此，识别这些辅助空间的准确率远低于其他房间类型。

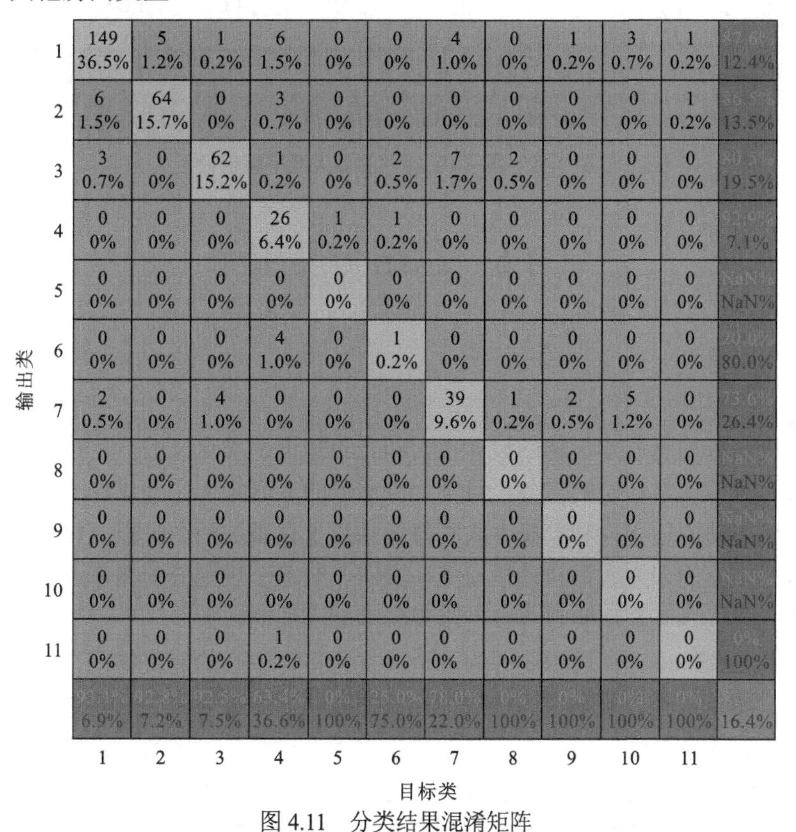

图 4.11　分类结果混淆矩阵

图 4.12 显示了在图 4.10（d）中最大概率的解析树。r、d、S、O、T、Sem、Anc、L 和 LG 分别表示规则中房间、门、支持空间、办公室、卫生间、会议室、辅助空间、实验室和 LGroup 对象，括号中的文本表示对象的具体类型。最终的解析森林由多个解析树组成，可以从中计算出给每个房间分配特定类型的概率。通过解析森林，不仅可以推断房间、区域和建筑物单元的类型，还可以帮助理解整个场景，因为每个解析树代表了建筑物的完整语义解释。例如，如果选择最大概率的解析树作为场景的语义解释，可以这样描述场景：图 4.10（d）由一个以实验室为中心的建筑物单元和 4 个封闭的区域组成，其中一个区域主要用于办公，一个区域主要用于实验，位于建筑物单元中心的两个区域作为实验室支持空间。此外，还可以根据其他测试平面图中概率最高的解析树来推断建筑物单元的类型（以实验室为中心、以办公室为中心和以学术区为中心）。实验结果表明，23 个建筑物单元中的 21 个被正确识别。

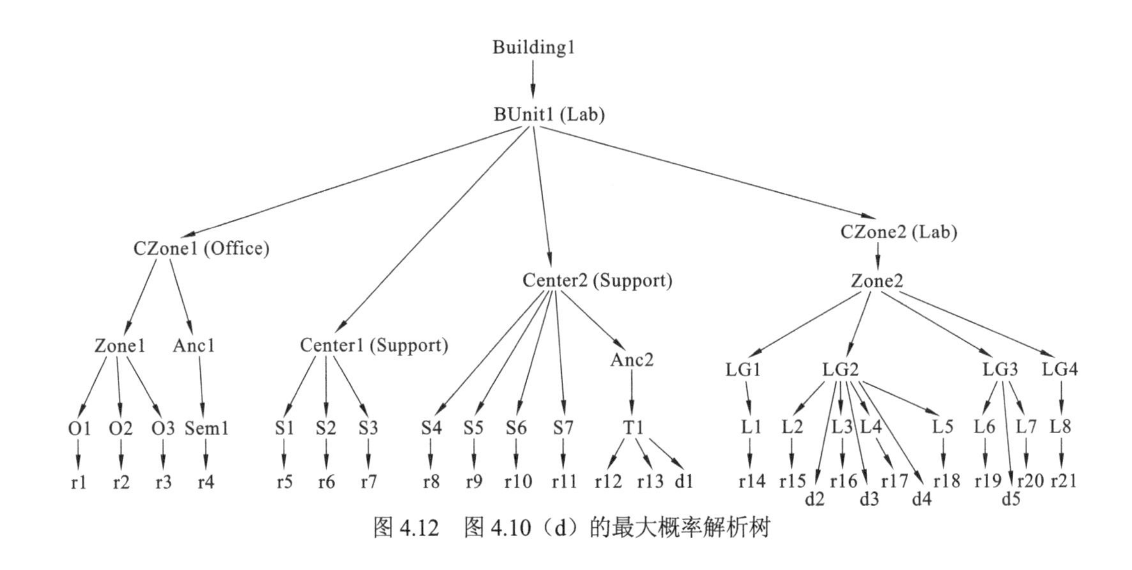

图 4.12 图 4.10（d）的最大概率解析树

4.6 总结与展望

4.6.1 文法学习

文法规则是根据研究建筑物的设计指南和先验知识手动定义的，这将产生两个问题：①手动定义是一项非常耗时的任务，且需要高水平的专家知识；②仅仅少数不准确的规则都有可能导致方法的适用性和准确性大大降低。为了克服这两个缺点，可使用文法推理技术[21-22]，基于丰富的训练数据自动学习概率文法。给每个规则分配概率可以更好地逼近真实情况，因为不同规则在现实世界中的出现频率是不同的。

例如，多个 CZone 对象可以合并为一个以实验室为中心的建筑物或一个以学术区为中心的建筑物。本章假设以实验室为中心的建筑物和以学术区为中心的建筑物出现的概率是相等的，然而，前者在现实世界中出现的频率比后者高得多，因此，前者应该获得更高的概率。考虑文法在表达方面的巨大优势，学习某类建筑物的可靠文法是有意义的，这将使许多应用领域受益，如重建、语义推理、计算机辅助建筑物设计和通过计算机理解地图。

4.6.2 深度学习

如果收集到的每种房间类型的图像丰富，深度学习技术也可以用于房间语义（房间类型）的标注[61]。然而，这些深度学习模型的推理能力有限。相反，虽然基于文法的方法需要用户干预来创建规则，但是它们具有解释和表达的优势。因此，它们在地理信息系统和建筑物设计有广泛的应用。本章创建的文法不仅可以用来推断房间的语义，还可以解释为什么房间是办公室而不是卫生间。此外，本章创建的文法不仅可以用来表达地图，帮助计算机阅读或理解地图，还可以用于计算机辅助建筑物设计[62]。

参考文献

[1] Zhang D, Xia F, Yang Z, et al. Localization technologies for indoor human tracking[C]//5th International Conference on Future Information Technology, Busan, 2010: 1-6.

[2] Yassin A, Nasser Y, Awad M, et al. Recent advances in indoor localization: A survey on theoretical approaches and applications[J]. IEEE Communications Surveys & Tutorials, 2016, 19(2): 1327-1346.

[3] Elhamshary M, Youssef M. SemSense: Automatic construction of semantic indoor floorplans[C]// International Conference on Indoor Positioning and Indoor Navigation (IPIN), IEEE, Banff, AB, Canada, 2015: 1-11.

[4] Youssef M. Towards truly ubiquitous indoor localization on a worldwide scale[C]//23rd SIGSPATIAL International Conference on Advances in Geographic Information Systems, Washington D. C., USA, 2015: 1-4.

[5] Gao R, Zhao M, Ye T, et al. Jigsaw: Indoor floor plan reconstruction via mobile crowdsensing[C]//20th Annual International Conference on Mobile Computing and Networking, Hawaii, USA, 2014: 249-260.

[6] Dosch P, Tombre K, Ah-Soon C, et al. A complete system for the analysis of architectural drawings[J]. International Journal on Document Analysis and Recognition, 2000, 3(2): 102-116.

[7] De las Heras L P, Ahmed S, Liwicki M, et al. Statistical segmentation and structural recognition for floor plan interpretation: Notation invariant structural element recognition[J]. International Journal on Document Analysis and Recognition, 2014, 17(3): 221-237.

[8] De las Heras L P, Terrades O R, Robles S, et al. CVC-FP and SGT: A new database for structural floor plan analysis and its groundtruthing tool[J]. International Journal on Document Analysis and Recognition, 2015, 18: 15-30.

[9] Dodge S, Xu J, Stenger B. Parsing floor plan images[C]//15th IAPR International Conference on Machine Vision Applications, IEEE, Nagoya, Japan, 2017: 358-361.

[10] Xiong X, Adan A, Akinci B, et al. Automatic creation of semantically rich 3D building models from laser scanner data[J]. Automation in Construction, 2013, 31: 325-337.

[11] Armeni I, Sener O, Zamir A R, et al. 3D semantic parsing of large-scale indoor spaces[C]//IEEE Conference on Computer Vision and Pattern Recognition, Las Vegas, USA, 2016: 1534-1543.

[12] Qi C R, Su H, Mo K, et al. Pointnet: Deep learning on point sets for 3D classification and segmentation[C]// IEEE Conference on Computer Vision and Pattern Recognition, Hawaii, USA, 2017: 652-660.

[13] Ambrus R, Claici S, Wendt A. Automatic room segmentation from unstructured 3D data of indoor environments[J]. IEEE Robotics and Automation Letters, 2017, 2(2): 749-756.

[14] Furukawa Y, Curless B, Seitz S M, et al. Reconstructing building interiors from images[C]//IEEE 12th International Conference on Computer Vision, Porto, Portuguese, 2009: 80-87.

[15] Henry P, Krainin M, Herbst E, et al. RGB-D mapping: Using Kinect-style depth cameras for dense 3D modeling of indoor environments[J]. The International Journal of Robotics Research, 2012, 31(5): 647-663.

[16] Ikehata S, Yang H, Furukawa Y. Structured indoor modeling[C]//IEEE International Conference on

Computer Vision, Santiago, Chile, 2015: 1323-1331.

[17] Alzantot M, Youssef M. Crowdinside: Automatic construction of indoor floorplans[C]//20th International Conference on Advances in Geographic Information Systems, Redondo Beach, USA, 2012: 99-108.

[18] Zhang J, Kan C, Schwing A G, et al. Estimating the 3D layout of indoor scenes and its clutter from depth sensors[C]// IEEE International Conference on Computer Vision, Sydney, Australia, 2013: 1273-1280.

[19] Luperto M, Riva A, Amigoni F. Semantic classification by reasoning on the whole structure of buildings using statistical relational learning techniques[C]//IEEE International Conference on Robotics and Automation, Singapore, Singapore, 2017: 2562-2568.

[20] Elhamshary M, Basalmah A, Youssef M. A fine-grained indoor location-based social network[J]. IEEE Transactions on Mobile Computing, 2016, 16(5): 1203-1217.

[21] De la Higuera C. Grammatical inference: Learning automata and grammars[M]. Cambridge: Cambridge University Press, 2010.

[22] D'Ulizia A, Ferri F, Grifoni P. A survey of grammatical inference methods for natural language learning[J]. Artificial Intelligence Review, 2011, 36: 1-27.

[23] Klonk C. New laboratories: Historical and critical perspectives on contemporary developments[M]. Berlin: Walter de Gruyter GmbH & Co KG, 2016.

[24] Braun H, Grömling D. Research and technology buildings: A design manual[M]. Berlin: Walter de Gruyter GmbH & Co KG, 2005.

[25] Hain W. Laboratories: A briefing and design guide[M]. London: Taylor & Francis, 2003.

[26] Watch D D. Building type basics for research laboratories[M]. New Jersey: John Wiley & Sons, 2002.

[27] Hu X, Fan H, Zipf A, et al. A conceptual framework for indoor mapping by using grammars[J]. ISPRS Annals of Photogrammetry, Remote Sensing & Spatial Information Sciences, 2017, 4: 335-342.

[28] Azhar S. Building information modeling (BIM): Trends, benefits, risks, and challenges for the AEC industry[J]. Leadership and Management in Engineering, 2011, 11(3): 241-252.

[29] Santos R, Costa A A, Grilo A. Bibliometric analysis and review of building information modelling literature published between 2005 and 2015[J]. Automation in Construction, 2017, 80: 118-136.

[30] Kolbe T H. Representing and exchanging 3D city models with CityGML[J]. 3D Geo-Information Sciences, 2009(1): 15-31.

[31] Li K J, Kim T H, Ryu H G, et al. Comparison of CityGML and IndoorGML: A use case study on indoor spatial information construction at real sites[J]. Spatial Information Research, 2015, 23(4): 91-101.

[32] Kim J S, Yoo S J, Li K J. Integrating IndoorGML and CityGML for indoor space[C]//Web and Wireless Geographical Information Systems: 13th International Symposium, Seoul, South Korea. Berlin: Springer, 2014: 184-196.

[33] Kang H K, Li K J. A standard indoor spatial data model: OGC IndoorGML and implementation approaches[J]. ISPRS International Journal of Geo-Information, 2017, 6(4): 116.

[34] Macé S, Locteau H, Valveny E, et al. A system to detect rooms in architectural floor plan images[C]//9th IAPR International Workshop on Document Analysis Systems, New York, USA, 2010: 167-174.

[35] Ahmed S, Liwicki M, Weber M, et al. Improved automatic analysis of architectural floor plans[C]// International Conference on Document Analysis and Recognition, IEEE, Beijing, China, 2011: 864-869.

[36] Ahmed S, Liwicki M, Weber M, et al. Automatic room detection and room labeling from architectural floor plans[C]//10th IAPR International Workshop on Document Analysis Systems, IEEE, Gold Coast, Queenslands, Australia, 2012: 339-343.

[37] Gimenez L, Robert S, Suard F, et al. Automatic reconstruction of 3D building models from scanned 2D floor plans[J]. Automation in Construction, 2016, 63: 48-56.

[38] De las Heras L P, Mas J, Sánchez G, et al. Notation-invariant patch-based wall detector in architectural floor plans[C]//Graphics Recognition, New Trends and Challenges: 9th International Workshop, Seoul, Korea. Berlin: Springer, 2013: 79-88.

[39] Sankar A, Seitz S. Capturing indoor scenes with smartphones[C]//25th Annual ACM Symposium on User Interface Software and Technology, Cambridge, USA, 2012: 403-412.

[40] Pintore G, Gobbetti E. Effective mobile mapping of multi-room indoor structures[J]. The Visual Computer, 2014, 30(6-8): 707-716.

[41] Tsai G, Xu C, Liu J, et al. Real-time indoor scene understanding using bayesian filtering with motion cues[C]//International Conference on Computer Vision, IEEE, Barcelona, Spain, 2011: 121-128.

[42] Jiang Y, Xiang Y, Pan X, et al. Hallway based automatic indoor floorplan construction using room fingerprints[C]//ACM International Joint Conference on Pervasive and Ubiquitous Computing, Zurich, Switzerland, 2013: 315-324.

[43] Chen S, Li M, Ren K, et al. Crowd map: Accurate reconstruction of indoor floor plans from crowdsourced sensor-rich videos[C]//IEEE 35th International Conference on Distributed Computing Systems, Columbus, USA, 2015: 1-10.

[44] Gao R, Zhou B, Ye F, et al. Knitter: Fast, resilient single-user indoor floor plan construction[C]//IEEE Conference on Computer Communications, Singapore, Singapore, 2017: 1-9.

[45] Mura C, Mattausch O, Villanueva A J, et al. Automatic room detection and reconstruction in cluttered indoor environments with complex room layouts[J]. Computers & Graphics, 2014, 44: 20-32.

[46] Nikoohemat S, Peter M, Elberink S O, et al. Exploiting indoor mobile laser scanner trajectories for semantic interpretation of point clouds[J]. ISPRS Annals of the Photogrammetry, Remote Sensing and Spatial Information Sciences, 2017, 4: 355.

[47] Becker S, Peter M, Fritsch D. Grammar-supported 3D indoor reconstruction from point clouds for"as-built" BIM[J]. ISPRS Annals of the Photogrammetry, Remote Sensing and Spatial Information Sciences, 2015, 2(3): 17.

[48] Yue K, Krishnamurti R, Grobler F. Estimating the interior layout of buildings using a shape grammar to capture building style[J]. Journal of Computing in Civil Engineering, 2012, 26(1): 113-130.

[49] Philipp D, Baier P, Dibak C, et al. Mapgenie: Grammar-enhanced indoor map construction from crowd-sourced data[C]//IEEE International Conference on Pervasive Computing and Communications, Budapest, Hungary, 2014: 139-147.

[50] Rosser J F, Smith G, Morley J G. Data-driven estimation of building interior plans[J]. International Journal of Geographical Information Science, 2017, 31(8): 1652-1674.

[51] Luperto M, Amigoni F. Exploiting structural properties of buildings towards general semantic mapping systems[C]// 13th International Conference IAS-13. Berlin: Springer, 2016: 375-387.

[52] Luperto M, Quattrini Li A, Amigoni F. A system for building semantic maps of indoor environments exploiting the concept of building typology[C]//RoboCup 2013: Robot World Cup XVII 17. Berlin: Springer, 2014: 504-515.

[53] Khoshelham K, Díaz-Vilariño L. 3D modelling of interior spaces: Learning the language of indoor architecture[J]. The International Archives of Photogrammetry, Remote Sensing and Spatial Information Sciences, 2014, 40(5): 321.

[54] Mitchell W J. The logic of architecture: Design, computation, and cognition[M]. Cambridge: MIT Press, 1990.

[55] Dehbi Y, Hadiji F, Gröger G, et al. Statistical relational learning of grammar rules for 3D building reconstruction[J]. Transactions in GIS, 2017, 21(1): 134-150.

[56] Liu Z, von Wichert G. Extracting semantic indoor maps from occupancy grids[J]. Robotics and Autonomous Systems, 2014, 62(5): 663-674.

[57] Liu Z, von Wichert G. A generalizable knowledge framework for semantic indoor mapping based on Markov logic networks and data driven MCMC[J]. Future Generation Computer Systems, 2014, 36: 42-56.

[58] Deransart P, Jourdan M, Lorho B. Attribute grammars: Definitions, systems and bibliography[M]. Berlin: Springer Science & Business Media, 1988.

[59] Deransart P, Jourdan M. Attribute grammars and their applications[M]. Berlin: Springer Science & Business Media, 1990.

[60] Boulch A, Houllier S, Marlet R, et al. Semantizing complex 3D scenes using constrained attribute grammars[C]//Computer Graphics Forum, Oxford. London: Blackwell Publishing Ltd, 2013, 32(5): 33-42.

[61] Russakovsky O, Deng J, Su H, et al. Imagenet large scale visual recognition challenge[J]. International Journal of Computer Vision, 2015, 115: 211-252.

[62] Müller P, Wonka P, Haegler S, et al. Procedural modeling of buildings[C]//ACM SIGGRAPH, Boston, USA, 2006: 614-623.

第 5 章　基于随机森林和关系图卷积网络的房间语义推理方法

语义丰富的地图是室内定位服务的基础。许多地图提供商（如 OSM）和自动地图解决方案专注于几何信息（如房间形状）和一些语义（如楼梯和家具）的表示和检测，但忽略了房间的使用情况。为了解决这一问题，本章提出一种通用的房间标注方法，通过基于室内几何地图推断缺失房间的使用情况，可以使现有地图提供商和自动制图解决方案受益。本方法采用传统的机器学习（如随机森林）和深度学习两种方法进行房间标注。针对机器学习，本章提出一种双向波束搜索方法来解决在无向房间序列中房间标签依赖其相邻房间标签的问题。以科研楼为例，使用五倍交叉验证对该方法进行评价，实验结果表明，基于随机森林的方法达到了较高的标注精度（即 0.85），高于基于关系图卷积网络（relational graph convolutional network，R-GCN）方法的标注精度（即 0.79）。

5.1　概　　述

近年来，室内移动应用变得越来越流行，常用的应用领域包括室内寻径、基于位置的推荐、居家照护和健康应用等[1-3]。语义丰富的房间（如办公室、餐厅或书店等）类型及对应的室内地图是室内位置服务不可或缺的一部分[4]。现有的室内模型如建筑物信息建模（BIM）、工业基础类（IFC）、计算机辅助设计与制图（CAD）、GIS 等均为室内制图及建模提供了丰富的语义信息，包括门、墙、走廊、楼梯、房间等类型。然而，目前只有少量的室内环境可以被完全重构[5]，且很难确定房屋的利用类型。

室内地图信息采集主要有两种解决方案。第一种是手工测量和志愿者地图，也被称为手动制图方案，如 OSM 和 MazeMap。例如，欧洲数以千计的公共建筑物（如医院和大学的科研楼等）的室内地图已经在 MazeMap 上公开发布。大量公共建筑物中的室内实体被志愿者标记在 OSM 上，如商场、办公楼和机场。然而，这些地图通常不包含具体的房间用途（或类型）。图 5.1 分别展示了 MazeMap 和 OSM 上两个公共建筑物的室内地图，但房间类型未被标记。第二种是自动制图，即根据传感器测量信息重建室内地图，如激光雷达（LiDAR）点云[6-8]、图像[9-11]和志愿者的轨迹[5,12]，以及基于地图扫描数字化方法[10,13-14]。自动制图的解决方案主要关注房间几何和部分房间语义信息，无法准确检测房间的使用情况，也无法忽略这个问题。尽管基于点云和基于图像的解决方案能够在提供足够多标注数据的情况下，基于深度学习技术识别房间类型，但无法推理公开几何地图上房间的类型。为解决该问题，Elhamshary 等[4]利用签到信息自动识别商场内兴趣点的语义，即商铺名称（如星巴克）或类别（如餐厅）。但是签到信息只存在于热门的室内场所，因为绝大部分室内场所都没有签到信息。Hu 等[15]提出利用文法和贝叶斯推理方法来推断科研楼几何地图中的房间类型。然而，定义的文法规则只能解释部分科研楼，不能应用于其他类型的建筑物。

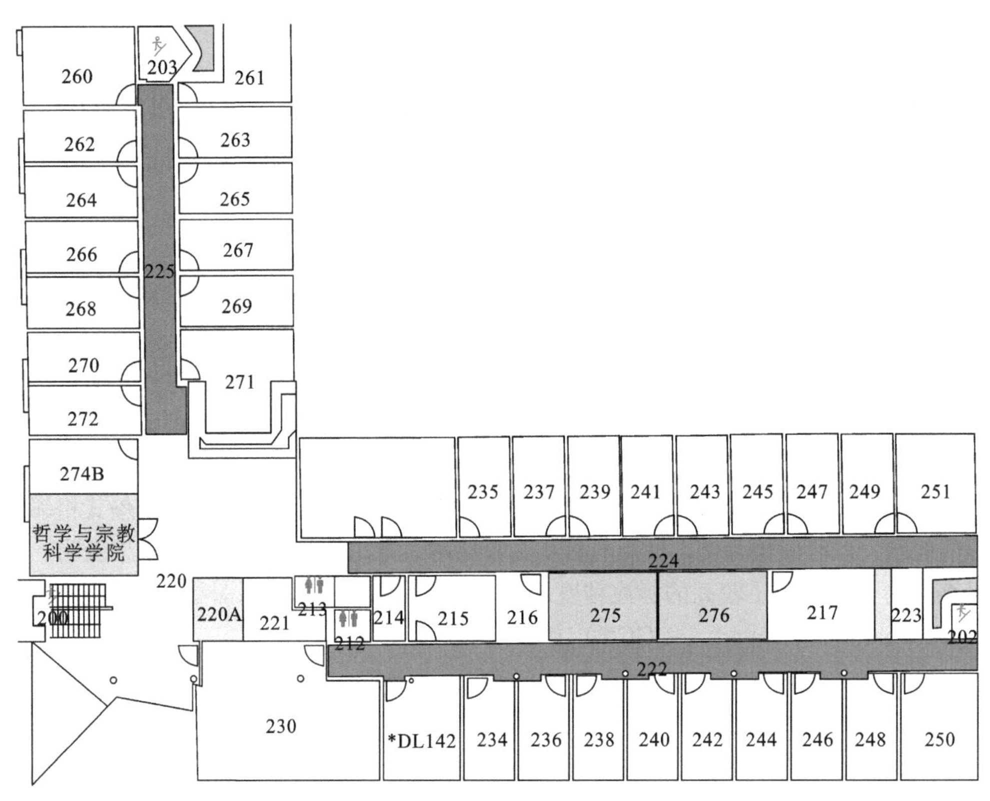

（a）MazeMap上大学建筑物的室内地图

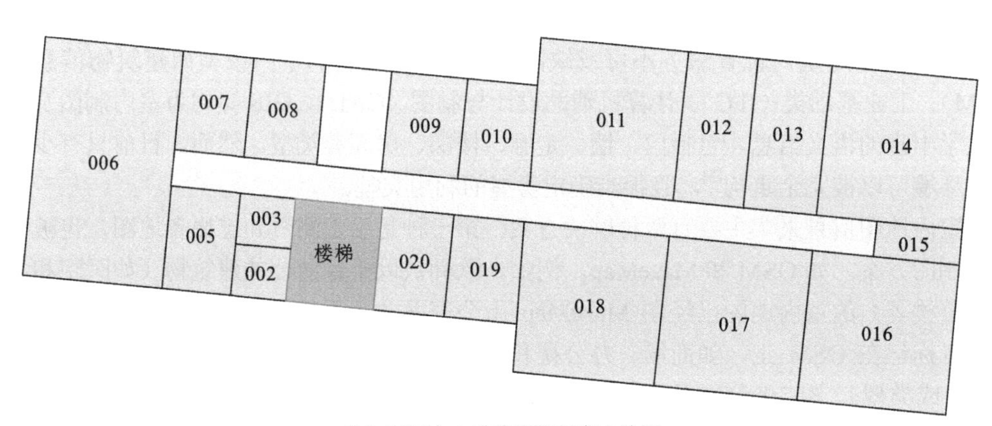

（b）OSM上大学建筑物的室内地图

图 5.1　公共建筑物室内地图

为了解决以上问题，本章提出一种更通用的解决方案，即使用传统的机器学习（如随机森林[16]）和深度学习[17]算法来推理公共建筑物几何地图中房间的类型，这将增强手动和自动映射解决方案。本章方法的输入（几何地图）可以从现有地图提供商（如 OSM）或自动地图解决方案中获得。此外，本章提出一种双向波束搜索策略来处理房间标签依赖其相邻房间标签的问题。在基于关系图卷积网络（R-GCN）的方法中，自动收集图中相邻节点（即房间）的属性来对图节点进行分类。

本章方法基于三种假设。①室内空间的几何与语义之间存在密切的联系。具体来说，不同类型（语义）的房间在几何属性上有所不同。例如在办公楼里，会议室通常比私人办公室大得多。②拓扑与语义之间存在密切的联系。具体来说，某些拓扑关系通常存在于某些类型的房间之间。例如，在研究类建筑物中，一个实验室通常与另一个实验室通过内门连接，但是相邻的实验室和卫生间很少通过内门连接。③空间分布特征与语义之间存在密切的相关性。某些空间的分布遵循一定的规则，例如，结账区位于超市的前面，而储藏室通常位于后面。

5.2 研究进展

5.2.1 基于数字化的室内映射方法

解析扫描室内地图或建筑物平面图图像的映射方法包括图元检测和语义识别[15,18-19]两个阶段。Dosch 等[14]提出在分割图像中的图形和文本之后用形态滤波来瓦片化高分辨率图像和分割粗细线的像素；然后，通过骨架化将分割的像素向量化成片段。Ahmed 等[20]提出了一个自动化建筑物平面图分析的完整方法，该方法包括信息分割、结构分析和语义分析三个阶段，其新颖之处在于预处理方法，例如区分粗线、中线和细线，以及去除外壁凸包外的构建，这样可以提高最终系统的性能。近年来，机器学习技术已经被应用于检测语义类别（如房间、门和墙）。De las Heras 等[10,21-22]提出了一种基于分割的方法，将室内元素的矢量化和识别合并为一个过程。具体来说，首先将平面图的图像划分成小块，然后提取特定的特征描述符来表示特征空间中的每个小块，最后将提取的特征用于预测每个小块的类别。随着计算机视觉技术的快速发展，深度神经网络也被应用于建筑物平面图图像的解析。Dodge 等[13]采用基于分割的方法和全卷积网络（FCN）来分割墙壁的像素。该方法无须针对不同的风格调整参数，就能获得较高的识别精度。总体而言，考虑大量建筑物扫描平面图的存在，基于数字化的室内映射方法有一定的实用价值。但是，若图像中不包含指示房间类型的文本信息，该方法将无法识别房间类型。

5.2.2 基于测量的室内映射方法

根据使用的测量值类型，基于测量的室内映射方法可以进一步分为基于图像的方法、基于轨迹的方法和基于点云的方法等。基于图像的方法是最具成本效益的解决方案，主要借助摄像机。Sankar 等[23]提出通过使用智能手机上的摄像头和惯性传感器重构包括办公室和住宅在内的室内场景。该方法允许用户通过简单的交互式摄影测量建模来创建精确的二维和三维模型。然而，该方法仍然是一个半自动的映射方案，且只能重构简单的语义。Ikehata 等[24]提出了一种新颖的三维建模框架，该框架利用全景 RGB-D 图像和结构文法重建室内场景，该结构文法可以表达不同场景之间的语义关系及房间结构。然而，上述工作主要侧重于识别房间的几何布局，往往忽略了语义信息。为了丰富重建的室内场景的语义，Zhang 等[25]提出通过使用来自 RGB-D 传感器的外观和深度特征来估计房间的布局及组成场景的实体（如家具）。基于点云的方法可以实现最高的几何精度。Xiong 等[8]提出了一种将原始三维点云数据自动转换成语义丰富的信息模型方法。其主要建模室内环境的结构组件，如墙壁、地板、天花板、窗户和门。Armeni 等[6]提出了一种使用分层方法对整个建筑物的大规模彩色点云进行语义解析的新方法：将点云解析为语义空间，然后将这些空间解析为结构（如地板、墙壁等）和建筑物（如家具）元素。该方法可以获取丰富的语义信息，不仅包括墙壁、地板和房间，还包括房间中的家具，如椅子、桌子和沙发。Qi 等[7]提出了一种基于点云的多层感知器结构，以进行三维分类和分割。该方法运行在点层次上，可以实现细粒度的分割和高精度的语义场景理解。基于轨迹的解决方案假设用户的轨迹反映了室内可访问空间，包括未被占用的内部空间、走廊和大厅。有了足够的个体轨迹，基于轨迹的方案即可推断出房间、走廊和大厅的轮廓。Alzantot 等[12]和 Jiang 等[26]使用志愿者的运动轨迹和从惯性传感器数据或 Wi-Fi 识别的地标位置确定房间和走廊的几何形状。这类方法的缺点是家具和其他障碍物会堵塞房间的边缘，因而志愿者的轨迹无法覆盖这些地方，导致房间几何检测结果不准确。为了解决这个问题，Chen 等[27]提出了一个结合众包和图像的系统（CrowdMap）来跟踪志愿者，根据图像和估计的运动轨迹，可创建一个准确的建筑物平面图。Gao 等[28]提出了一种针织机系统（knitter system），该系统可以通过单个随机用户一小时收集的数据来快速构建室内地图。该系统的核心是地图融合框架，利用动态贝叶斯网络融合图像定位结果、惯性传感器跟踪结果和地标识别结果。简而言之，基于测量的方法主要侧重于重建几何地图，包括门、房间、窗户、墙壁、天花板、椅子和桌子，而不包括房间的类型。

5.2.3 基于规则的室内映射方法

该类方法使用特定建筑物类型的结构规则或特征来辅助地图的重建。这些规则或特征可以通过手工定义[29-31]或机器学习[32]获得。Yue 等[31]提出使用代表安妮女王住宅风格的形状文法[33]并借助一些观察值（如建筑物轮廓和窗户的位置）来推断住宅的内部布局。Peter 等[34]根据稀疏地图重建一个粗略的建筑物模型，并使用惯性测量数据和文法来约束特定的表达。Philipp 等[35]使用分裂文法来描述房间的空间结构。某一楼层的文法规则可以从重建的地图中自动学习，然后用于生成其他楼层的布局。类似地，Khoshelham 等[36]使用形状文法来重建包含墙壁、门和窗户的室内地图。采集的点云数据可以用来获得规则的参数。Rosser 等[32]提出从住宅的真实平面图中学习房间的尺寸和方向。在此基础上，建立贝叶斯网络来估计房间的尺寸和方向。Aydemir 等[37]融合了异构和不确定信息，如对象观察值、形状、大小、房间外观，使用概率图模型表示概念信息并进行空间推理，例如房间类型和未探索空间的结构。Pronobis 等[38]使用一幅图来表示室内环境，其中房间被视为图的节点，然后采用基于图的推理方法，根据房间的上下文信息来推断房间的语义。Luperto 等[39-40]提出了一个语义映射系统，假设机器人在一个已知类型的建筑物中移动，并使用特定于该类型的分类器，基于激光测距数据对房间（小房间、中房间、大房间、走廊、大厅）进行语义标记，使用统计关系学习方法对建筑物的整个结构进行全局推理，评估该方法在房间分类、建筑物分类和验证虚拟世界三个方面的应用潜力。此外，Luperto 等[41]采用了一个生成模型来表示建筑物的拓扑结构和语义标记方式，并为环境中未被观察到的部分生成合理的假设。具体来说，建筑物被表示为无向图，无向图的节点是房间，边是它们之间的物理连接。Dehbi 等[42]提出用分类器根据房间面积和朝向等广泛可用的特征来预测住宅房间的功能，取得了很好的效果，但住宅的布局和功能不同于公共建筑物，如科研类建筑物和医院。Hu 等[15]提出基于几何地图利用文法和贝叶斯推理方法来推断大学科研类建筑物的房间类型。该方法采用 15 个地图（408 个房间）对提出的方法进行评估，达到了 83%的标记准确率。基于规则或机器学习的室内制图解决方案最大限度地利用了某些建筑物类型的内在规则或特征，这可以减少对测量数据的依赖。然而，目前仍然缺乏房间类型标记的通用解决方案。

5.3 研究方法

5.3.1 基于机器学习的房间类型标记

基于机器学习的房间类型标记方法的工作流程如图 5.2 所示。它包括训练和标记两个阶段。在训练阶段，首先确定包含房间邻居的上下文，基于该上下文可以生成其特征表示。然后，通过组合特征表示与房间的类型来生成训练样本。值得注意的是，样本的数量通常大于房间的数量，因为大多数房间都有多个上下文。最后一步是基于所有样本训练模型（如随机森林）。

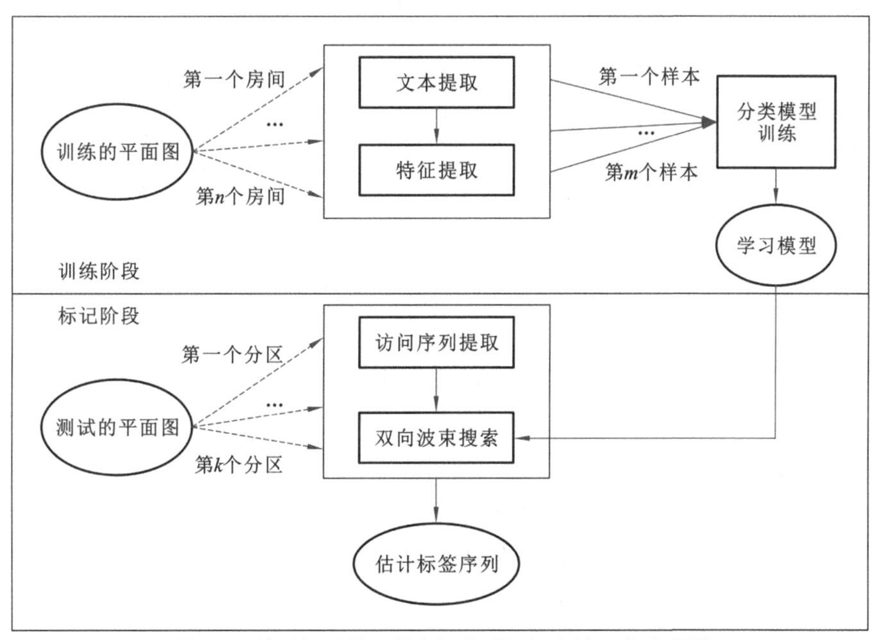

图 5.2　基于机器学习的房间类型标记方法工作流程图

在标记阶段，标记单元是一个区域，对应以走廊和建筑物轮廓为边界的房间群。对于测试平面图中的区域，首先根据区域中房间之间的邻接关系提取最长的线性房间序列，然后基于最长线性序列与房间之间的依赖关系提取房间的访问序列，最后，将双向波束搜索策略应用于访问序列来搜索具有最高概率的标签序列。

1. 训练阶段

在训练阶段，首先提取每个房间的上下文，原因是房间的类型与其上下文相关联，具体来说，与其相邻房间的类型相关联。例如，实验室总是被实验室和实验室支持空间包围。因此，对于一个实验室，相邻房间是实验室和实验室支持空间的概率远高于其他房间类型。对于卫生间，它的相邻空间很可能仍是卫生间。

在区域 $\boldsymbol{R}$ 中预测房间 r^i 的类型时可用的上下文 $\boldsymbol{R}=\{r_1,r_2,\cdots,r_n\}$，类型为 $\boldsymbol{T}=\{t_1,t_2,\cdots,t_n\}$，$h_i=\{r_i,r^{i1},\cdots,r^{iL},r^{\mathrm{p}},t^{i1},\cdots,t^{iL},t^{\mathrm{p}}\},r^{ij}$ 为房间 $r_i(r^{i0})$ 的 j-hop 邻居，$1\leqslant j\leqslant \mathrm{L}$，$t^{i1},\cdots,t^{iL}$ 为对应的房间类型。

需要注意的是，邻居是根据连接和邻接关系定义的。因此，一个房间的子房间（包含关系）不会被添加到该房间的邻居列表中。包含关系用 r^{p} 表示，它指的是包含 r_i 的房间。t^{P} 表示 r^{p} 的类型。也就是说，如果房间 a 被房间 b 包含，那么房间 a 不在房间 b 的上下文中，相反，房间 b 在房间 a 的上下文中。

图 5.3 显示了一个有 11 个房间的区域，其中数字表示房间号，字母 s、l 和 o 分别表示实验室支持空间、实验室和办公室，加粗实线表示门，最下方矩形空间表示走廊。当 l 等于 3 时，房间 1 的上下文可表示为

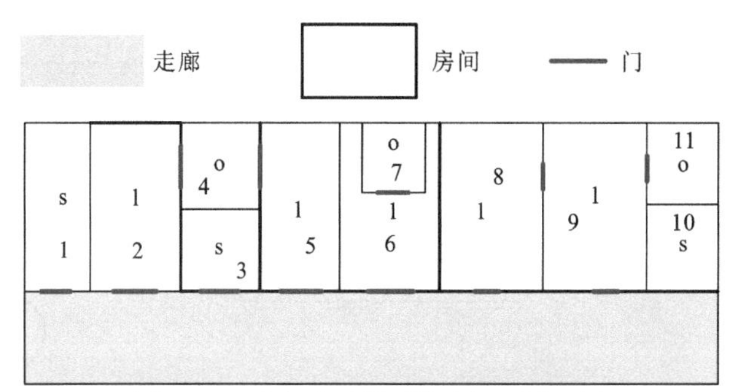

图 5.3　一个标注了类型的房间区域示例

$$h_1=\begin{Bmatrix} h_1^1:(r_1,r_2,r_3,r_5,\mathrm{l},\mathrm{s},\mathrm{l} \\ h_1^2:(r_1,r_2,r_4,r_5,\mathrm{l},\mathrm{o},\mathrm{l} \end{Bmatrix} \tag{5.1}$$

房间 3 的上下文可表示为

$$h_3=\begin{Bmatrix} h_3^1:(r_3,r_5,r_6,r_8,\mathrm{l},\mathrm{l},\mathrm{l}) \\ h_3^2:(r_3,r_2,r_1,\mathrm{l},\mathrm{s}) \\ h_3^3:(r_3,r_4,\mathrm{o}) \end{Bmatrix} \tag{5.2}$$

其中房间 6 是房间 7 的父母房间，因此，房间 7 的上下文可表示为

$$h_7=\{r_7,r_6,\mathrm{l}\} \tag{5.3}$$

从每个子上下文中，可以产生一个样本。因此，房间 3 对应 3 个训练样本。表 5.1 列出了上下文 $h_i=\{r_i,r^{i1},\cdots,r^{iL},r^{\mathrm{p}},t^{i1},\cdots,t^{iL},t^{\mathrm{p}}\}$ 对应的特征。将依赖房间本身的特征命名为内在特征，将依赖其他房间的特征命名为外在特征。也就是说，表 5.1 中的最后 4 个特征是外在特征，其余特征是内在特征。

表 5.1　基于机器学习的房间类型标记方法中使用的特征

特征	类型
area of room	float
width of room	float
length of room	float
area of building	float
length of building	float
width of building	float
withExtDoor(r_i)	category
inCenter(r_i)	category
extWallNum(r_i)	category
parentExist(r_i)	category
t^{p}	category
connection(r_i, r^{i1}); t^{i1}	category
connection(r^{i1}, r^{i2}); t^{i2}	category

使用一些函数定义表 5.1 中的特征。

withExtDoor(a)：房间 a 是否通过门与走廊相连。在图 5.3 中，房间 4 没有与走廊连接，而房间 3 与走廊连接。

extWallNum(a)：房间 a 所包含的外墙的数量。在图 5.3 中，房间 1、房间 2 和房间 3 分别处于 2 面外墙、1 面外墙和 0 面外墙上。

parentExist(a)：房间 a 是否被另一个房间包含。例如，在图 5.3 中，房间 6 包含房间 7。

inCenter(a)：房间 a 所属的区域是否位于建筑物的中心。仅当某区域中处于外墙的房间数小于不处于外墙的房间数时，该区域才被认为位于建筑物的中心。

connection(a, b)：房间 a 和 b 通过至少一扇门相连。在图 5.3 中，房间 2 与房间 4 相连，但与房间 3 不相连。

分类特征被编码为 onehot 数值数组。数组的长度等于分类特征的可能值的数量。例如，t^{p} 指的是父母房间的类型，有 11 个可能的值，其中一个值可以编码为“00010000000”。需要注意的是，相邻房间的类型和与相邻房间的连接被合并为一个特征。因此，最多有 $2m$ 个可能的选项，其中 m 表示候选房间类型的数量。对于缺失的分类特征，例如缺失的父母房间和相邻房间，所有位都被编码为 0。

在定义特征时有两个假设：①房间为长方形；②建筑物轮廓为直线多边形，即直线建筑物的长度和宽度，分别是水平边缘和垂直边缘之和中较大和较小的一个。在今后的工作中，将考虑采用自动解决方案，如生成方法来处理非矩形和非直线性问题。

2. 标记阶段

房间的特征表示与其上下文相关联，特别是相邻房间的类型，然而相邻房间的类型是未知的。为了解决这个问题，采用波束搜索算法，该算法基于先前估计的相邻房间的类型来预测当前房间的类型，在可接受的时间范围内为一组房间找到近似最优的类型序列。概

率模型定义为 $\hat{p}(t|h)$，其中 t 为房间的类型，h 为房间的上下文。给定房间序列 $\{r_1,\cdots,r_n\}$ 的区域的类型序列 $\{t_1,\cdots,t_n\}$ 概率可以通过式（5.4）进行计算：

$$\hat{p}(\{t_1,\cdots,t_n\}\,|\,\{r_1,\cdots,r_n\})=\prod_{i=1}^{n}\hat{p}(t_i\,|\,h_i) \tag{5.4}$$

采用在线标记算法，从图结构或树结构区域提取两个访问序列，作为波束搜索算法的输入。访问序列应尽可能保持图结构的依赖或拓扑关系。在线标记算法的具体步骤如下。

（1）提取最长的线性序列。从区域中提取最长的线性（子）序列，以确保在该序列中每个房间仅与其前一个和后一个房间相连或相邻。子房间在此步骤中被忽略。

（2）初始化一个访问序列。选择最长线性序列的两个终点（房间）之一，并用所选终点初始化一个访问序列。

（3）从一个区域中选择与访问序列中的房间直接相邻或相连的房间，然后将这些房间添加到访问序列。以广度优先的策略重复此步骤，直到该区域中的房间（除了子房间）都已添加到访问序列。

（4）将子房间插入访问序列。子房间被插入至访问序列中其父房间之后。

（5）获取第二个访问序列。以类似的方式，可以通过用最长线性序列的第二端点初始化第二个访问序列，然后执行步骤（3）和（4）来生成第二个访问序列。

举例来说，图 5.3 中的区域的最长序列之一是{1，2，4，5，6，8，9，10}，其中每个房间仅与其前一和后一个房间相连或相邻。然后，在此基础上，可以得到两个访问序列{1，2，4，3，5，6，7，8，9，10，11}和{10，11，9，8，6，7，5，4，3，2，1}。基于这两个访问序列，执行波束搜索算法两次，可以获得一个区域的两个房间类型序列，并且选择具有最高概率的一个作为标记结果。这种连续执行波束搜索算法两次的方法称为双向波束搜索方法。使用双向波束搜索方法的原因是区域中的房间可以从任一方向进行搜索（假设为线性），但是这会产生不同的标记结果。

假设 $\boldsymbol{V}=\{r_1,\cdots,r_n\}$是一个测试区域的访问序列之一，假设 $s_{i,\,j}$ 是从房间 r_0 到 r_i 的房间序列的最高概率标签序列，j 为 1～N，N 为保留的候选最佳标记序列的数量。波束搜索的过程就是递归地计算 s_i（i 从 1 增加至 n）。Ratnaparkhi 的研究[43]中解释了波束搜索算法的实现细节。当计算房间 r_i 属于某一类型的概率时，从已标记的房间序列$\{r_1,\cdots,r_{i-1}\}$中提取 r_i 的上下文。若该房间对应多个子上下文，则求基于所有上下文估计的概率值乘积，并求上下文数量倒数的幂，如式（5.5）所示：

$$\hat{p}=\left(\prod_{j=1}^{k}\hat{p}_j\right)^{\frac{1}{k}} \tag{5.5}$$

式中：k 为子上下文的数量；p_j 为基于第 j 个子上下文估计的概率。

以图 5.4 中的平面图为例来解释在线标记的过程。图中封闭的矩形表示房间，其他空间是走廊；数字表示房间号；最外侧实线表示轮廓，加粗实线表示内门；分区或区域是通过聚类相邻房间或具有包含关系的房间而自动生成的，不依赖走廊的形状。从图 5.4 的平面图中提取 5 个区域，包括的房间编号分别为 1～7、8～15、16～30、31～42 和 43～57。假设分类模型已经过训练，在标记阶段标记的单元是一个区域。以第一个区域为例，显示区域中房间的标记过程，如图 5.5 所示，该区域包含的房间编号为 1～7 不等。首先，基于在线标记算法从区域中提取两个访问序列：{2，1，3，4，5，6，7}和{7，6，5，4，3，1，2}，序列中的元素表示房间号。然后，对每个访问序列进行波束搜索，找到具有最高概率的标签序列。在第一个访问序列中，起始房间是房间 2，它的上下文只包含它自己，没有邻居，因为此时它的邻居的类型是未知的。在这种情况下，与邻居相关的特征被赋予默认值，即所有位被赋予 0。最后，获得房间 2 的完整特征表示，在此基础上，使用训练的分类模型计算其属于每个候选类型的概率。

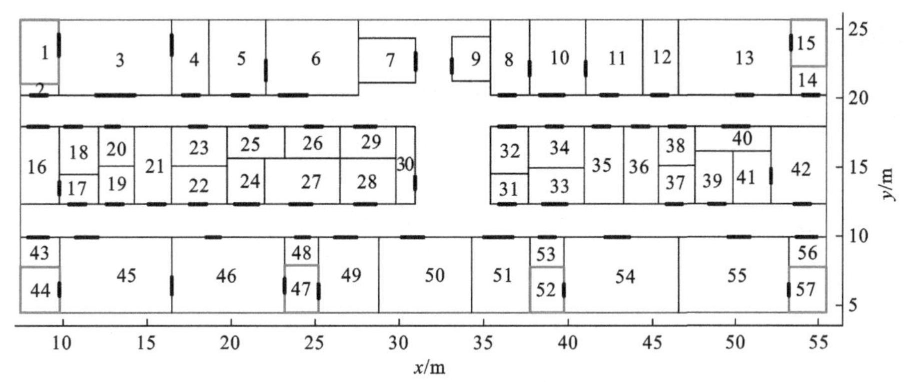

图 5.4　用于解释在线标记算法的楼层示例

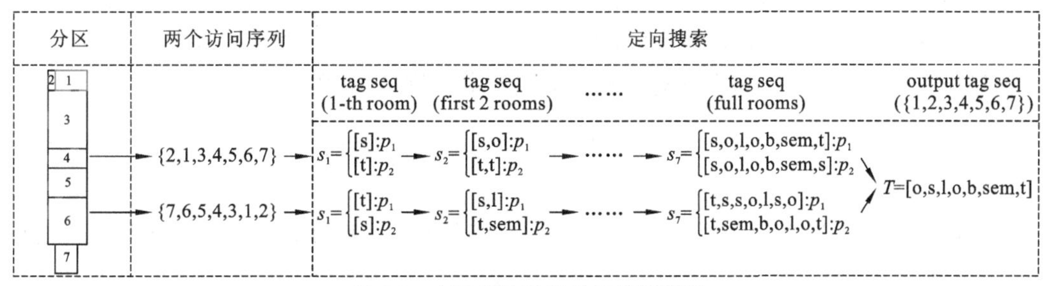

图 5.5　在线标注阶段的工作流程图

设 s_i 为访问序列的前 N 个（本例中设置为 2）最高概率标签序列，p_i 为 s_i 中每个标签序列的概率估计。假设 s_1 和 p_1 的值分别为 $s_1=\{s, t\}$ 和 $p_1=\{0.4, 0.1\}$，其中 s 和 t 分别为支持空间和卫生间。访问房间 1，由于房间 2 的类型是已知的，房间 1 的上下文包含它自己和一个邻居，即房间 2。基于 s_1 中的一个标签序列生成房间 1 的特征表示，其包含邻居房间 2 的类型。估计房间 1 属于每种类型的概率，该概率与 s_1 中选择的标签序列的概率估计相乘。因此，可以获得房间序列{2, 1}的总共 $m \times N$ 个标签序列，其中 m 表示房间类型的数量。同样，前 N 个序列保存在 s_2 中。$s_2=[s, o], [t, t]$，$p_2=\{0.2, 0.05\}$。以此类推，可计算 s_7。s_7 中概率最高的标签序列被保存。然后，对第二个访问序列进行波束搜索，以找到第二个概率最高标签序列。将两个被保存的标签序列中概率最高的一个作为输出的标签序列，其他区域可以用类似的方式进行标记。

5.3.2　基于深度学习的房间类型标注

基于机器学习的房间类型标注方法需要调用几个额外的数据处理过程，例如访问序列提取和双向波束搜索，以解决两个问题：①区域是图形结构而不是线性序列；②房间的标签依赖其未知的邻居的标签。这增加了基于机器学习的房间类型标注方法的计算复杂性，并可能导致图结构中房间拓扑特征的不完整表达。为了解决这些问题，采用一种基于深度学习的方法，即基于关系图卷积网络（R-GCN）的方法，通过自动收集邻居节点的有用信息来对节点（房间）进行分类。该方法将每个区域建模为一个有向图，节点（房间）之间有多种类型的链接（关系）。图 5.6 显示了图 5.3 中区域的有向多关系图。为简单起见，分别将无连接的邻接和有连接的邻接命名为邻接和连接。邻接和连接是双向关系，而包含是单向关系。

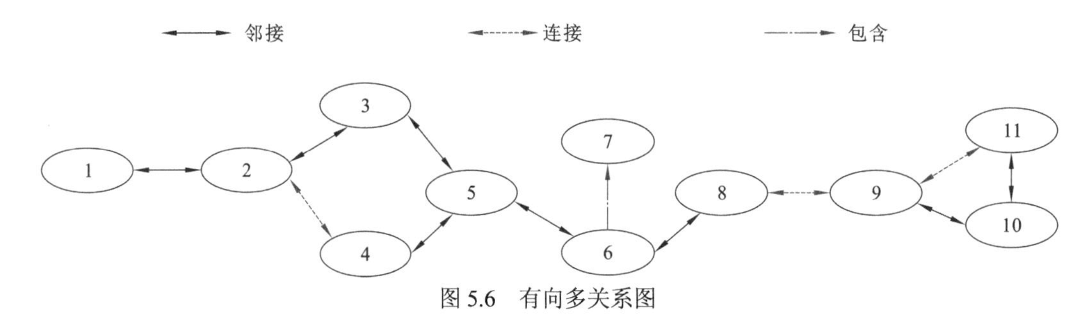

图 5.6　有向多关系图

R-GCN 扩展了图卷积网络，以处理节点之间存在的多种链接关系[44]。在 R-GCN 模型中，最重要的部分是如何有效地积累和编码来自邻居的特征。R-GCN 方法使用以下传播模型计算一个节点在一个关系图（有向和有标记）中的前向传播更新：

$$\boldsymbol{h}_i^{(l+1)}=\sigma\left(\sum_{r\in R}\sum_{j\in N_i^r}\frac{1}{c_{i,r}}W_r^{(l)}\boldsymbol{h}_j^{(l)}+W_0^{(l)}\boldsymbol{h}_i^{(l)}\right) \tag{5.6}$$

式中：$\boldsymbol{h}_i^{(l+1)}\in R^{d(i)}$ 为节点 i 在神经网络第一层中的隐藏层，R 为实数，$d(i)$为该层表达的维数；$\boldsymbol{h}_i$ 为节点 i 的输入特征向量，N_i^r 为在关系 $r\in R$ 下节点 i 的邻居索引集，r 为归一化常数，设置为$|N_i^r|$；W 为模型参数；$W_0^{(l)}\boldsymbol{h}_i^{(l)}$ 为数据中每个节点的特殊关系类型的单个自连接；$\sigma(\cdot)$为激活函数。使用 ReLU(·)=max(0, ·)作为激活函数。直观地看，式（5.6）是通过基于边的方向和类型的归一化和，来累积当前节点 i 的特征向量和相邻节点的变换特征向量。

基于关系图卷积网络的房间类型标注流程图如图 5.7 所示，其中 $\boldsymbol{Q}$、$\boldsymbol{V}$ 和 $\boldsymbol{W}$ 是输入数据，它们是独立的小图，每幅图代表全体平面图的一个区域，所有的小图组合成一幅完整的大图。整幅图可以由三个稀疏关系矩阵表示，每个矩阵对应邻接、连接和包含其中的一种关系。$\boldsymbol{Q}_1$、$\boldsymbol{V}_1$ 和 $\boldsymbol{W}_1$ 分别表示对应第一种关系的三个输入图的关系矩阵，它们被组合以生成该关系的稀疏矩阵。类似地，$\boldsymbol{Q}_2$、$\boldsymbol{V}_2$、$\boldsymbol{W}_2$ 和 $\boldsymbol{Q}_3$、$\boldsymbol{V}_3$、$\boldsymbol{W}_3$ 分别表示第二种和第三种关系中的稀疏矩阵。最后一层的输出使用 softmax(·)激活函数。所有已标记节点（忽略未标记节点）的交叉熵损失被最小化：

$$L=-\sum_{i\in Y}\sum_{k=1}^{K}t_{ik}\ln\boldsymbol{h}_{ik}^{l} \tag{5.7}$$

式中：Y 为具有标签（训练节点）的节点索引集；$\boldsymbol{h}_{ik}^{l}$ 为第 k 个标签节点的网络输出；t_{ik} 为相应的真实标签。更多细节可参考 Schlichtkrull 等[45]提出的 R-GCN 节点分类算法。

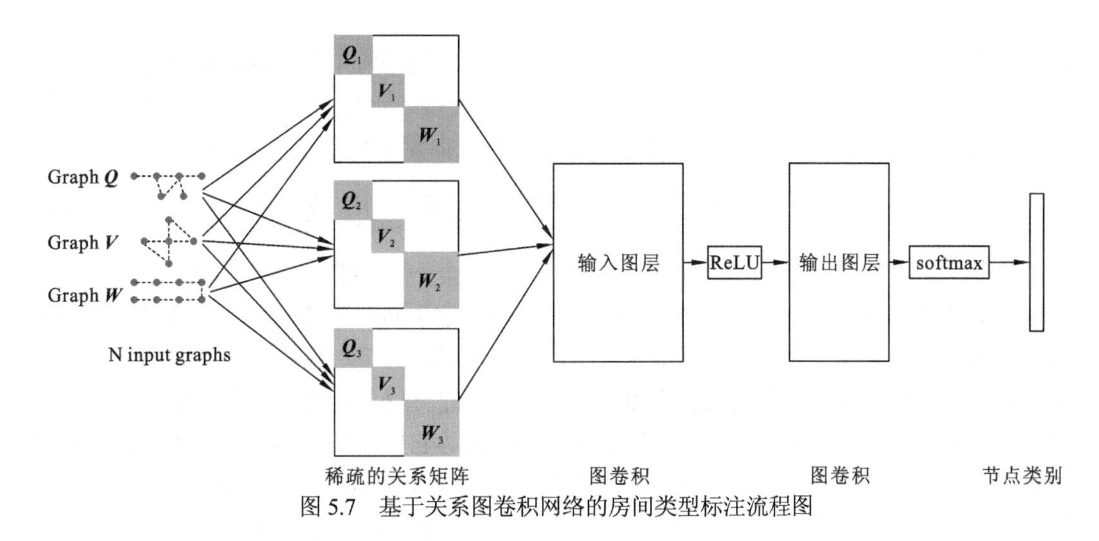

图 5.7　基于关系图卷积网络的房间类型标注流程图

在输入阶段，输入数据是总平面图，包括训练平面图和测试平面图，结合起来构成完整的图。训练平面图中的房间（节点）已被标记，而测试平面图中的房间（节点）未被标记。在训练阶段，被标记的节点被用来更新被标记和未被标记的节点共享的参数。当训练结束时，softmax 函数根据未标记节点的输出层特征表示分类未标记的节点。在式（5.7）中，$\boldsymbol{h}_i^0$ 是节点 i 的输入特征向量，表示房间（节点）i 的内在特征。在卷积过程中，某一节点的内在和外在结构特征都将传播到其邻居节点。R-GCN 方法中使用的房间（节点）的内在特征列于表 5.2，是表 5.1 中特征的子集。由于增加建筑物的几何属性特征并不能提高分类精确度，将建筑物的几何属性删除。类别特征被编码为 one-hot 数值数组，数字特征（面积、长度和宽度）以二进制形式编码。节点 i 的这些内在特征表示被连接为一维向量，该一维向量被用作节点 i 的输入特征向量。

表 5.2　R-GCN 方法中节点的内在特征类型

内在特征	类型
area of room	float
width of room	float
length of room	float
withExtDoor(r_i)	category
inCenter(r_i)	category
extWallNum(r_i)	category

以图 5.6 中的图形为例说明训练过程。假设图 5.6 中的图是训练图，所有的节点都是训练节点。采用二层体系结构，并定义了三种关系。因此，总共有 8 个参数矩阵需要从训练节点中学习，用 $W_r^{(l)}$ 表示，遵循式（5.4）中的定义，$r\in[0, 1, 2, 3]$，分别对应自连接、邻接、连接和包含关系，$l\in[0, 1]$，对应于层级。假设节点 5 的面积、宽度和长度值分别为 50、5 和 10。将 3 个属性编码为 6 个字节的二进制形式，然后连接为一个向量。因此，结果向量是[110010000101001010]，它被视为节点 5 的输入向量，用 $\boldsymbol{h}_5^{(0)}$ 表示。类似地，可以

获得其他节点的输入向量。然后根据式（5.6）估计第一层中每个节点的隐藏状态。以节点5为例，除了自连接关系，它还有两种关系（邻接和连接）涉及3个邻居节点（节点3、节点4和节点6）。第一层中的节点5的隐藏状态（特征向量）可通过式（5.8）计算：

$$\boldsymbol{h}_5^{(1)} = \sigma\left(\frac{1}{2}W_1^{(0)}\boldsymbol{h}_3^{(0)} + \frac{1}{2}W_1^{(0)}\boldsymbol{h}_6^{(0)} + W_2^{(0)}\boldsymbol{h}_4^{(0)} + W_0^{(0)}\boldsymbol{h}_5^{(0)}\right) \tag{5.8}$$

这样，除了节点5本身的固有特征（$\boldsymbol{h}_5^{(0)}$），相邻节点（$\boldsymbol{h}_3^{(0)}$、$\boldsymbol{h}_4^{(0)}$和$\boldsymbol{h}_6^{(0)}$）的固有特征也传播到节点5。此外，将相邻节点的特征乘以两个不同的矩阵，每个矩阵对应一个关系，使结构特征集成到节点5的隐藏状态。同样，可以计算第一层其他节点的隐藏状态。类似地，节点5在第二层的隐藏状态可以通过$\boldsymbol{h}_3^{(1)}$、$\boldsymbol{h}_4^{(1)}$和$\boldsymbol{h}_6^{(1)}$计算。这样一来，节点5的更远邻居（如节点7）的特征也被传播到节点5，因为它们已经在第一层被集成到节点5的直接邻居（如节点6）的隐藏状态中。在第二层的每个节点的隐藏状态中应用softmax函数，以输出节点的分类结果。基于训练节点计算分类损失，并用于优化参数矩阵。当训练过程完成时，可以基于优化的参数矩阵对测试节点进行分类。

5.4 实验与分析

从德国的两所大学收集了130个具有3330个房间的研究类建筑物的平面图，根据Klonk[46]的思路，将研究类建筑物中的封闭房间分为11种类型：办公室（O）、实验室（L）、实验室支持空间（S）、会议室（Sem）、计算机室（PC）、图书室（Lib）、卫生间（T）、复印/打印室（C）、储藏室（Sto）、厨房（K）和休息室（B）。所有平面图中的11种类型的数量分别为1509、465、665、132、6、75、355、18、48、23和34，如图5.8所示，相应的比例是0.453、0.140、0.120、0.040、0.002、0.023、0.107、0.005、0.015、0.007和0.010。其中：实验室是指物理、生物、化学和医疗机构的标准实验室；实验室支持空间用于支持实验室的运行，如设备室、冷藏室和化学品储存室。

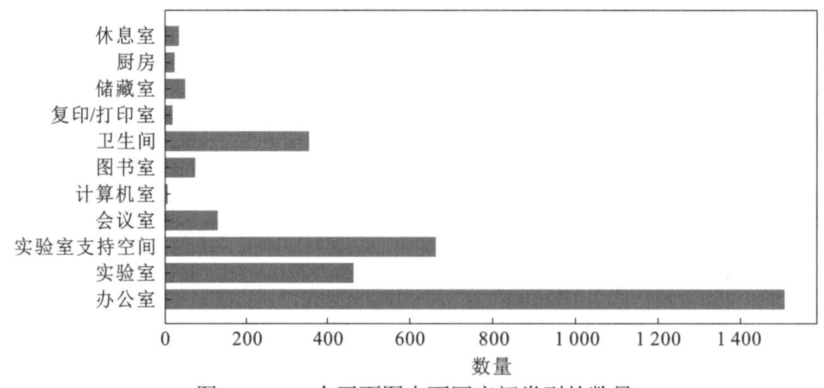

图5.8　130个平面图中不同房间类型的数量

实验数据是从原始的建筑物平面图图像中通过手动标记建筑物的轮廓、房间的轮廓及内外门的位置提取的，剩下的空间为走廊。假设轮廓、门和走廊都已包含在输入地图中，如图5.1所示。对于非矩形房间和非直线轮廓，分别手动将它们转换为最接近的矩形和直线多边形，同时保持房间的拓扑关系。在未来的工作中，将引入自动解决方案来处理非矩形和非直线性问题。将所有的点和线都用像素坐标表示，然后，基于已经在扫描地图上标记的房间的给定区域，将线和点的像素坐标转换成局域地理坐标。接着，计算建筑物轮廓、房间、走廊和门的几何形状和空间位置、房间之间的拓扑关系及房间的空间分布（即在中心还是在外墙）。最后，根据房间之间的包含和邻接关系自动提取分区。在该过程中，电气室被忽略，因为它很小，也没有其他封闭空间重要。将楼梯视为循环空间（走廊），同时删除房间里的家具。图 5.9（a）为平面图的原始图像。图中上方方框圈出的房间包含非矩形房间，该房间被放大并显示在图的左上角。中间方框圈出的区域包含一个楼梯，该楼梯将被当作走廊。下方方框圈出的区域包含一个电气室，它将被移除。图 5.9（b）为原始图像的简化地图。

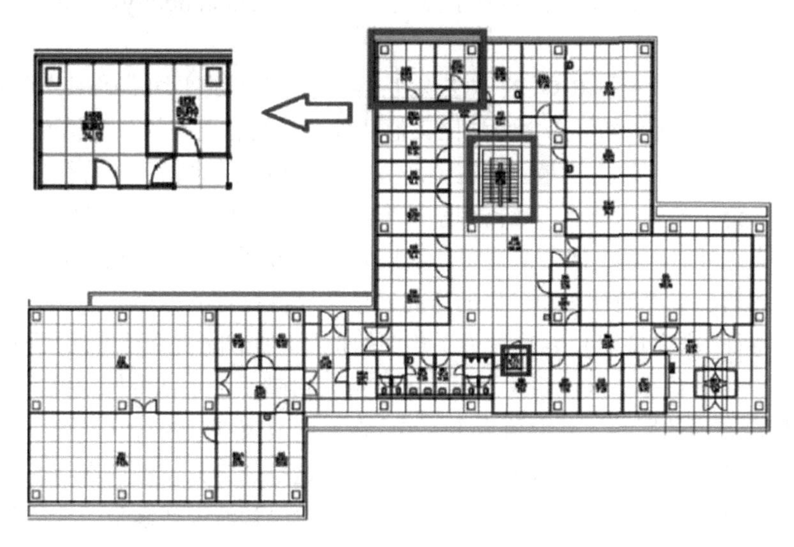

（a）平面图的原始图像

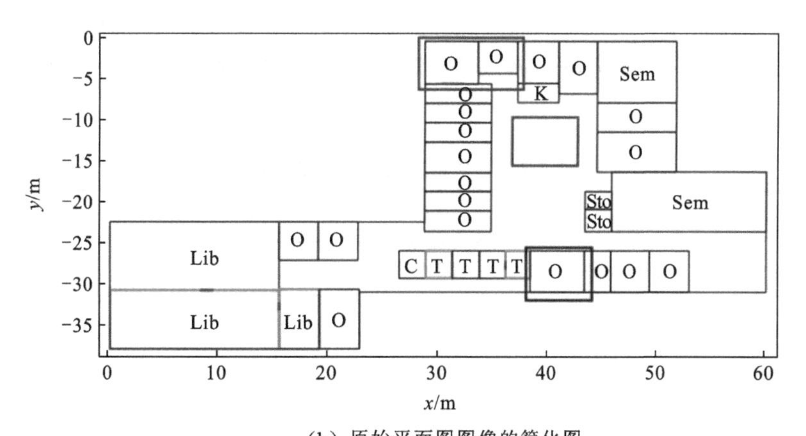

（b）原始平面图图像的简化图

图 5.9　通过简化扫描平面图图像提取实验数据

使用五重交叉验证方法，将 130 个平面图随机分为 5 个测试组，每组包含 26 个平面图。在每个测试组中，将 26 个平面图用作测试数据，其中的房间类型未知，将剩余的 104 个平面图用作训练数据，其中的房间类型已知。

5.4.1 标记准确性

本小节比较基于机器学习和基于深度学习（R-GCN）方法的性能。对于基于机器学习的方法，训练一个随机森林（random forests，RF）和决策树（decision tree，DT）分类模型。基于机器学习方法的参数包括上下文的长度（L）和在波束搜索中保留的最佳候选序列的数量（N），将它们分别设置为 2 和 10。基于随机森林的方法的最重要的参数是树的数量（NT），它被设置为 50。R-GCN 方法的主要参数包括训练次数（EN）和隐藏层中的特征数量（HN），将它们分别设置为 100 和 80。基于机器学习的方法是通过 MATLAB 的分类库实现的。基于 R-GCN 的方法是基于深度图库（deep graph library，DGL）的开源 Python 库实现的。

用随机森林、决策树和 R-GCN 方法识别 5 组房间类型的平均准确率分别为 0.85、0.77 和 0.79，如表 5.3 所示。随机森林方法比其他两种方法具有更高的分类精度。R-GCN 方法没有取得预期的性能，这主要是因为在该任务中，与拓扑关系相关的特征在房间分类中不占主导地位。为了验证这一点，还需测量每个特征的重要性。计算当该特征被排除在随机森林方法分类之外时，精度的下降情况，结果如图 5.10 所示。关系相关的特征（第一个邻居、第二个邻居、父母的存在和父母的房间）总共只占权重的 35%。此外，仅使用表 5.1 中的前 8 个特征（内在特征），忽略与关系相关的特征，通过随机森林方法来预测房间标签，也达到了 0.79 的准确率。这说明关系相关的特征仅贡献了一小部分标记准确性。此外，探讨了 N 对标注精度的影响，其取值为 1～20。在双向波束搜索的每次迭代中，只保留前 N 个最佳候选。当 N 大于 3 时，标注精度保持不变。这是因为只使用内在特征，不需要用相邻房间特征就可以获得很高的标记准确度。这意味着尽管波束搜索是一种贪婪算法，但它可以获得近似最优的结果。因此，其他的序列推断算法（如 Gibbs 抽样[47]）没有被研究，尽管它们比波束搜索更有可能达到全局最优。总体而言，R-GCN 方法达到了一个可接受的标记精度，略优于决策树方法。据报道，这是首次成功地应用 R-GCN 方法预测室内实体的类型。

表 5.3 每个测试组的标记准确性

组	准确率			房间的数量
	随机森林	R-GCN	决策树	
组（1）	0.81	0.77	0.77	695
组（2）	0.85	0.81	0.75	709
组（3）	0.84	0.78	0.76	609
组（4）	0.90	0.84	0.79	693
组（5）	0.85	0.76	0.78	624
平均值/总数	0.85	0.79	0.77	3330

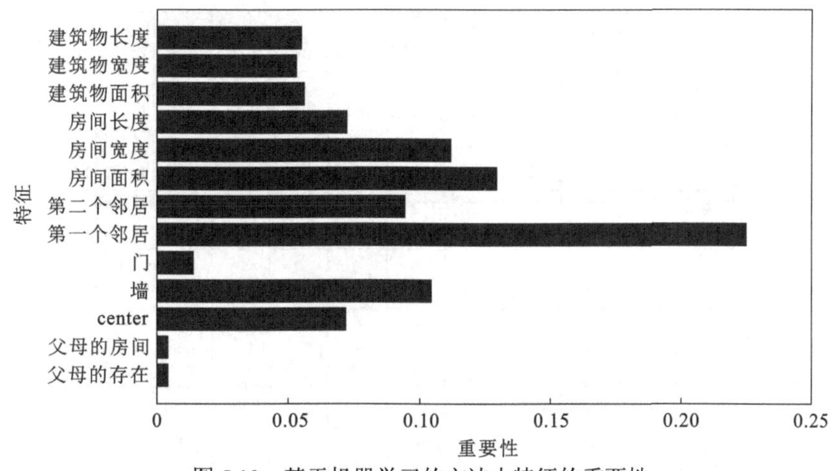

图 5.10　基于机器学习的方法中特征的重要性

下面将重点关注随机森林方法和 R-GCN 方法的性能分析。随机森林方法和 R-GCN 方法的代表性平面图及其标记结果分别见附录 A 和附录 B，包含房间轮廓、内门、外门及正确或错误的标记文本，可以看出测试平面图的室内布局各不相同，不能用简单的文法来表达。因此，Hu 等[15]提出的房间标注方法不适用于本章的数据集。本章提出的方法则可以实现较好的标记结果。在大多数测试平面图中，随机森林方法的标记结果优于 R-GCN 方法，尤其是在标记出现不频繁的空间（如图书室、会议室、储藏室和厨房）时。混淆矩阵是基于 5 个测试组的标记结果生成的，如图 5.11～图 5.13 所示。在随机森林方法中，识

输出类＼目标类	O	L	S	Sem	Pc	Lib	T	C	Sto	K	B	
O	1421 42.7%	71 2.1%	60 1.8%	39 1.2%	1 0%	17 0.5%	28 0.8%	0 0%	7 0.2%	11 0.3%	16 0.5%	85.0% 15.0%
L	42 1.3%	384 11.5%	7 0.2%	12 0.4%	2 0.1%	2 0.1%	0 0%	0 0%	0 0%	0 0%	0 0%	85.5% 14.5%
S	18 0.5%	3 0.1%	580 17.4%	3 0.1%	0 0%	3 0.1%	17 0.5%	11 0.3%	10 0.3%	0 0%	5 0.2%	89.2% 10.8%
Sem	13 0.4%	7 0.2%	0 0%	69 2.1%	3 0.1%	20 0.6%	0 0%	0 0%	0 0%	0 0%	4 0.1%	59.5% 40.5%
Pc	0 0%	0 0%	0 0%	0 0%	0 0%	0 0%	0 0%	0 0%	0 0%	0 0%	0 0%	— —
Lib	4 0.1%	0 0%	0 0%	9 0.3%	0 0%	33 1.0%	0 0%	0 0%	0 0%	0 0%	0 0%	71.7% 28.3%
T	10 0.3%	0 0%	17 0.5%	0 0%	0 0%	0 0%	307 9.2%	3 0.1%	9 0.3%	8 0.2%	1 0%	86.5% 13.5%
C	0 0%	0 0%	1 0%	0 0%	0 0%	0 0%	0 0%	2 0.1%	1 0%	0 0%	0 0%	50.0% 50.0%
Sto	0 0%	0 0%	0 0%	0 0%	0 0%	0 0%	3 0.1%	1 0%	20 0.6%	1 0%	0 0%	80.0% 20.0%
K	1 0%	0 0%	0 0%	0 0%	0 0%	0 0%	0 0%	0 0%	0 0%	3 0.1%	0 0%	75.0% 25.0%
B	0 0%	0 0%	0 0%	0 0%	0 0%	0 0%	0 0%	1 0%	1 0%	0 0%	8 0.2%	80.0% 20.0%
	94.2% 5.8%	82.6% 17.4%	87.2% 12.8%	52.3% 47.7%	0% 100%	44.0% 56.0%	86.5% 13.5%	11.1% 88.9%	41.7% 58.3%	13.0% 87.0%	23.5% 76.5%	84.9% 15.1%

图 5.11　随机森林方法的混淆矩阵

输出类 \ 目标类	O	L	S	Sem	Pc	Lib	T	C	Sto	K	B	
O	1425 42.8%	100 3.0%	68 2.0%	65 2.0%	1 0%	16 0.5%	55 1.7%	1 0%	10 0.3%	12 0.4%	24 0.7%	80.2% 19.8%
L	60 1.8%	357 10.7%	13 0.4%	37 1.1%	2 0.1%	46 1.4%	0 0%	0 0%	0 0%	0 0%	3 0.1%	68.9% 31.1%
S	8 0.2%	4 0.1%	553 16.6%	5 0.2%	0 0%	2 0.1%	29 0.9%	12 0.4%	20 0.6%	2 0.1%	4 0.1%	86.5% 13.5%
Sem	6 0.2%	1 0%	0 0%	22 0.7%	3 0.1%	2 0.1%	0 0%	0 0%	0 0%	0 0%	2 0.1%	61.1% 38.9%
Pc	0 0%	0 0%	0 0%	0 0%	0 0%	0 0%	0 0%	0 0%	0 0%	0 0%	0 0%	— —
Lib	0 0%	3 0.1%	0 0%	1 0%	0 0%	9 0.3%	0 0%	0 0%	0 0%	0 0%	0 0%	69.2% 30.8%
T	10 0.3%	0 0%	31 0.9%	2 0.1%	0 0%	0 0%	271 8.1%	5 0.2%	18 0.5%	9 0.3%	1 0%	78.1% 21.9%
C	0 0%	0 0%	0 0%	0 0%	0 0%	0 0%	0 0%	0 0%	0 0%	0 0%	0 0%	— —
Sto	0 0%	0 0%	0 0%	0 0%	0 0%	0 0%	0 0%	0 0%	0 0%	0 0%	0 0%	— —
K	0 0%	0 0%	0 0%	0 0%	0 0%	0 0%	0 0%	0 0%	0 0%	0 0%	0 0%	— —
B	0 0%	0 0%	0 0%	0 0%	0 0%	0 0%	0 0%	0 0%	0 0%	0 0%	0 0%	— —
	94.4% 5.6%	76.8% 23.2%	83.2% 16.8%	16.7% 83.3%	0% 100%	12.0% 88.0%	76.3% 23.7%	0% 100%	0% 100%	0% 100%	0% 100%	79.2% 20.8%

图 5.12 R-GCN 方法的混淆矩阵

输出类 \ 目标类	O	L	S	Sem	Pc	Lib	T	C	Sto	K	B	
O	1383 41.5%	133 4.0%	76 2.3%	42 1.3%	1 0%	21 0.6%	40 1.2%	1 0%	7 0.2%	11 0.3%	22 0.7%	79.6% 20.4%
L	69 2.1%	300 9.0%	4 0.1%	21 0.6%	2 0.1%	4 0.1%	0 0%	0 0%	0 0%	0 0%	5 0.2%	74.1% 25.9%
S	27 0.8%	0 0%	532 16.0%	3 0.1%	0 0%	2 0.1%	34 1.0%	10 0.3%	13 0.4%	1 0%	4 0.1%	85.0% 15.0%
Sem	13 0.4%	30 0.9%	6 0.2%	43 1.3%	1 0%	17 0.5%	3 0.1%	0 0%	0 0%	0 0%	1 0%	37.7% 62.3%
Pc	0 0%	1 0%	0 0%	0 0%	2 0.1%	6 0.2%	0 0%	0 0%	0 0%	0 0%	1 0%	20.0% 80.0%
Lib	4 0.1%	1 0%	1 0%	18 0.5%	0 0%	24 0.7%	0 0%	0 0%	0 0%	0 0%	1 0%	49.0% 51.0%
T	8 0.2%	0 0%	33 1.0%	1 0%	0 0%	0 0%	259 7.8%	5 0.2%	7 0.2%	5 0.2%	0 0%	81.4% 18.6%
C	0 0%	0 0%	3 0.1%	0 0%	0 0%	0 0%	1 0%	0 0%	0 0%	0 0%	0 0%	0% 100%
Sto	2 0.1%	0 0%	8 0.2%	2 0.1%	0 0%	0 0%	10 0.3%	2 0.1%	18 0.5%	2 0.1%	0 0%	40.9% 59.1%
K	0 0%	0 0%	0 0%	0 0%	0 0%	1 0%	8 0.2%	0 0%	3 0.1%	4 0.1%	0 0%	25.0% 75.0%
B	3 0.1%	0 0%	2 0.1%	2 0.1%	0 0%	0 0%	0 0%	0 0%	0 0%	0 0%	0 0%	0% 100%
	91.7% 8.3%	64.5% 35.5%	80.0% 20.0%	32.6% 67.4%	33.3% 66.7%	32.0% 68.0%	73.0% 27.0%	0% 100%	37.5% 62.5%	17.4% 82.6%	0% 100%	77.0% 23.0%

图 5.13 决策树方法的混淆矩阵

别实验室、办公室和实验室支持空间和卫生间的准确性远远高于其他房间类型，这可以从两个方面来解释：①它们比其他房间类型更频繁出现；②它们的几何、拓扑和空间分布特征是可以区分的。一般来说，办公室和实验室位于外墙，是容易接收自然光的中心区域，这可以从附录A的平面图（a）、（b）和（f）中看出。在平面图中，中心区域仅包含“不重要”的房间，如实验室支持空间、卫生间、储藏室和复印/打印室。实验室通常连接到另一个实验室或实验室支持空间，其面积大于办公室，这可以在附录A的平面图（n）、（o）和（s）中看出。但是，仍然有许多违反这些规范的情况，导致办公室和实验室的错误分类。例如，在附录A的平面图（b）中，4个办公室被标记为实验室，因为这4个房间具有与实验室相似的几何属性。一般来说，卫生间面积小，由两个相连的房间组成，只有一个房间与走廊相连，如附录A的平面图（c）、（h）、（i）和（n）所示。这些特征是独特的，基于这些特征，卫生间可以与其他房间类型区分开来。但是，有时候，卫生间以单空间的形式出现。在这种情况下，卫生间被标记为办公室和实验室支持空间，因为它们几何属性与卫生间的几何属性重叠，如附录A的平面图（c）、（e）、（g）所示。会议室和图书室通常比其他类型的房间大得多。然而，图书室和会议室很难被区分，因为它们有相似的几何属性，此外一些图书室和会议室具有与一般办公室相似的几何属性。例如，在附录A的平面图（1）中，图书室被错误地标记为办公室，因为该房间面积小，并且与图书室相连的办公室也经常出现在训练数据集中。在附录A的平面图（m）中，图书室被标记为会议室，因为该图书室的几何属性与大多数会议室相似。当房间面积足够大（如超过300 m^2）或几个面积比普通办公室大（如超过 60 m^2）的图书室连接并聚集在一起时，图书室可以被识别，如附录A的平面图（h）、（j）和（l）。至于储藏室、复印/打印室、计算机室、厨房和休息室，它们出现频率很低，几何和拓扑特征也不明显。因此，办公室、实验室和实验室支持空间很难将被区分开来。在R-GCN方法和决策树方法中，除了办公室、实验室、实验室支持空间和卫生间，其他房间类型几乎无法被识别。

5.4.2 时间消耗比较

本小节实验比较在5个测试组上执行基于随机森林和R-GCN的方法的离线训练和在线标记过程的总时间消耗。在随机森林方法中，树的数量是影响时间消耗和标记准确度的关键参数。R-GCN方法中，隐藏层的特征数量（HN）和训练次数（EN）是影响时间消耗的两个关键参数。在这个实验中，树数量（NT）取值为1～100，间隔为5，HN取值为30～250，间隔为10，EN取值为70～270，间隔为10。耗时是指5个测试组的训练和标记过程中使用的总时间。图5.14显示了随着树数量的增加，时间消耗和标记准确度的变化。可以看到，当NT=40时，标记准确度收敛到0.85，此时，标记5个测试组中的所有测试平面图需要约1 h。添加更多的树会显著增加总时间消耗。这主要是由于双向波束搜索策略大幅增加了随机森林预测函数的执行次数。曲线的波动主要是由同一台计算机上运行的其他应用程序的干扰造成的。

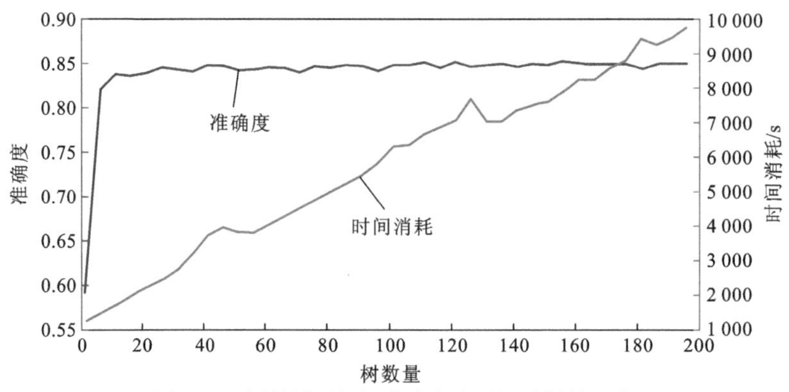

图 5.14　树数量对标记准确度和时间消耗的影响

图 5.15 显示了随着 HN 和 EN 的增加时间消耗的变化。可以看到，随着 HN 和 EN 的增加，消耗的时间逐渐增加（从大约 3 min 到最大 16 min），这远远少于随机森林方法（约 1 h）。这是因为：①层数少（2 层）；②图中包括训练和测试节点的所有节点（房间）共享相同的权重矩阵，该矩阵在每个迭代更新。在最后一个迭代完成后，可以通过基于输出层的特征表示调用 softmax 函数，直接估计测试节点的类型。

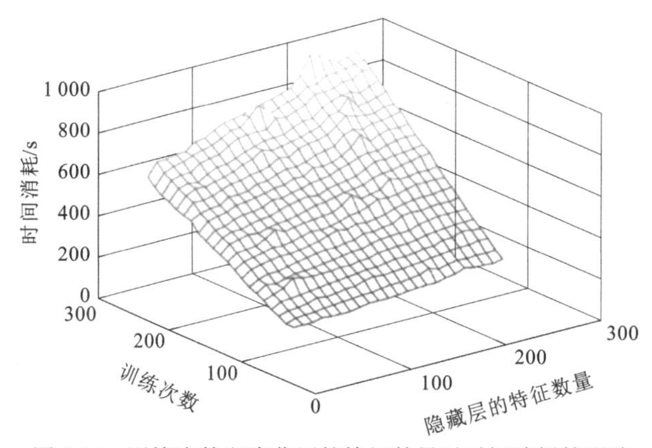

图 5.15　训练次数和隐藏层的特征数量对时间消耗的影响

5.5　总结与展望

目前，数据隐私问题限制了对不同国家详细平面图的访问。同一类型的公共建筑物的室内结构可能因国家而异。因此，不能保证训练后的模型可以应用于其他国家的公共建筑物。然而，本章的研究内容仍然是有价值的，因为可以使用本地区域的已知建筑物平面图来训练模型，并应用于该区域中房间类型缺失的建筑平面图。

本章提出的方法利用了公共建筑物中常见的特征，如房间几何属性、拓扑关系和空间分布特性。因此，该方法可以扩展到推断其他类型建筑物的房间类型，例如医院和办公楼，因为它们具有与研究类建筑物相似的室内布局。图 5.16 为 MazeMap 上一家医院的室内地图，其中的房间没有标记类型。可以从该地图中提取出房间的几何属性、拓扑关系和空间分布特性，提取方式与研究类建筑物类似。本章提出的方法最大的挑战是公共建筑物（如医院）的室内布局会随着空间位置的变化而变化。例如，同一家医院的建筑物室内布局相似，但不同城市的同类建筑物的室内布局可能完全不同。一种可能的解决方案是从多个尺度来表示楼层平面的空间位置，例如属于某个建筑物、某个机构、某个区、某个城市、某个国家和某个洲。在机器学习方法（如随机森林）中，每个尺度都作为一个变量或特征。除公共建筑物之外，从扫描的平面图中数字化住宅的室内地图也非常重要，并且已经得到了广泛的研究[13]，例如通过使用机器学习方法来重建房间的几何形状和拓扑结构，但是这些方法忽略了房间类型（如厨房、餐厅和卫生间）。本章提出的 R-GCN 方法可能解决上述问题，因为住宅中房间之间的拓扑关系在识别房间的类型方面很重要[32]。

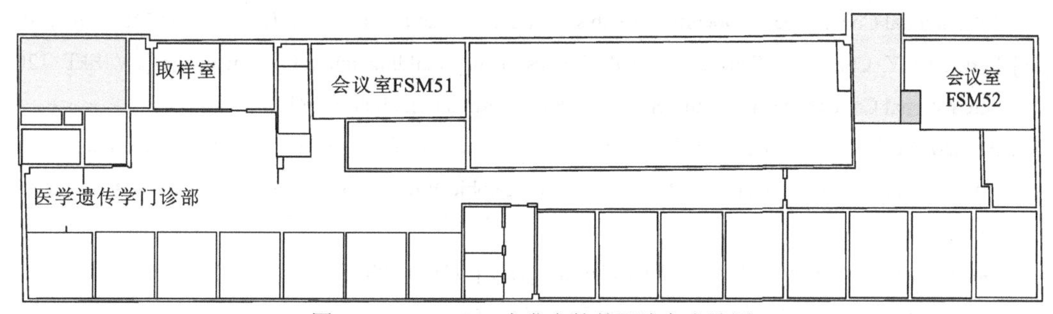

图 5.16　MazeMap 上发布的某医院室内地图

接下来的工作中，可以利用网络挖掘技术来提高不太频繁出现的房间类型（如会议室和图书室）的标签准确性。针对一些有用的信息，如研究人员的办公室编号和包含位置的报告信息（如会议室编号），提取某一楼层的办公室、图书室、会议室和计算机室的数量。此外，还需进一步研究基于空间的几何、拓扑、语义和空间分布之间的相关性来挖掘空间知识的方法，例如，基于购物中心的兴趣点语义和粗略位置推断兴趣点的完整几何和拓扑。这对改善室内众源地理信息数据尤其有用，因为室内源地理信息数据的质量（如准确性和完整性）往往无法得到保证。

参 考 文 献

[1] Huang H, Gartner G. A survey of mobile indoor navigation systems[J]. Cartography in Central and Eastern Europe, 2009: 305-319.

[2] Kattenbeck M. Empirically measuring salience of objects for use in pedestrian navigation[C]//23rd SIGSPATIAL International Conference on Advances in Geographic Information Systems, Washington D. C. , USA, 2015: 1-10.

[3] Yassin A, Nasser Y, Awad M, et al. Recent advances in indoor localization: A survey on theoretical approaches and applications[J]. IEEE Communications Surveys & Tutorials, 2016, 19(2): 1327-1346.

[4] Elhamshary M, Youssef M. SemSense: Automatic construction of semantic indoor floorplans[C]//2015 International Conference on Indoor Positioning and Indoor Navigation (IPIN), Busan, South Korea, 2015: 1-11.

[5] Gao R, Zhao M, Ye T, et al. Jigsaw: Indoor floor plan reconstruction via mobile crowdsensing[C]//20th Annual International Conference on Mobile Computing and Networking, Hawaii, USA, 2014: 249-260.

[6] Armeni I, Sener O, Zamir A R, et al. 3D semantic parsing of large-scale indoor spaces[C]//IEEE Conference

on Computer Vision and Pattern Recognition, Las Vegas, USA, 2016: 1534-1543.

[7] Qi C R, Su H, Mo K, et al. Pointnet: Deep learning on point sets for 3D classification and segmentation[C]// IEEE Conference on Computer Vision and Pattern Recognition, Honolulu, USA, 2017: 652-660.

[8] Xiong X, Adan A, Akinci B, et al. Automatic creation of semantically rich 3D building models from laser scanner data[J]. Automation in Construction, 2013, 31: 325-337.

[9] Ambruş R, Claici S, Wendt A. Automatic room segmentation from unstructured 3D data of indoor environments[J]. IEEE Robotics and Automation Letters, 2017, 2(2): 749-756.

[10] De las Heras L P, Terrades O R, Lladós J. Attributed Graph Grammar for floor plan analysis[C]//IEEE 13th International Conference on Document Analysis and Recognition, Washington D. C. , USA, 2015: 726-730.

[11] Furukawa Y, Curless B, Seitz S M, et al. Reconstructing building interiors from images[C]//IEEE 12th International Conference on Computer Vision, Porto, Portuguese, 2009: 80-87.

[12] Alzantot M, Youssef M. Crowdinside: Automatic construction of indoor floorplans[C]//Proceedings of the 20th International Conference on Advances in Geographic Information Systems, New York, USA, 2012: 99-108.

[13] Dodge S, Xu J, Stenger B. Parsing floor plan images[C]//15th IAPR International Conference on Machine Vision Applications (MVA), Nagoya, Japan, 2017: 358-361.

[14] Dosch P, Tombre K, Ah-Soon C, et al. A complete system for the analysis of architectural drawings[J]. International Journal on Document Analysis and Recognition, 2000, 3(2): 102-116.

[15] Hu X, Fan H, Noskov A, et al. Feasibility of using grammars to infer room semantics[J]. Remote Sensing, 2019, 11(13): 1535.

[16] Breiman L. Random forests[J]. Machine Learning, 2001, 45: 5-32.

[17] Schlichtkrull M, Kipf T N, Bloem P, et al. Modeling relational data with graph convolutional networks[C]//The Semantic Web: 15th International Conference, ESWC 2018, Heraklion, Crete, Greece, 2018: 593-607.

[18] Gimenez L, Robert S, Suard F, et al. Automatic reconstruction of 3D building models from scanned 2D floor plans[J]. Automation in Construction, 2016, 63: 48-56.

[19] Macé S, Locteau H, Valveny E, et al. A system to detect rooms in architectural floor plan images[C]//9th IAPR International Workshop on Document Analysis Systems, 2010: 167-174.

[20] Ahmed S, Liwicki M, Weber M, et al. Improved automatic analysis of architectural floor plans[C]//2011 International Conference on Document Analysis and Recognition, Washington D. C. , USA, 2011: 864-869.

[21] De las Heras L P, Ahmed S, Liwicki M, et al. Statistical segmentation and structural recognition for floor plan interpretation: Notation invariant structural element recognition[J]. International Journal on Document Analysis and Recognition, 2014, 17(3): 221-237.

[22] De las Heras L P, Mas J, Sánchez G, et al. Notation-invariant patch-based wall detector in architectural floor plans[C]//Graphics Recognition, New Trends and Challenges: 9th International Workshop, GREC 2011, Seoul, Korea, 2013: 79-88.

[23] Sankar A, Seitz S. Capturing indoor scenes with smartphones[C]//25th Annual ACM Symposium on User Interface Software and Technology, Cambridge, USA, 2012: 403-412.

[24] Ikehata S, Yang H, Furukawa Y. Structured indoor modeling[C]//IEEE International Conference on

Computer Vision, Santiago, Chile, 2015: 1323-1331.

[25] Zhang J, Kan C, Schwing A G, et al. Estimating the 3D layout of indoor scenes and its clutter from depth sensors[C]//IEEE International Conference on Computer Vision, Sydney, Australia, 2013: 1273-1280.

[26] Jiang Y, Xiang Y, Pan X, et al. Hallway based automatic indoor floorplan construction using room fingerprints[C]//ACM International Joint Conference on Pervasive and Ubiquitous Computing, Zurich, Switzerland, 2013: 315-324.

[27] Chen S, Li M, Ren K, et al. Crowd map: Accurate reconstruction of indoor floor plans from crowdsourced sensor-rich videos[C]//IEEE 35th International Conference on Distributed Computing Systems, Columbus, USA, 2015: 1-10.

[28] Gao R, Zhou B, Ye F, et al. Knitter: Fast, resilient single-user indoor floor plan construction[C]//IEEE Conference on Computer Communications, Chengdu, China, 2017: 1-9.

[29] Becker S, Peter M, Fritsch D. Grammar-supported 3D Indoor Reconstruction from Point Clouds for "as-built" BIM[J]. ISPRS Annals of the Photogrammetry, Remote Sensing and Spatial Information Sciences, 2015, 2(3): 17.

[30] Hu X, Fan H, Zipf A, et al. A conceptual framework for indoor mapping by using grammars[J]. ISPRS Annals of Photogrammetry, Remote Sensing and Spatial Information Sciences, 2017, 4: 335-342.

[31] Yue K, Krishnamurti R, Grobler F. Estimating the interior layout of buildings using a shape grammar to capture building style[J]. Journal of Computing in Civil Engineering, 2012, 26(1): 113-130.

[32] Rosser J F, Smith G, Morley J G. Data-driven estimation of building interior plans[J]. International Journal of Geographical Information Science, 2017, 31(8): 1652-1674.

[33] Mitchell W J. The logic of architecture: Design, computation, and cognition[M]. Cambridge: MIT Press, 1990.

[34] Peter M, Becker S, Fritsch D. Grammar supported indoor mapping[C]//26th International Cartographic Conference, International Cartographic Association, Dresden, Germany, 2013: 1-18.

[35] Philipp D, Baier P, Dibak C, et al. Mapgenie: Grammar-enhanced indoor map construction from crowd-sourced data[C]//2014 IEEE International Conference on Pervasive Computing and Communications, Budapest, Hungary, 2014: 139-147.

[36] Khoshelham K, Díaz-Vilariño L. 3D modelling of interior spaces: Learning the language of indoor architecture[J]. The International Archives of Photogrammetry, Remote Sensing and Spatial Information Sciences, 2014, 40(5): 321.

[37] Aydemir A, Jensfelt P, Folkesson J. What can we learn from 38 000 rooms? Reasoning about unexplored space in indoor environments[C]//2012 IEEE/RSJ International Conference on Intelligent Robots and Systems, Vilamaura-Algarve, Portugul, 2012: 4675-4682.

[38] Pronobis A, Jensfelt P. Large-scale semantic mapping and reasoning with heterogeneous modalities[C]// IEEE International Conference on Robotics and Automation, Minnesota, USA, 2012: 3515-3522.

[39] Luperto M, Quattrini Li A, Amigoni F. A system for building semantic maps of indoor environments exploiting the concept of building typology[C]//Robot World Cup XVII 17, 2014: 504-515.

[40] Luperto M, Riva A, Amigoni F. Semantic classification by reasoning on the whole structure of buildings using statistical relational learning techniques[C]//IEEE International Conference on Robotics and

Automation, Singapore, Singapore, 2017: 2562-2568.

[41] Luperto M, Amigoni F. Predicting the global structure of indoor environments: A constructive machine learning approach[J]. Autonomous Robots, 2019, 43(4): 813-835.

[42] Dehbi Y, Gojayeva N, Pickert A, et al. Room shapes and functional uses predicted from sparse data[J]. ISPRS Annals of the Photogrammetry, Remote Sensing and Spatial Information Sciences, 2018, 4: 33-40.

[43] Ratnaparkhi A. A maximum entropy model for part-of-speech tagging[C]//Conference on Empirical Methods in Natural Language Processing, Philadelphia, USA, 1996.

[44] Kipf T N, Welling M. Semi-supervised classification with graph convolutional networks[J]. arXiv: 1609. 02907, 2016.

[45] Schlichtkrull M, Kipf T N, Bloem P, et al. Modeling relational data with graph convolutional networks[C]//The Semantic Web: 15th International Conference, Heraklion, Crete, Greece, 2018: 593-607.

[46] Klonk C. New laboratories: Historical and critical perspectives on contemporary developments[M]. Berlin: Walter de Gruyter GmbH & Co KG, 2016.

[47] Gelfand A E. Gibbs sampling[J]. Journal of the American statistical Association, 2000, 95(452): 1300-1304.

第6章 基于遗传规划的室内地标显著性学习方法

在基于地标的室内寻径中，从若干个候选地标中确定最显著的地标，从决策角度是非常具有挑战性的。目前的方法通常依赖在线性模型上测量地标的显著性。然而，线性模型并不能够准确地建立地标属性与对应显著性之间的定量关系。此外，评估场景的数量和参与这些模型测试的志愿者数量往往是有限的。本章提出用遗传规划的方法学习非线性显著性模型。将本章提出的方法与传统的线性模型方法进行比较，实验结果表明，在76%的情况下，本章提出的方法正确地预测了最显著的地标（根据志愿者的感知），这一准确率大大高于传统的线性模型方法的准确率。

6.1 概 述

地标通常是现实和虚拟室内外环境认知地图上显著的特征，在行人认知陌生空间环境，如寻径方面具有重要的作用[1-5]。与传统基于距离和方位的导航方法相比，在复杂的室内外环境中，基于地标的寻径方法普遍被认为可以有效提高寻径效率，帮助行人顺利到达目的地[6-11]，因此近年来出现了多种基于地标的寻径方法[12-18]。

然而基于地标的寻径方法面临的一大挑战是如何选择合适的地标。一个决策点位置可能有多个候选地标，例如图6.1展示了一个购物中心的决策点场景，在这个场景中有×××餐厅招牌（A），楼梯（B），××××商店（C）和××品牌广告（D）4个候选地标，需要选出其中最显著的一个作为地标，因为在导航指令中使用最显著的地标会减少行人寻径的困难，帮助用户成功到达目的地。现有的地标显著性大多是基于线性模型和预定义属性权重计算得到的，例如：地标属性通常分为视觉属性（如表面面积、形状、颜色和纹理等）、语义属性（社会文化、历史等）和结构显著性属性（节点、边界和区域等），相关研究[1,13,18-20]提出了基于个人经验定义地标属性权重的线性模型。Li等[18]提出一种基于地标的认知增强格网模型，在该模型中室内地标显著性是用线性模型测量的，能够在陌生环境中为行人提

图6.1 一个购物中心决策点场景和候选地标

供可靠的导航指令。不过这种方法中的属性权重都是根据专家知识人为定义的。为了克服这个缺陷，Götze 等[19]提出一种从人为描述路径信息中学习得到显著性模型的属性权重的方法。然而这些模型都是线性的，可能对定量表达地标属性与其显著性之间关系的准确性造成影响。此外，现有的方法往往仅使用少量的实测数据来检验模型的性能，因此模型的泛化能力有待提高。

本章提出一种数据驱动的方法，利用遗传规划（genetic programming，GP）[21]学习得到非线性的室内（特别是大型购物中心）地标显著性模型。视觉属性和语义属性是从地标上提取的，在一定程度上这些属性不同于此前相关研究中所考虑的属性[1,13,17]。首先，从商场中获得 200 幅决策点（场景）图片，手动标注出每一幅场景图中 3～4 个候选地标；然后，招募 200 名志愿者，要求他们在每幅图片中选出最具吸引力的一个地标，总共获得了近 40 000 个地标显著性的调查结果。最后，使用遗传规划算法从志愿者的调查数据中学习最适合的模型来估计室内（购物中心）地标的显著性。在有足够的标记数据的情况下，该方法不仅适用于室外环境，也适用于其他室内环境。

6.2 研究进展

近几十年，地标一直是空间科学中的一个热门概念。地标被定义为具有可识别和难忘记的物理要素或地方[1]。Richter 等[9]将地标定义为在特定环境中用于交流和寻径的认知锚、标记或参考点。基于 Richter 对地标的定义，其应用范围可分为室内和室外寻径。地标在寻径中的应用始于室外导航[1,8,13,19,20]。Sorrows 等[1]最早提出了将地标分为视觉地标、认知地标和结构地标三种类型，这种分类表明地标的类别与其所在的建筑物环境的结构之间具有某种依赖关系。与 Sorrows 等提出的分类方法类似，Raubal 等[13]将地标的显著性属性分为视觉属性（立面区域、形状、颜色和可见性等）、语义属性（社会文化和历史等）和结构属性（节点、边界和区域等），并基于属性类型提出了一个测量地标显著性的规则模型，这种模型被许多研究者广泛采用。Nothegger 等[8]提出了一个地标显著性计算模型，可在城市环境中的决策点上自动识别道路上的显著地标，并将模型与某一特定路线上的一项地标进行了交叉验证。该验证实验中包括 9 个奥地利维也纳市的场景或决策点，结果表明在这些决策点上，模型推荐的地标与参与调查的行人选择的地标高度相似。

Klippel 等[20]提出了一种格式化道路沿线的结构显著性地标，并将其加入路径指引的方法。Caduff 等[22]提出了一种估算行人导航时地标显著性的概念性框架。在该方法中，地标显著性被表示为感知、认知和上下文显著性的一个三值向量。考虑缺乏一个经验验证的模型和基于调查对象的显著性评估方法，Kattenbeck[10]通过大量实验测试了结构方程模型。Kattenbeck[5]对显著性的不同子维度（视觉、结构和认知方面，以及原型和可见性）之间相互影响的方式进行了实证分析。为了验证不同环境对象和观察者对基于调查模型的鲁棒性，Kattenbeck 等[11]对不同环境、方向感和性别的志愿者进行了异质性分析。Götze 等[19]提出了一种数据驱动的方法，直接根据志愿者的路线指示自动推导出显著性数学模型，基于 Raubal 模型使用了排序支持向量机的方法计算得到线性模型的权重，实验结果表明该模型能够成功预测出用户的显著地标偏好。

在室内寻径领域，基于地标的寻径方法越来越受到关注。尽管室内地标与室外地标具有共同的性质，但室内环境（如地铁、火车站、购物中心、机场等）具有更多的特征（如楼梯、空间单元、走廊、家具、商品、指示牌等）。因此，需要修改选择室外地标和测量室外地标显著性的标准，以用于室内环境[18]。Millonig 等[23]提出了一种用于识别火车站行人流主路线旁的显著地标的方法，该方法可以表达基于地标的空间路线信息。Lyu 等[17]在 Raubal 模型基础上，定义了几种显著性指标，并提出了一种用于提取室内地标的计算方法。Li[18]基于 Raubal 等[13]提出的模型，提出了一种基于地标的认知强度网格（cognition strength grid，CSG）模型，其中每个网格单元都嵌入了显著性特征，可以延伸到周围的地标，以确保使用 CSG 模型来规划各种路线，如具有可识别地标的路线。研究者还评估了在大型购物中心两个不同场景下 CSG 模型在室内寻径中的各种应用情况。

尽管上述研究对室内和室外环境中基于地标的寻径方法做出了重大贡献，但仍然存在两个问题：①当前的方法通常使用线性模型来测量地标的显著性，不能准确地表示地标属性与其显著性之间的关系，而且这些模型不能适应环境的变化；②由于实验场景和参与模型评估的志愿者数量方面的限制，有必要进行更一致的模型评估。为了解决这两个问题，本章通过遗传规划方法学习一个非线性显著性模型，并基于 200 个测试场景和 200 个志愿者评估模型。

6.3　室内地标显著性属性

本节主要讨论从购物中心决策点所有候选地标中选择出最显著的地标。为了量化地标的显著性，首先需要提取地标的属性。在室内环境中由于视野有限，结构属性与地标的显著性不太相关[20]。因此，本节将结构属性合并到语义属性中，表 6.1 列出了用于测量室内地标显著性的属性。

表 6.1　用于测量室内地标显著性的属性

属性类型	属性名称	数学符号
视觉	表面面积（A_L）	x_1
	所依附主体的表面面积（$A_{L_{\text{Subject}}}$）	x_2
	形状偏差（D_L）	x_3
	形状比例（R_L）	x_4
	表面颜色（C）	x_5
语义	建筑物类（Arch）	x_6
	信息类（Info）	x_7
	商铺类（Shop）	x_8
	功能类（Func）	x_9
	家具类（Furn）	x_{10}

续表

属性类型	属性名称	数学符号
语义	文字（Text）	x_{11}
	外文（ForText）	x_{12}
	百度搜索量（Baidu）	x_{13}
	谷歌搜索量（Google）	x_{14}

6.3.1 视觉属性

视觉显著性是指在视觉上与周围环境相比突出的属性。一般来说，这些属性包括表面面积、所依附主体的表面面积、形状偏差、形状比例及表面颜色。由于很难在室内商场中对地标的各个属性进行测量，本节基于图像数据对视觉显著性属性进行测量。

表面面积（A_L）指人眼所见地标的表面积大小。人们往往容易注意到表面面积显著大于或小于周围对象的地标。通常物体的外表面积就是其长宽的乘积，但是地标形状大多是不规则的，因此本节利用像素来表达地标的表面面积大小。设 L、P、A_L 和 Pix(x)分别表示地标、包含地标的图片、主体表面面积和计算像素数量的函数。如图 6.2（a）所示，五角星（L）的正面面积是其像素数量与整幅图像像素数目的比值，即

$$A_L = \text{Pix(L)} / \text{Pix(P)} \tag{6.1}$$

（a）五角星图形

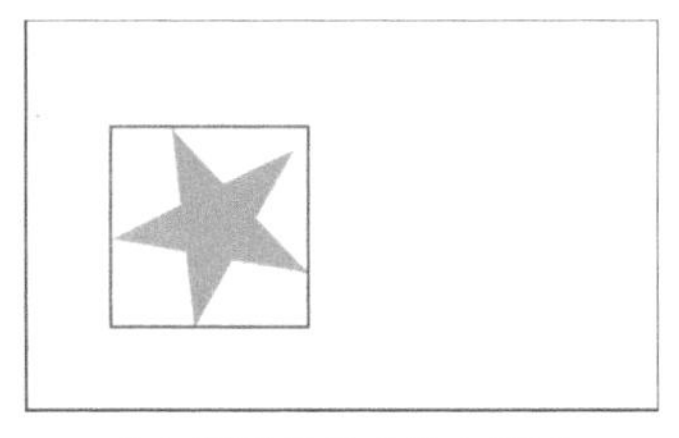
（b）图形的最小外包矩形

（c）图形的灰度图

图 6.2 图像的视觉属性

所依附的主体表面面积（$A_{L_{\text{Subject}}}$）指地标所依附主体的表面积大小。对于大多数地标，地标所依附主体就是其本身，如图 6.2（a）所示。然而，商场的地标通常有依附的主体（如入口和标志），人们很容易被入口宽阔或有大标志的场所吸引[13]。设 L_{Subject} 和 $A_{L_{\text{Subject}}}$ 分别表示主体和所依附主体的表面面积，所依附主体的表面面积可表示为

$$A_{L_{\text{Subject}}} = \text{Pix}(\text{L}_{\text{Subject}}) / \text{Pix(P)} \tag{6.2}$$

形状偏差（D_L）等于其最小外包矩形面积与正面面积之差[13]。如图 6.2（b）所示，矩形是五角星（L）的最小外包络矩形（r）。形状偏差值越大说明地标越不规则，形状偏差值为零说明地标是正规的矩形。设 $L_{\text{rectangle}}$ 为地标 L 的最小外包矩形，有

$$D_L = (\text{Pix}(\text{L}_{\text{rectangle}}) - \text{Pix(L)}) / \text{Pix}(\text{L}_{\text{rectangle}}) \tag{6.3}$$

形状比例（R_L）等于地标最小外包矩形的高宽比[13]。地标的形状比例某种程度上也能

影响地标的视觉显著性，如“高瘦型”地标和“矮胖型”地标具备更强的视觉吸引力。设 Length(x)和 Width(x)分别表示计算对象的长度和宽度函数，可通过式（6.4）计算地标的形状比例。在图 6.2（b）中，五角星的形状比例等于最小外包矩形的高宽比值。

$$R_{\mathrm{L}} = \mathrm{Length}(\mathrm{L}_{\mathrm{rectangle}}) / \mathrm{Width}(\mathrm{L}_{\mathrm{rectangle}}) \tag{6.4}$$

表面颜色（C）指地标本身颜色与周围环境颜色相比的显著性[8]，如在灰色建筑物中的红色消防栓就具有高颜色显著性。采用 Kim 等[24]提出的方法，首先生成灰度图像，然后检测颜色与背景不同的对象或区域，如图 6.2（c）所示。图像被缩放到 256 个灰度级别，从而将每个像素分配到一个介于 0～255 的数字，颜色越鲜艳像素值就越大。因此，本章将地标的平均像素值作为其颜色值。

6.3.2 语义属性

语义属性关注地标的语义信息，通常指历史或文化的重要性[8,13,17]，本章采用以下几个方面对地标的语义属性进行度量。

文字（Text）：指地标（商场入口附近的信息板和商店的招牌）是否包含中文或者外文信息。该属性值是一个布尔型变量，如果地标包含文本，则其值等于 1，否则为 0。

外文（ForText）：指地标是否只包含外文信息，该属性是对文字属性的一个补充，因为行人可能对外文信息存在理解障碍，一定程度上会影响其显著性，该属性值也是一个布尔型变量。

百度（Baidu）搜索量：指在百度搜索引擎上搜索地标的关键字时返回的搜索结果数量。这个属性在一定程度上揭示了一个地标是否为当地人所熟知。中文关键字的搜索数量通常很大，需要将其除以 100 000 000 使该值看起来更小，并在数据处理步骤中对其进行进一步正则化。

谷歌（Google）搜索量：指在谷歌搜索引擎上搜索地标的关键字时返回的搜索结果数量。其作用与百度搜索量属性相同，是为了更好地理解不同文化下地标的认知度是否存在差异。输入为英文关键词，该属性的值是通过将搜索结果的计数除以 1 000 000 计算得到的。

类别（Cat）：指本章对地标的 5 大分类（建筑物类 Arch、信息类 Info、商铺类 Shop、功能类 Func 及家具类 Furn[25]）。类别信息是地标非常重要的语义信息，通过对行人认知习惯的学习，可以了解行人更偏好于哪类地标。每个类别都是一个布尔型变量，将这些类的定义如下。

建筑物类（Arch）：指广义的人工建筑物而成的物体，既包括房屋，又包括构筑物（图 6.3）。作为地标的房屋通常在形状上具备一定的特殊性、独一性。构筑物是指没有供人们使用的内部空间的不可移动实体，具备观赏性或功能性。例如柱子、雕塑和喷泉等，都可以作为商场的建筑物地标。

信息类（Info）：指提供将用户指引到某一地点指示信息的实体（图 6.4）。信息类是那些具备文字或图片等内容的实体（广告牌和标识牌），这些内容不在实体所在位置，但能将顾客引导到实体所在位置。

（a）雕塑

（b）商铺

图 6.3　建筑物类地标

（a）指示牌

（b）安全出口标识

图 6.4　信息类地标

功能类（Func）：指起连接其他空间作用的空间，行人可以通过这类实体移动到另一个空间，如电梯、自动扶梯、楼梯和走廊等。

家具类（Furn）：指具有特定功能的实体，家具类的地标可以移动，如自动售货机、玩偶机、自助拍照机、盆景和商品货架等。

商铺类（Shop）：主要指一个商店的标志（图 6.5）。这种地标位于其实体附近，如商店和餐馆，其突出的外观可能会影响附属物的显著程度。

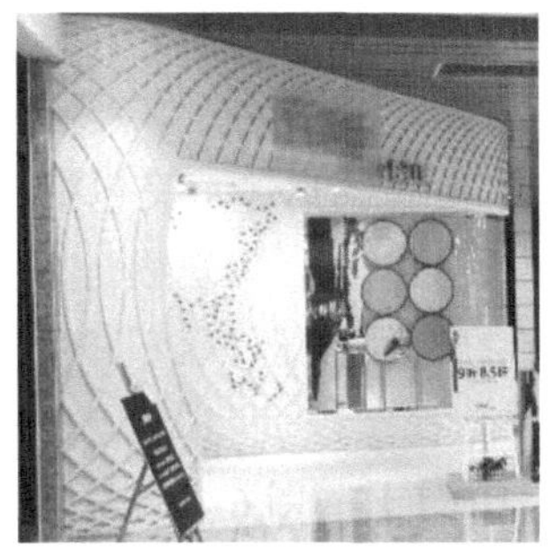

（a）商铺展板

（b）商铺门店

图 6.5　商铺类地标

6.4 研 究 方 法

6.4.1 方法流程

本章提出方法的工作流程如图 6.6 所示，主要包括数据采集、数据处理、基于遗传规划（GP）的模型训练、模型测试 4 个步骤。首先采集约 200 个商场室内场景的图像，并在每个图像中手工标记出候选地标。然后根据 6.3 节中属性的定义和测量方法采集地标属性信息，对所有属性的值进行标准化处理，将它们限制在 0～1。最后通过问卷的方式采集志愿者对地标的偏好，即收集志愿者对场景中最突出地标的选择，对于一个场景，只能选取一个地标作为最显著的地标，地标的显著程度量化值即为选择该地标的志愿者人数的比例。在训练阶段，采用 GP 算法在训练集上训练得到一组地标显著性模型，在验证集中找出最优的模型作为最终的输出模型。在测试阶段，基于地标显著性的输出模型计算测试集上各地标的显著性，选择显著性最大的地标即为最显著的地标。

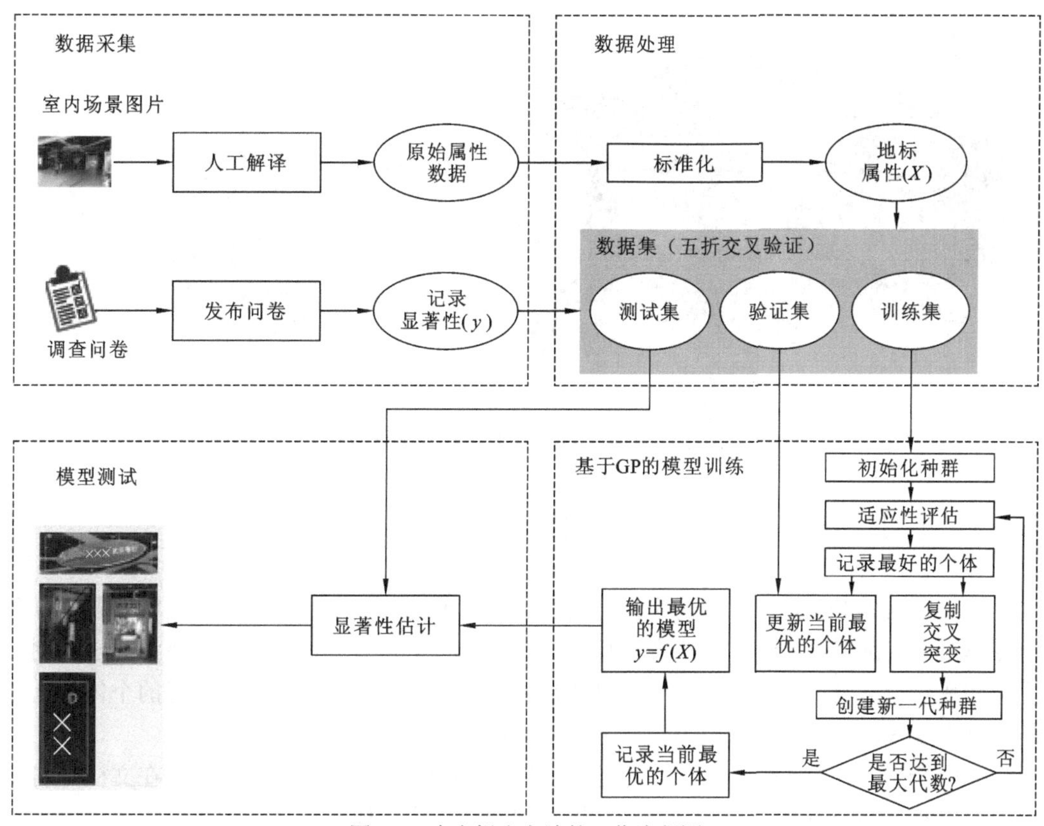

图 6.6 本章提出方法的工作流程图

6.4.2 数据采集和处理

（1）地标属性。在约 200 个场景图像中手工标记地标，提取每个地标所需的所有属性并计算它们的值。为了保证所有输入属性具有相同的重要性，采用最小-最大归一化方法对属性值进行处理，将所有属性的值限制在0～1：

$$X' = \frac{X - X_{\min}}{X_{\max} - X_{\min}} \tag{6.5}$$

式中：X为地标属性值序列；$X_{\max}$为最大值；$X_{\min}$为最小值。

（2）调查问卷。问卷调查中共有200个问题，每个问题涉及一个特定的场景，如图6.7（a）为一幅调查问卷图，问题是“你会选择哪个地标来导航?”，志愿者从场景的3个或4个地标中选择一个最显著的。从200名志愿者中采集了约40 000个答案，统计选择场景中某个地标的志愿者人数。将志愿者人数占总人数的比例作为该地标的显著程度。如图6.7（b）所示，场景中的4个地标分别用A、B、C、D表示。调查问卷结果显示分别有49%、28%、15%和8%的志愿者选择A、B、C、D作为最显著的地标，因此地标A、B、C、D的显著性值分别为0.49、0.28、0.15、0.08。

在导航时您会选择哪个地标?
A. ×××欢乐餐厅
B. 楼梯
C. ××××
D. ××

28%
49%
8%
15%
A
B
C
D

（a）调查问卷图　　（b）调查问卷结果

图6.7　调查问卷图和调查问卷结果示例

6.4.3　基于GP算法的模型训练

遗传规划（GP）是一种模仿生物遗传和进化原理的归纳学习技术[21]，它将问题的每个潜在解决方案都表示为潜在解决方案总体种群中的一个个体。每一代的个体都通过复制、交叉和变异遗传操作得到新的个体，以便在后代中产生更多种类和表现更好的个体，重复迭代这个过程，直到得出当前问题的最优或近似最优解。

GP通过学习用户输入的一组文档的相关程度得到非线性模型[26]，已经在文档排名问题中取得非常好的效果。首先可确定文档的相关性，然后根据用户的需求信息选择最相关文档。地标选择问题类似于文档排名。应用GP来学习一个数学模型，该模型可以建立地标的显著性与其视觉和语义属性之间的定量关系。为了将GP应用于显著性的模型学习，首先需要表示种群中的个体，选择用树形结构来表示种群中的个体。图6.8所示为一个个体，左边的树结构表示模型$y=x_1*x_2+x_3^2$，右边的树结构表示模型$y=x_1*x_2+0.5+x_3$。树结构的叶节点称为终端，表示地标属性值和常量。非叶节点表示为函数、运算符，如+、*、sqrt、

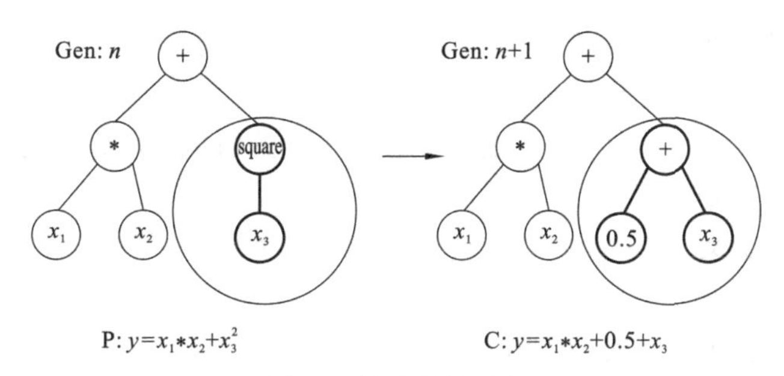

图 6.8　突变操作过程

log。操作符的节点应用于其左子树和右子树（二元操作符如+）或者单个子树（一元操作符，如 log）。操作符、属性和权重构成了 GP 系统的基本集合。

为了将 GP 应用到地标显著性的研究中，还需要设置 GP 的一些参数，表 6.2 列举出了本章需要用到的 GP 参数。

表 6.2　GP 参数设置

GP 参数	解释
S_{pop}	种群大小
N_{gen}	进化代数
N_{top}	每一代中最优秀个体的数量
N_{run}	程序运行的次数
操作符	非叶节点
终端	叶节点
适应性函数	需要优化的目标函数
终止条件	GP 程序运行停止的条件
复制	将个体直接复制到下一代群体中的遗传算子
交叉	通过交换双亲的子树来繁殖两个新的子代的遗传算子
突变	随机选择一个子树并用另一个随机创建的子树替换它的遗传算子

本章使用的操作算子包括+、−、/、*、abs、log，终端节点包括 14 种归一化的地标属性（$x_1, x_2, \cdots, x_{14}$）和 10 个常量值。使用式（6.6）计算每个个体的适应度，其中 y 为显著性的真实值；而 $\hat{y}$ 为显著性的模型估计值；m 为所有训练场景中的地标数量。

$$\mathrm{MSE}=\sqrt{\frac{1}{m}\sum_{i=1}^{m}(y_i-\hat{y}_i)^2} \tag{6.6}$$

GP 种群进化算法简要过程如下。

随机产生有 S_{pop} 棵有效树的初始种群

执行以下子步骤 N_{gen} 次：

计算每棵树的适应度值

记录适应性最好的 N_{top} 棵树

把从初始代到当前代的 N_{top} 棵树在验证集上运行，选择一棵性

能最好的树

更新当前的最优树

基于 N_{top} 棵树，使用下面的遗传操作算子创建新一代种群

复制

交叉

突变

输出当前的最优树

在每一代中，从训练集选择 N_{top} 棵最优树，在 S_{pop} 代中有 $S_{pop}*N_{top}$ 棵最优树。验证集的目的是从 $S_{pop}*N_{top}$ 棵树中选择出表现最好的树作为最终输出。在生成新的单棵树时，首先要检查树是否为有效的数学表达式，如果不是则将其删除，并生成新树，直到找到有效树为止。例如一元运算符应仅具有一个操作数，而二元运算符应具有两个操作数。操作符 log 的操作数应为正值，而操作符/的第二个操作数不应为 0。此外在创造新的种群时使用三个参数：复制率 R_{rate}、交叉率 C_{rate} 和突变率 M_{rate}。这些参数表示通过相应的遗传操作产生的新个体的比例，三个参数的总和等于 1。验证集的目的是缓解 GP 在训练数据上过拟合的问题并选择最佳的广义模型。使用锦标赛选择方法来选择用于交叉和变异的父母个体。交叉利用了标准的随机子树交换算法。三种遗传操作的详细描述如下。

（1）复制：从当前个体中复制一个个体。这种操作可以将最好的个体遗传给下一代。

（2）突变：从个体中随机选择一棵子树，并用另一棵随机创建的子树替换它。图 6.8 所示为突变操作的过程。突变操作的目的是提高种群的多样性，防止陷入局部最优解。

（3）交叉：交换两个个体的子树，产生两个新的个体。图 6.9 所示为交叉操作的过程。交叉操作的目的是改善对现有模型的利用并隐含基因记忆。

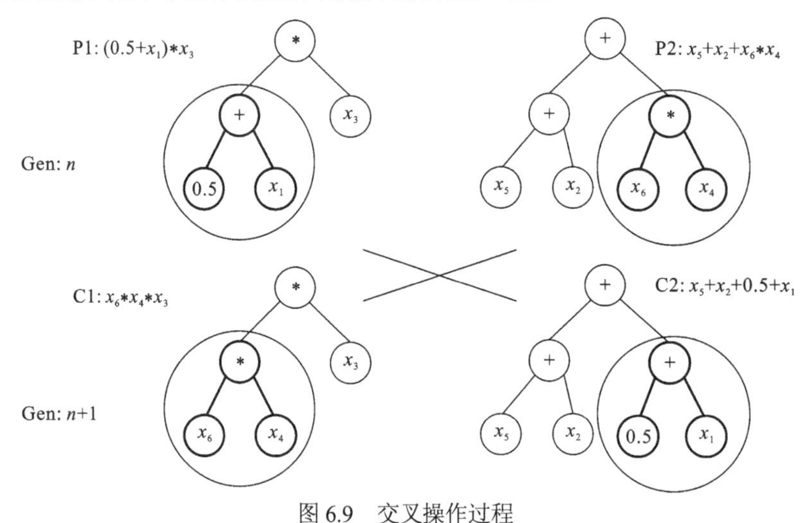

图 6.9　交叉操作过程

6.5　实验与分析

实验选取武汉市世界城光谷步行街和世界城广场两个购物中心共 200 个室内场景的图像作为测试场景，附录 C 展示其中 10 个具有代表性的测试场景。在每个场景中，根据 Lyu

等[17]和 Li 等[18]的方法手工标记 3～4 个商场中的地标，如商店、信息板、自动售货机和电梯等，共计 630 个地标。表 6.3 列出了地标的类别和数量，以及百度（中文版）和谷歌搜索（英文版）中使用的关键词。实验招募 200 名志愿者（77 名女性和 123 名男性，年龄为 18～30 岁）填写问卷，从中提取每个地标的显著性。将测试场景分为 5 组，每组有 40 个场景。对于每个测试组，将其中一组中的 40 个场景视为测试集，其他组的场景按照 75%和 25%分别作为训练集和验证集。

表 6.3　不同地标类型的数量和搜索关键词

地标类型	数量	搜索关键词	地标类型	数量	搜索关键词
店铺	299	店铺名称	绿色植物	12	绿色植物
标志	89	标志	墙	2	墙
电梯	60	电梯	门	2	门
雕塑	45	雕塑	邮箱	2	邮箱
楼梯	25	楼梯	电话亭	1	电话亭
自动售货机	23	自动售货机	屋顶	1	屋顶
广告牌	14	广告牌	配电箱	1	配电箱
灯	8	灯	桌子	1	桌子
柱子	7	柱子	服务台	8	服务台
椅子	5	椅子	消防栓	9	消防栓
喷泉	5	喷泉	垃圾箱	9	垃圾箱
转角	2	转角			

6.5.1　实验设置

使用 MATLAB 中的 GP 工具箱 GPTIPS[27-28]实现该算法。表 6.4 列出了 GP 算法中使用的参数的值，在实验中树的最大深度为 6，这样树创建的叶节点可以包含所有 14 个属性和 14 个权重值。使用的操作符包括+、−、/、*和 log，因此当树中仅选择＋和－操作符时，传统线性模型也是该方法的候选对象，但是这些线性模型在进化过程中由于表现不佳而逐渐被淘汰。将复制率、变异率和交叉率分别设置为 0.05、0.10 和 0.85，即当遗传操作根据 10 个最佳个体产生新种群时，500 个个体中有 5%、10%和 85%分别是通过复制、突变和交叉操作产生的。

表 6.4　GP 算法运行参数设置

参数名称	参数值	参数名称	参数值
运行次数（N_{run}）	5	树的最大深度（D）	6
种群大小（S_{pop}）	500	复制的比例（R_{rate}）	0.05
代数（N_{gen}）	30	突变的比例（M_{rate}）	0.10
最优个体数量（N_{top}）	10	交叉的比例（C_{rate}）	0.85

6.5.2 实验结果

目前大部分计算地标显著性的方法都是基于 Raubal 等[13]提出的方法。该方法的线性模型如式（6.7）所示，即地标显著性 S 等于视觉显著性（S_v）、语义属性（S_s）和结构显著性（S_u）与其对应的预定义权重 W_v、W_s 和 W_u 的乘积之和。预定义权重可以根据不同的场景调整[2,17]，如 Xing[29]设置 W_v=1/2、W_s=1/4、W_u=1/4，而 Lyu 等[17]和 Li 等[18]设置的权重为 W_v:W_s:W_u=1:1:1。Götze 等[19]使用 Ranking SVM 的线性模型学习得到权重值。本章忽略结构属性，因此结构显著性 S_u 等于 0。

$$S = W_v \cdot S_v + W_s \cdot S_s + W_u \cdot S_u \tag{6.7}$$

与现有方法[17,19,29]不同的是，本章使用基于 GP 的方法测量地标显著性，该方法首先计算测试集中地标的显著性，然后根据地标的显著性按降序排序（如 A>C>B>D），得到正确预测最显著地标 Top1 的场景的百分比，并将这个百分比作为识别最显著地标 Top1 的精度。同时根据对每个场景中地标的显著性计算对地标正确排序的准确性，称为排序精度，这是因为考虑行人可能无法观察或识别出路标的首选，在这种情况下，第二选择也可以推荐给用户。

在 5 组测试集中，每个最显著地标 Top1 的预测和各个地标排序的预测结果如图 6.10 所示，表 6.5 所示为 5 组测试集中的平均精度。可以看到在平均 76%和 41%的情况下，本章提出的方法可以正确预测最显著地标及显著性排序。与现有的方法相比，本章提出的方法在 5 个测试组中取得了更好的结果。此外，基于机器学习的模型（如 GP 和 SVM）优于人为定义的模型，这主要是因为人为定义的特定于环境的模型，如街道、校园或购物中心无法适应不断变化的环境。基于 SVM 的求解方法虽然采用简单的线性模型，但可以根据训练数据自动学习权值，比手动定义的模型更能适应不断变化的环境，然而线性模型限制了表示显著性与属性之间复杂而精确的定量关系的能力。基于 GP 的非线性模型比基于 Ranking SVM 的线性模型得到了更好的结果。附录 D 展示了详细的排序结果，其中 A、B、

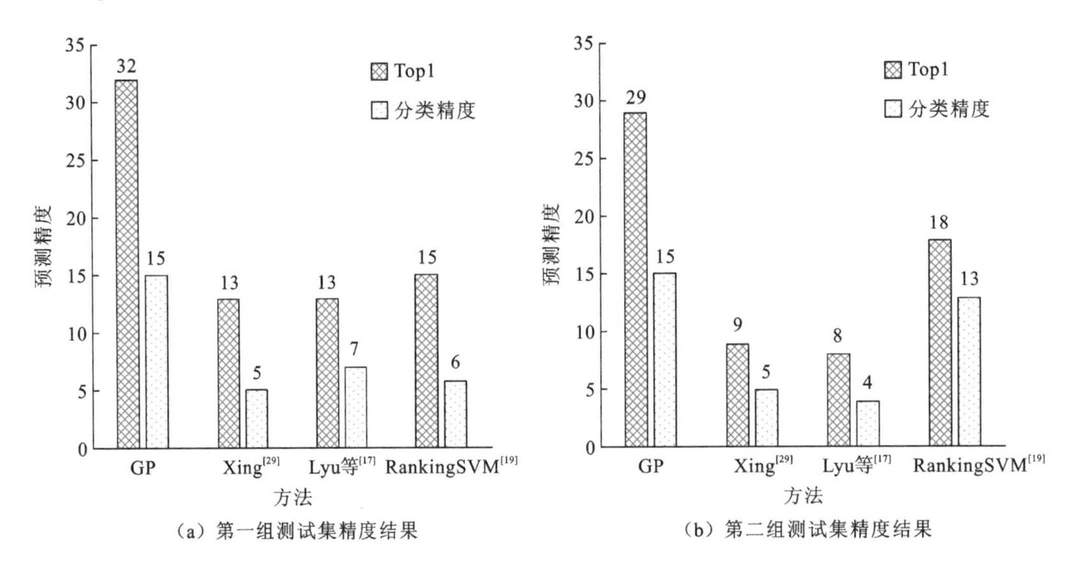

（a）第一组测试集精度结果

（b）第二组测试集精度结果

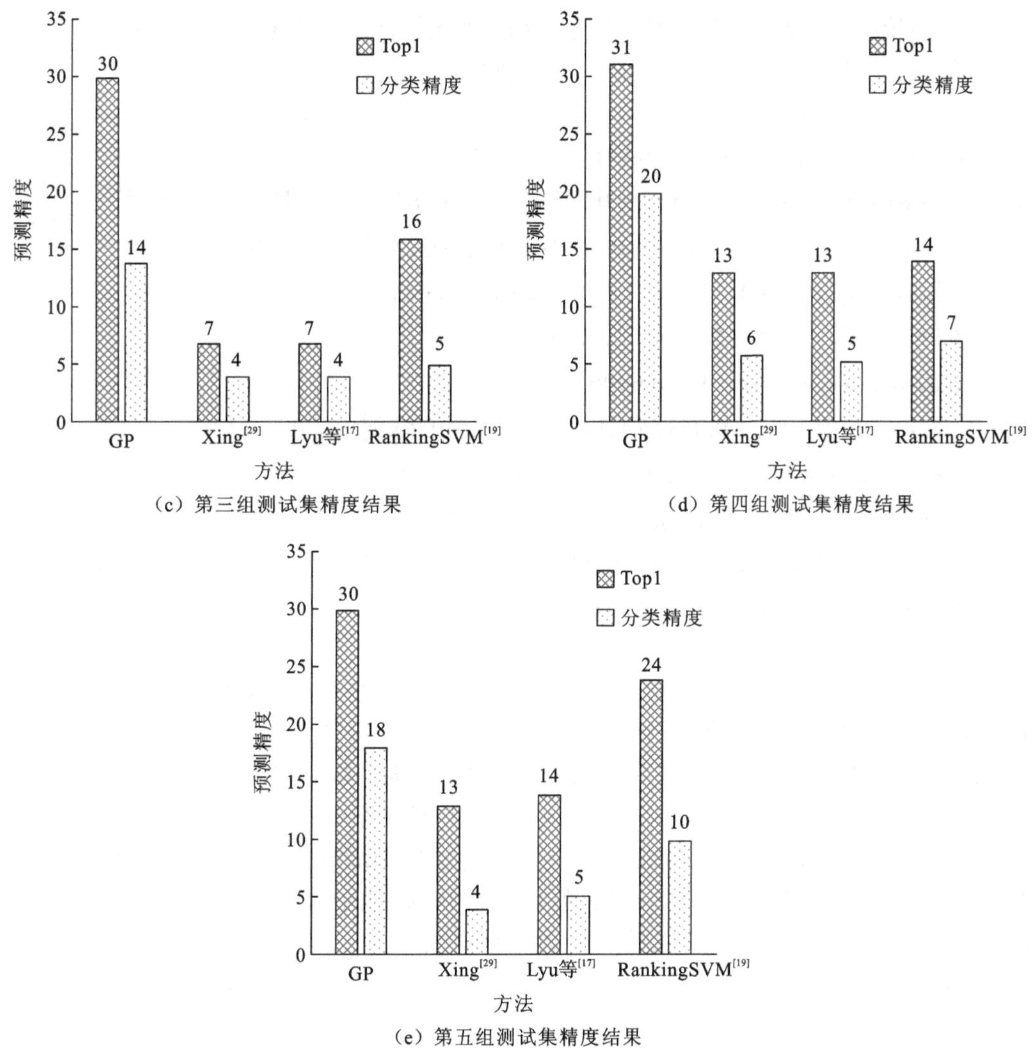

（c）第三组测试集精度结果

（d）第四组测试集精度结果

（e）第五组测试集精度结果

图 6.10　不同方法在 5 个测试集上的预测结果

C 和 D 表示地标。本章提出的方法从应用的角度来看优于传统方法，因为它可以提供更高的预测精度，不需要用户的干预（如手动设置权重值），并很容易扩展到其他室内和室外环境，而不需要重构一个新的模型。

表 6.5　GP 方法与传统方法的 Top1 地标和地标排序预测准确率对比

对照组	Top1 地标	地标排序预测准确率
GP	0.760	0.410
RankingSVM[19]	0.435	0.205
Xing[29]	0.275	0.120
Lyu 等[17]	0.275	0.125

式（6.8）～式（6.12）为五折交叉验证输出的最优模型。GP 学习的非线性模型依赖丰富的数据，在有丰富训练数据的情况下可以作出准确的预测，但不能像线性模型那样清晰地解释不同属性对地标显著性的影响。例如，式（6.11）中的模型无法确切解释“表面

面积”、“所依附主体表面面积”和“文字”如何影响地标的显著性。但本章最终目的是正确选择场景中最显著地标，因此不需要一个可解释的模型。

$$\begin{aligned} y_1 &= 0.045\,94 * x_6 - 0.2339 * x_{13} + 0.054\,82 * \log_2 x_2 - 0.0791 * \log_2 x_{11} \\ &\quad + 0.1894 * x_9 * \log_2 x_{11} - 0.045\,94 * (x_8)^{1/2} + 0.507 \end{aligned} \tag{6.8}$$

$$\begin{aligned} y_2 &= 0.059\,81 * \log_2 x_2 - 0.059\,81 * x_{11} - 0.025\,57 * x_8 + 0.022\,63 * \log_2[\log_2(x_{10} + x_{11})^2] \\ &\quad - 0.046\,52 * \log_2[(x_{10} + x_{11})^2] + 0.025\,57 * \log_2 x_5^2 - 0.2471 * x_{13}^{1/2} + 0.6235 \end{aligned} \tag{6.9}$$

$$\begin{aligned} y_3 &= 0.052\,28 * \log_2(x_2 * x_5) - 0.1386 * x_8 - 0.069\,29 * x_1 - 0.1001 * \log_2(x_{10} - x_{11}) \\ &\quad - 0.265\,5 * x_{13}^{1/2} - 0.012\,65 * (\log_2(x_2 / x_5))^{1/2} \\ &\quad - 0.078\,82 * (x_8 + x_{10} - x_{11})^2 + 0.6406 \end{aligned} \tag{6.10}$$

$$\begin{aligned} y_4 &= 0.102 * x_5 - 0.102 * x_8 - 0.053\,57 * (\log_2 x_2^2)^{1/2} - 0.4924 * x_4^2 * x_{13} \\ &\quad + 2.982 \times 10^{15} * \log_2(x_{11}) / (7.206 \times 10^{16} * x_2 - 3.773 \times 10^{16}) \\ &\quad + 0.053\,08 * x_4^2 + 0.1346 * x_1 * \log_2(x_2) / x_{11} + 0.4474 \end{aligned} \tag{6.11}$$

$$\begin{aligned} y_5 &= 0.024\,09 * x_4 + 0.049\,12 * \log_2 x_2 - 0.076\,07 * \log_2 x_{11} - 0.211 * \log_2\{\log_2[x_{10} * \log_2(x_2)]\} \\ &\quad + 0.1225 * x_5^{1/2} - 0.1921 * x_{13}^{1/2} + 0.4167 \end{aligned} \tag{6.12}$$

尽管存在上述的限制，但可以根据 5 个模型中出现的频率来确定哪些属性比其他属性更重要。对于表 6.1 中列出的 14 个属性，它们的出现频率分别为 2、5、0、2、4、1、0、4、1、3、5、0、5 和 0。这表明“文字”“所依附主体的表面面积”“表面颜色”“商铺类”“百度搜索量”是最重要的属性，而“形状偏差”“信息类”“外文”“谷歌搜索量”则是最不重要的属性。考虑不同环境中地标的差异，从购物中心的训练数据中学到的模型不能直接用于其他环境（如办公楼和飞机场），但是在足够的训练数据的情况下，本章提出的方法具有较广泛的适用性，可用于其他环境的显著性模型训练。

用线性模型来表示属性与显著性之间定量关系的前提是属性之间是相互独立的，但本章选择的属性并不满足该前提。例如从个人经验上讲，“所依附主体的表面面积”与“商铺类”相关，因为通常只有商铺具有依附主体。“文字”与“外文”也是如此，因为前者是后者的抽象。再如“百度搜索量”与“连接类”，连接实体（如楼梯）的百度搜索次数越多，它们在商场中越常见，这意味着它们不适合用于寻径。

相反，具有大量百度搜索量的商店实体很容易被人类识别，并且通常在购物中心中只有一家这样的商店，所以尽量选择这些实体作为代表性地标。由于所选属性之间存在许多复杂的关系，线性模型对表示属性与显著性之间的准确定量关系而言过于简单。然而从训练数据中学习到的模型没有独立性假设，也不在乎属性是非独立的还是独立的，因为 GP 方法可以自动选择最适合训练数据的模型。

6.5.3 基于 GP 算法的模型训练

进一步分析数据集中所有地标和 Top1 地标的真实显著性值和预测显著性值，其分布如图 6.11 所示。从图中可以看出，地标的真实显著性值和预测显著性值都近似服从正态分布。这表明：①从志愿者中采集的 40 000 个关于地标重要性的答案是没有偏差的；②学习的非线性模型是合理的，因为正态分布是描述现实世界中数据特征最常见的一种分布。此外根据每个场景中 Top1 地标的真实显著性值，将 200 个场景的预测结果分为 5 组。表 6.6 所示为 Top1 地标的显著值范围、场景的数量及每组的 Top1 地标和地标排序预测准确率。

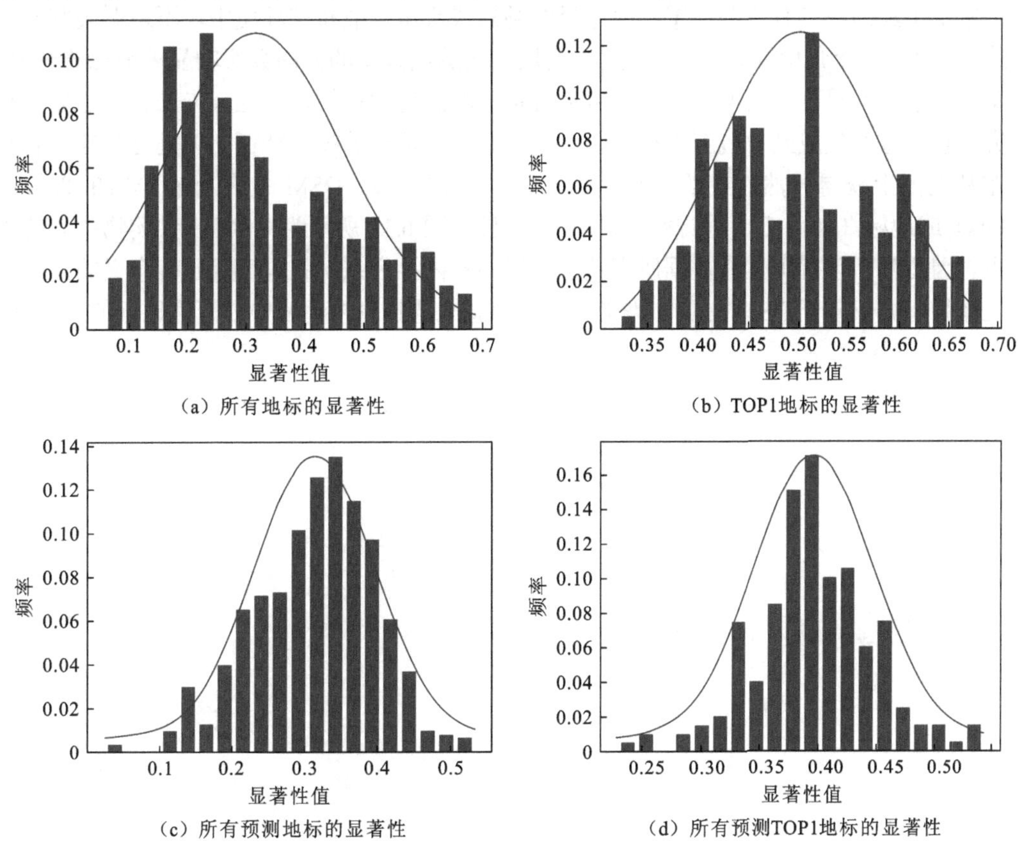

（a）所有地标的显著性　（b）TOP1地标的显著性

（c）所有预测地标的显著性　（d）所有预测TOP1地标的显著性

图 6.11　真实地标和预测地标显著性值的分布

表 6.6　5 个显著性值范围的预测结果

项目	显著性值范围				
	[0.32, 0.39)	[0.39, 0.47)	[0.47, 0.54)	[0.54, 0.61)	[0.61, 0.69]
场景数量	16	65	57	39	23
Top1 地标预测正确数量	9	48	44	33	18
所有地标预测正确数量	4	24	26	17	11
Top1 地标预测准确率	0.5625	0.738 46	0.771 93	0.846 15	0.782 61
Sort 所有地标预测准确率	0.25	0.369 23	0.456 14	0.4359	0.478 26

从图 6.11 中可以看出，当 Top1 地标的显著性值范围为[0.54, 0.61)时准确率最高，其次是[0.61, 0.69]、[0.47, 0.54)、[0.39, 0.47)、[0.32, 0.39)。这个结果受两个因素的影响：场景的数量和每个范围内 Top1 地标的平均显著性值。首先，为了达到最高的精度，GP 算法对更多的场景赋予了更多的权重；其次，一个场景中 Top1 地标的显著性值越高，就越有可能与同一场景中的其他地标区分开来。

6.6 总结与展望

本章实验的缺点有两个：①实验选择的场景或决策点散布在环境中，不遵循某些导航路线，且仅从一个角度或方向观察场景。而用户到达决策点的方向会影响显著地标的感知。本章专注于学习显著性模型，该模型可从特定角度测量地标的显著性，未来将考虑如何将研究的解决方案集成到导航应用程序中。②实验依赖地标的视觉特征，但是这些地标有时很难从地图上获得。然而在欧洲和美国的许多购物中心，OSM 上都标有丰富的兴趣点（POIs）或地标（如商店、消防栓和自动售货机）。图 6.12 所示为 OSM 上某购物中心的兴趣点。因此基于现有 OSM 数据研究基于地标的室内寻径系统将是可行且有意义的。今后的工作将研究仅基于OSM提取的语义和空间信息来选择室内环境中显著性地标的新方法。

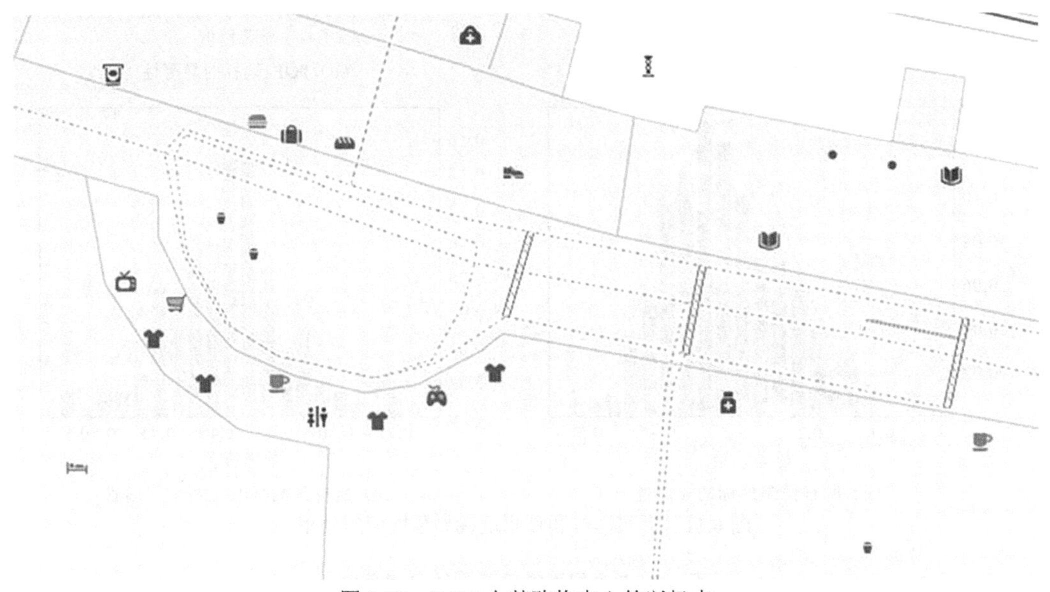

图 6.12 OSM 上某购物中心的兴趣点

基于虚拟环境（virtual environment，VE）的路线学习非常适合在陌生环境中行走时难以记住路线的人，特别是老年人，但还需要选择提取或删除路线场景中的相应路段/地标，以使其在没有太多场景信息的情况下更容易记住路线，这将是一个具有挑战性的问题。传统的解决方案是手动提取或删除沿路场景的某些部分，然后测试志愿者是否可以轻松记住路线。目前尚未开发出准确的模型来解决该问题。这为本章的工作提供了启发，首先假设应该保留显著性高的地标，例如在场景中占据较大区域的街道和建筑物。通过这种方式将主要任务转变为在特定视觉和语义特征的情况下，产生能够测量场景中地标的显著性的数学模型。该模型可以通过使用一些机器学习方法得到。为了验证该假设，可以生成许多由同一条路线提取的不同信息组成的混合虚拟环境，然后验证志愿者是否能够记住显著性更高的非抽象地标的混合环境。

选择最显著地标是一个复杂的过程，各种因素相互作用、相互制约。这些因素包括地标的特征、行人的文化背景及地标的周围环境。本章提出基于 GP 方法学习非线性模型度量地标显著性或行人对地标的偏好是通过问卷调查得到的，通过 200 个场景的实验对该方法进行了评估，实验结果表明，在76%的场景中该方法能正确预测出最显著地标。与传统的线性模型方法相比，本章的方法能够更好地表示地标的显著性与属性之间的定量关系。尽管所学习的模型不能清楚地解释每个属性对地标显著性产生的影响，但该方法在应用的角度优于现有的解决方案，因为可以提供更高的预测精度而不需要用户的干预（手动设置权重值），并且很容易扩展到其他室内和室外环境，而不需要像传统解决方案那样重新提出一个新的模型。本章的代码、200个场景的图像、标记的地标及其属性，以及问卷调查的结果已经发布在Github上（https: //github.com/DinleyGitHub/Indoor-Mall-Landmarks-Saliency）。今后的工作将构建一个不需要地标视觉属性的、更加通用的模型，如直接利用OSM上已经被标记的购物中心的地标来选择室内环境中显著性地标。

参 考 文 献

[1] Sorrows M E, Hirtle S C. The nature of landmarks for real and electronic spaces[C]//International Conference COSIT'99, Stade, Germany, 1999: 37-50.

[2] Winter S, Raubal M, Clemens N. Focalizing measures of salience for route directions[M]. Berlin: Springer, 2004.

[3] Caduff D. Assessing landmark salience for human navigation[D]. Zürich: University of Zürich, 2007.

[4] Duckham M, Stephan W, Michelle R. Including landmarks in routing instructions[J]. Journal of Location Based Services, 2010, 4 (1): 28-52.

[5] Kattenbeck M. How subdimensions of salience influence each other, comparing models based on empirical data[C]//International Conference on Spatial Information Theory, L'Aquila, Italy, 2017, 10: 1-13.

[6] May A J, Tracy R, Steven H B, et al. Pedestrian navigation aids: Information requirements and design implications[J]. Personal and Ubiquitous Computing, 2003, 7(6): 331-338.

[7] Ross T, Andrew M, Simon T. The use of landmarks in pedestrian navigation instructions and the effects of context[C]//Mobile Human-Computer Interaction- MobileHCI, Glasgow, UK, 2004: 300-304.

[8] Nothegger C, Stephan W, Raubal M. Selection of salient features for route directions[J]. Spatial Cognition and Computation, 2004, 4: 113-136.

[9] Richter M F, Winter S. Landmarks[M]. London: Penguin UK, 2015.

[10] Kattenbeck M. Empirically measuring object saliency for pedestrian navigation[C]//23rd ACM SIGSPATIAL International Conference on Advances in Geographic Information Systems, Washington D. C. , USA, 2015: 11.

[11] Kattenbeck M, Eva N, Sabine T. Is salience robustl a heterogeneity analysis of survey ratings[C]//10th International Conference on Geographic Information Science, Melbourne, Australia, 2018, 7: 1-16.

[12] Butz A, Jörg B, Antonio K, et al. A hybrid indoor navigation system[C]//6th International Conference on Intelligent User Interfaces, 2001: 25-32.

[13] Raubal M, Winter S. Enriching wayfinding instructions with local landmarks[C]//Geographic Information Science: Second International Conference, Boulder, USA, 2002: 243-259.

[14] Michon P E, Denis M. When and why are visual landmarks used in giving directions?[C]//Spatial Information Theory: Foundations of Geographic Information Science International Conference, Morro Bay, USA, 2001: 292-305.

[15] Hund A M, Amanda J P. Direction giving and following in the service of wayfinding in a complex indoor environment[J]. Journal of Environmental Psychology, 2010, 30(4): 553-564.

[16] Duckham M, Stephan W, Michelle R. Including landmarks in routing instructions[J]. Journal of Location Based Services, 2010, 4(1): 28-52.

[17] Lyu H, Yu Z, Meng L. A computational method for indoor landmark extraction[M]. Berlin: Springer, 2014.

[18] Li L, Mao K, Li G, et al. A Landmark-based cognition strength grid model for indoor guidance[J]. Survey Review, 2017, 50(361): 336-346.

[19] Götze J, Boye J. Learning landmark salience models from users' route instructions[J]. Journal of Location Based Services, 2016, 10(1): 47-63.

[20] Klippel A, Winter S. Structural salience of landmarks for route directions[C]//Spatial Information Theory, Berlin, Heidelberg, 2005: 347-362.

[21] Koza J R. Evolving a computer program to generate random numbers using the genetic programming paradigm[C]//International Conference on Genetic Algorithms (ICGA), 1991: 37-44.

[22] Caduff D, Sabine T. On the assessment of landmark salience for human navigation[J]. Cognitive Processing, 2008, 9: 249-267.

[23] Millonig A, Katja S. Developing landmark-based pedestrian-navigation systems[J]. IEEE Transactions on Intelligent Transportation Systems, 2007, 8: 43-49.

[24] Kim J, Han D, Tai Y W, et al. Salient region detection via high-dimensional color transform and local spatial support[J]. IEEE Transactions on Image Processing, 2016, 25(1): 9-23.

[25] Ohm C, Manuel M, Bernd L. Displaying landmarks and the users' surroundings in indoor pedestrian navigation systems[J]. Journal of Ambient Intelligence and Smart Environments, 2015, 7: 635-657.

[26] Yeh J Y, Lin J Y, Ke H R, et al. Learning to rank for information retrieval using genetic programming[C]//SIGIR 2007 Workshop on Learning to Rank for Information Retrieval, Amsterdam, Netherlands, 2007.

[27] Searson D P, Leahy D E, Willis M J. GPTIPS: An open source genetic programming toolbox for multigene symbolic regression[C]//International Multiconference of Engineers and Computer Scientists, Citeseer, 2010, 1: 77-80.

[28] Searson D. GPTIPS genetic programming & symbolic regression for MATLAB user guide[R]. Natick, MA: MathWorks, 2009.

[29] Xing Z. Research on landmark-based pedestrian navigation methods in complex city environment[D]. Wuhan: Wuhan University, 2012.

[30] Thorsten J. Optimizing search engines using clickthrough data[C]// International Conference on Knowledge Discovery and Data Mining, New York, 2002(1): 133-142.

第 7 章　基于智能图像分析的室内制图与建模方法

由于多种原因，现有数字化建筑图大多是建筑图纸的扫描件，通过解析这些扫描的建筑平面图图像可以获得丰富的室内空间数据。然而，当前仍缺少成熟的用于生成高质量建筑物要素（如墙壁和门）和空间要素（如房间）的基于平面图的自动化解决方案。针对这一问题，本章提出一种基于建筑平面图图像进行室内制图和建模的两阶段方法。第一阶段对平面图图像的建筑物要素进行矢量化，第二阶段修复建筑物要素之间的拓扑不一致，分割室内空间，从而生成室内地图和模型。为了降低室内边界要素（墙壁和开口）的轮廓复杂度，在第一阶段，利用边界要素的正则性，将其简化为分段矩形。为了解决矢量化结果中存在的重叠和缝隙的情况，本章提出一种通过调整邻接矩形顶点坐标使其满足拓扑约束的优化模型。实验表明，该方法在不满足曼哈顿假设的前提下，极大地提高了房间检测的效率，还可以输出具有一致拓扑的实例分隔墙，从而可以直接基于工业基础类（IFC）或城市地理标记语言（CityGML）进行建模。

7.1　概　　述

最近，室内制图与建模（indoor mapping and modeling，IMM）的飞速发展使室内位置服务（indoor location-based service，IndoorLBS）日益普及[1]。例如，通过室内制图与建模获取建筑物的内部地形，可以有效地丰富室内网络信息，为室内导航提供精准的出入口位置[2-5]。此外，从室内制图与建模结果中获取的建筑物边界、网络、网格模型和地标可以显著提高基于地图匹配的室内定位精度[6-7]。室内制图与建模提取的室内拓扑约束也有利于室内移动分析，如移动对象查询[8]和热门场所挖掘[9]。此外，室内地图和模型对建筑物应急评估[10]和促进响应[11]也是必不可少的。

如今，许多室内地图和模型都是根据传感器的测量结果生成的，例如点云、图像和深度信息。然而，传感器设备的价格太昂贵，不能广泛应用。虽然基于志愿者地理信息（volunteered geographic information，VGI）数据进行室内建模是可行的，例如从开放街区地图（OSM）[12]生成 CityGML 的 LoD4，但由于志愿者地理信息数据存在高噪声和高偏差，模型尤其是室内模型的质量无法保证。虽然室内地形可以通过建筑物足迹进行估算[13]，但是这种技术只能对非常简单的室内布局进行估算。

另一种有效且受欢迎的解决方案是从广泛应用于建筑工程领域的平面图中获取室内地图。建筑工程领域的平面图具有强制性，因此不需要像上述解决方案那样使用额外的设备来收集室内空间数据。当前，许多室内地图和模型都是对平面图进行手动标注生成的，十分低效耗时，因此需要一种基于平面图的自动化室内制图与建模方案。但是，楼层平面图是由不同的人出于不同的目的（如建筑物和房地产销售）设计的，这导致楼层平面图具有高度多样性，显著增加了处理的难度。此外，平面图的可读性是从人的角度而不是从机器的角度考虑的，这意味着平面图图像的图形符号往往具有多样性和灵活性，不同的制图机构可制订不同的绘图标准，而不同的制图人员可以有不同的制图习惯。因此，尽管基于平面图的室内制图与建模在制图、文档分析、计算机视觉和模式识别领域已引起广泛关注，然而迄今为止，可用的解决方案几乎没有。

传统的平面图图像解析方法从低层次的图像处理开始，根据符号的特定制作规则进行建筑物要素识别[14-20]。然后，基于几何和拓扑约束[21]或语义[22]，利用建筑物要素将室内空间划分为多个房间。但是，传统方法需要大量的精力来根据图纸样式或建筑物规律选择适当的处理方法，调整参数及设计规则或语义[23]。换言之，传统方法难以找到一个统一的流程对复杂且具有高度多样性的平面图进行处理。

最近，包括支持向量机（SVM）和深度卷积神经网络（deep convolutional neural network，DCNN）在内的学习方法已应用于平面图图像解析。它们不仅不需要传统解决方案中的烦琐手工处理，而且有效地提高了方法通用性和性能。典型的方法包括基于分割的方法[24]和基于连接点的方法[25]。但是，当前基于学习的方法仍然存在以下局限性。

（1）基于分割的方法，是将平面图分割为带有类别标签的多边形，这个过程中会不可避免地产生破碎、复杂的分割边界（墙体和门窗），导致检测房间时产生多余的噪声，同时也会破坏建筑物要素的拓扑一致性，使最终生成的映射和建模结果无法支持室内空间数据分析和管理。

（2）基于连接点的方法，忽略了墙体厚度且处理的室内结构必须服从曼哈顿假设，该方法无法检测倾斜的室内构件。但在实际的制图与建模中，建筑物要素的厚度和角度对建筑物内部结构的真实表现是至关重要的，因此曼哈顿假设会大大影响建筑物管理和室内位置服务，例如建筑物的能源管理。

总之，目前基于学习的方法在生成能够代表真实世界的室内地图和模型方面仍然存在一些局限性。基于学习的方法虽然可以在栅格或矢量平面图上进行室内制图与建模，但是两者的难度是不同的。矢量平面图可以很容易地打印成图像并以栅格格式进行解析，而将平面图图像转换成矢量格式并进行解析则比较困难。因此，本章聚焦栅格类型的平面图解析，以便获得更高的适用性。

本章介绍平面图图像上建筑物要素的矢量化过程，提出一种优化模型用于修复矢量化阶段的输出中存在的拓扑不一致，并生成最终的地图和模型，借助公开数据集 CVC-FP[26]对实验结果进行介绍和讨论，同时基于该数据集与几种类似的方法进行评估和比较。

本章提出的室内制图与建模方法的总体框架如图 7.1 所示，分两个阶段对输入的平面图图像进行解析，并输出室内地图和模型。平面图图像的要素通常包括如墙壁、开口和楼梯之类的建筑物要素，以及如房间、大厅和走廊之类的空间要素。第一阶段使用基于深度卷积神经网络的 Mask R-CNN 实例分割算法对平面图图像中的建筑物要素进行识别[27]。采用旋转增强法提高薄壁检测的召回率。由于分段掩膜的形状非常复杂，将边界要素（即墙壁和开口）简化为矩形实例。这种简化极大地降低了进一步拓扑优化的复杂性。第二阶段，首先找到相邻的矩形对，然后建立优化模型，解决矢量化后边界要素矩形的拓扑冲突。最后，依据拓扑一致的建筑物要素进行房间区域提取，生成室内地图和模型。

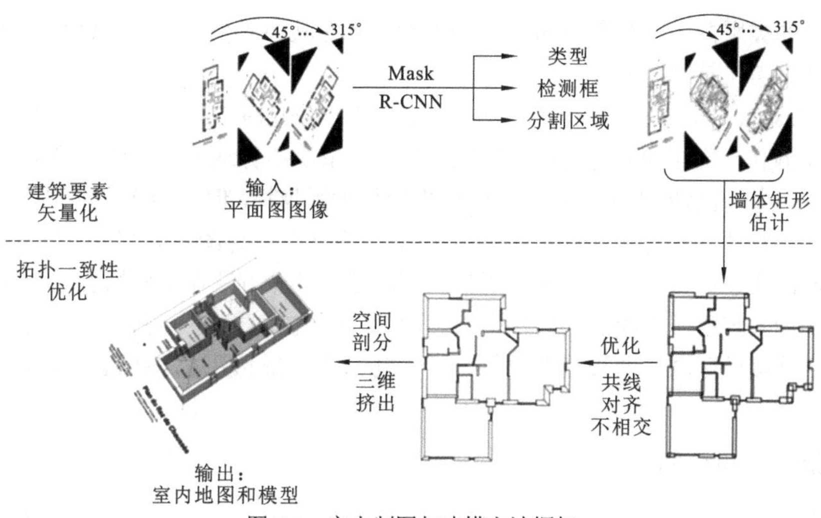

图 7.1 室内制图与建模方法框架

7.2 建筑物要素矢量化

7.2.1 建筑物要素的实例分割

1. 基于 Mask R-CNN 的实例分割

Mask R-CNN 是一种监督动态卷积神经网络，它是由许多简单函数组成的数学函数[28]。以图像作为输入，输出为检测到的每个输入实例的边界框、多边形和语义类别。Mask R-CNN 有许多未知参数，需要借助在训练集上的训练进行学习。训练集包括作为输入图像和作为输出的真值。在训练之前，首先根据特定的分布或先验条件对参数进行初始化。然后，在反向传播机制和损失函数的驱动下，对它们进行优化，使得输出和真值间的误差达到最小。通过训练后的模型可以在没有真值的情况下对非训练集图像进行实例分割。

Mask R-CNN 的网络结构如图 7.2 所示。首先，利用共享特征提取器提取输入图像的特征映射，然后在特征图上按照给定的长宽比和尺度生成实例的边界框（region of interest，RoI）。边界框（box）分支进一步调整实例边界框的中心、高度和宽度。分类（class）分

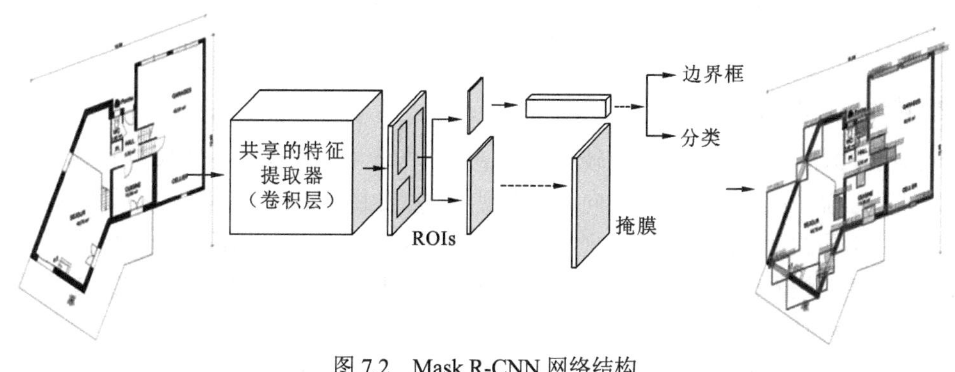

图 7.2 Mask R-CNN 网络结构

支预测实例的类别概率，掩膜（masks）分支对实例在其边界框内的区域进行分割。模型的详细信息请参考文献[29-31]。

选择 Mask R-CNN 而不选择其他基于 DCNN 的实例分割方法的原因：①Mask R-CNN 将对象的检测和分割作为并行过程，这比其他方法依次执行这两个任务要简单得多[32-33]。②尽管 FCIS[34]也近似实现了同时执行对象检测和实例分割，但它会产生虚假边缘，这一情况需要在建筑物要素矢量化中尽可能避免；③其他方法首先将图像分割成不同的语义类别，然后在相同的类别中分割不同的实例对象[35-36]。尽管某些方法在某些情况下可行，但它们无法检测到由非连接区域组成的实例[37-38]。此外，建筑物要素的一些长条形实例容易被分割为多个不连续的区域，即被过度分割为子实例[39-40]。综上所述，Mask R-CNN 是最合适的选择[41]。

2. 矩形墙实例分割

如 7.2 节所述，单纯使用语义分割方法对墙进行矢量化会不可避免地产生复杂的边界，从而导致在拓扑优化和房间检测方面效率低下。然而，利用墙壁形状的规则性可以降低连续墙体和复杂的分段墙体带来的复杂性。由于墙在平面图上的正交投影始终是刚性的，并由成对的平行线段或曲线所限制，可以将这些墙细分为一系列矩形，且这些矩形的重叠和间隙很小。本小节将墙壁分割为一系列矩形。与图 7.3（a）所示的用于语义分割的墙体真值不同，本小节所用墙体的真值如图 7.3（b）所示。在墙体的拐角处、样式和厚度发生变化的地方对连续墙体多边形进行打断生成矩形墙，在对该数据集进行训练后，使用 Mask R-CNN 将墙壁分割成一系列矩形区域，从而显著降低分割区域的形状复杂度。

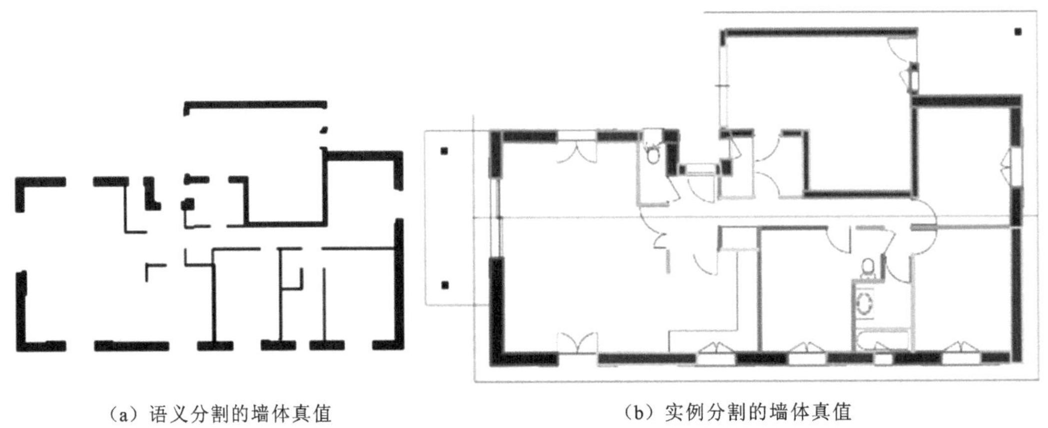

（a）语义分割的墙体真值　　（b）实例分割的墙体真值

图 7.3　墙体真值

3. 墙体旋转增强

Mask R-CNN 难以检测到厚度较小的墙壁。在实验中，Mask R-CNN 在检测沿 x 或 y 方向延伸的细墙（水平或者垂直方向）时表现不佳，如图 7.4（a）椭圆形区域所示。但是，如果它们以不同的角度定向[图 7.4（b）]，即使对非常薄的墙体情况也会有所改善。这是因为倾斜薄壁的边界框大于水平或者垂直墙体的边界框。Mask R-CNN 生成其边界框及整个网络后，检测具有较大边界框的对象更加容易。受此启发，可在训练和预测中添加旋转的图像来增强墙体检测。将原始图像和对应的旋转图像中的墙体都进行分割，然后，将原

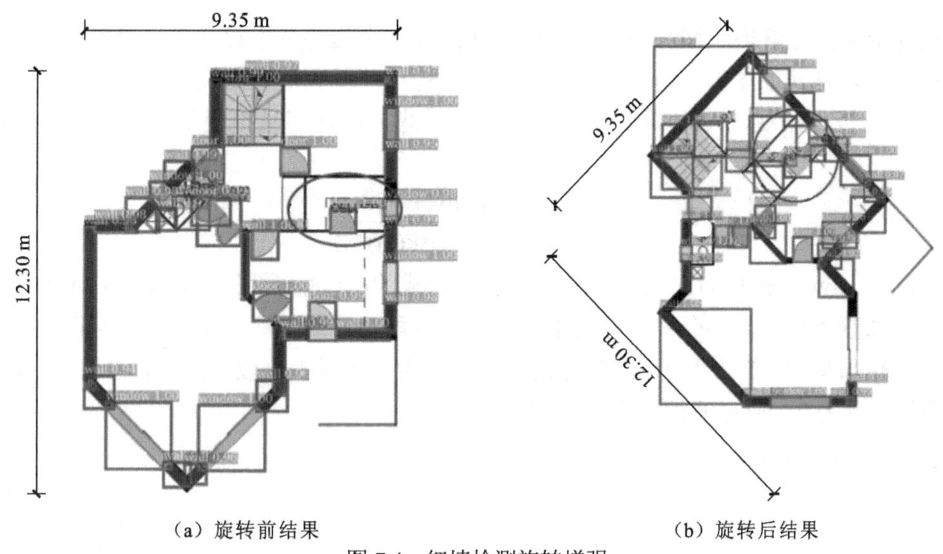

（a）旋转前结果　　　　（b）旋转后结果

图 7.4　细墙检测旋转增强

始图像和旋转图像的检测结果合并。通过旋转增强，Mask R-CNN 可以有效地检测沿 x 或 y 方向延伸且厚度较小的墙体，从而显著改善实验结果。

7.2.2　墙体和门窗简化

进一步对边界要素（即墙和开口）的分割掩膜进行简化。为简化墙体，将墙体掩膜估计为相应的矩形。由于旋转增强，检测到的矩形墙壁实例存在多个结果。虽然 Mask R-CNN 本身使用了非最大抑制（non-maximum suppression，NMS）来筛除重复的检测框，且 NMS 能够较好地删除检测框长宽比接近 1 的重复结果，但在处理墙体的狭长矩形重复检测上，难以通过直接设置参数阈值进行剔除。因此，本小节使用一种合并程序将重复的墙体矩形分组并计算它们的平均矩形，将开口掩膜简化为连接两个墙体矩形的线段。为了在拓扑一致性优化中对墙体和开口进行统一处理，将开口线段转换为矩形。简化后的墙面和开口掩膜都被转换为矩形。

1. 墙体简化矩形

Mask R-CNN 用矩形分割后的墙体真值进行训练后，可以将墙检测为矩形实例，并在交界处或墙的样式或厚度发生变化的位置对连续的墙体进行分割。但是，边界框或检测到的墙体掩膜都不能像预期的那样提供准确和规则的结果。当检测到倾斜墙体时，检测到的水平边界框不能紧密地贴合倾斜墙体的区域。此外，虽然检测到的掩膜可以粗略地勾勒出墙体的边界，但边界整体呈现崎岖状。因此，为了恢复被检测到的掩膜所代表的实际矩形，根据掩膜估计墙体矩形的斜率、厚度及中心线的两个端点，矩形的斜率估计可以转化为线性回归问题。将分割掩膜的各像素坐标转换到对应的点位置，再通过最小二乘法拟合这些点所对应的直线，即矩形平行于长边的中心线，该直线的斜率即为墙体矩形的斜率。墙体的厚度可以通过掩膜边界上的点到中心线的距离求得。最后，将像素点投影到这条直线上，位于直线两端的点即为墙体中心线的两个端点。

边界框可能包含多个墙体示例。实验表明，在一个边界框中存在多个掩膜时置信度较低，据此可以将其过滤掉。Mask R-CNN 在过滤掉这些低置信值的输出后，一个框内多个掩膜的情况极少出现，可以简单地忽略。为了过滤掉这些多重掩膜的输出，可计算以下比值：

$$T=\frac{\text{area(convex\_hull)}}{\text{area(mask(s))}} \tag{7.1}$$

式中：area(convex_hull)为由边界框中所有掩膜组成的凸包的面积；area(mask(s))为边界框内的掩膜像素点总数。当分割掩膜较准确地区分分段矩形时，即单个实例检测框中仅包含一个分段矩形掩膜，T 接近于 1；当分割掩膜中包含一个以上分段矩形，T 大于 1。本节将 T 的阈值设置为 2，以过滤掉多个分割掩膜的实例。

2. 合并重叠的矩形墙体

由于引入旋转增强，第一阶段输出中的同一墙体的实例存在多个重复检测结果，需要将重复检测到的墙体矩形合并为一个。将重复的检测视为一组多余观测，其平均值近似于墙体真值。如果一组矩形与其他矩形相交，并且它们具有较高的交并比，就将它们确定为重复矩形。本节将交并比设置为 0.7。进行矩形合并时，首先计算每个重复检测组的平均矩形参数，平行于矩形长边的中心线的两个端点及宽度的平均值。如图 7.5 所示，重复检测的墙体矩形最终合并为一个。

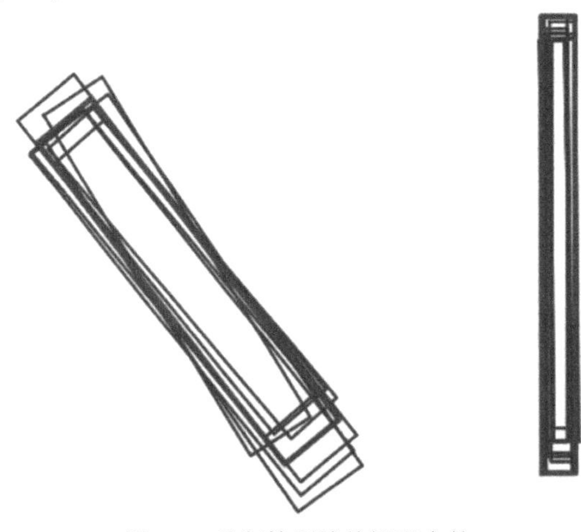

图 7.5　重复检测墙体矩形合并

3. 出入口简化

平面图图像分割根据门、窗两类出入口的符号轮廓作为分割结果，而室内地图或模型很少直接使用出入口的符号，一般采用线段来表达出入口。因此，将出入口的分割掩膜结果简化为线段，并将其与周围的墙体连接起来。首先将出入口和墙壁的位置关系分为三类，分别为 I 形、L 形和 U 形，如图 7.6 所示，并对出入口的分割掩膜进行一定的膨胀，以保证至少两个墙体的矩形与掩膜相交。然后计算该掩膜与邻近墙体矩形的相交区域，最后计算各个相交区域之间的最短连线，并将该连线作为出入口的线段表达。如图 7.6 所示，1/4 圆内部的横线表示门段，实验中出入口的线段将被转换成矩形，其长边平行于出入口的线段，宽度为给定的实数。

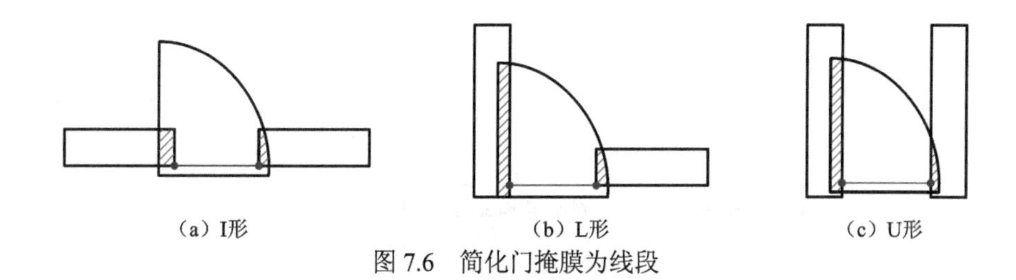

图 7.6 简化门掩膜为线段

7.3 一致性拓扑优化

第一阶段的输出在相邻矩形之间存在许多拓扑冲突（即重叠和间隙）。因此，边界要素无法形成完美的闭合回路，导致房间识别率较低。为了修复拓扑不一致性，需要先确定相邻的矩形及其相应的邻接边。本节提出一个优化模型，以调整相邻矩形的邻接边的顶点坐标使其满足拓扑约束。基于优化后的边界要素矩形，可以直接生成房间、地图和模型。

7.3.1 共边检测

为了找出相邻的两个矩形，首先将边界要素的矩形沿其长边进行延长，具体的延长距离在 7.4.5 小节中讨论。若延长后的矩形相交，则将这对矩形视为相邻的矩形。然后执行以下步骤确定相邻矩形的共边。

图 7.7（a）所示为邻接矩形的共边检测流程，输入为一对相邻矩形，分别对其进行等效处理以找出它们的接触边，即共边。将两个相邻的矩形分别表示为 rect_i 和 rect_j，它们的短边和长边分别表示为 s_{mn} 和 l_{mn}，其中 m 和 n 分别表示矩形和边的标识符。在确定其中一个矩形的共边时，它的 4 条边被分为长边对和短边对。通过操作步骤 P1，确保每对边最多贡献一个候选边。为了简化，假设一个矩形只有一条边可以接触另一个矩形。因此，如果有一个以上的候选边，将通过步骤 P2 选择其中一个。步骤 P1 和 P2 具体操作如下。

P1：从长边或短边中确定候选边。根据一对相对边（即 e 和 e_o）与其相邻矩形 rect 之间的空间关系来确定共边的候选对象。如果 e 和 rect 都在 e_o 的一侧，则 e 是候选边。例如，图 7.7（b）中的 s_{i1} 是 rect_i 的候选共边，因为 rect_j 和 s_{i1} 都在 s_{i2} 的一侧。但是，当两条长边或两条短边都满足标准时，如图 7.7（c）中的 s_{i1} 和 s_{i2}，相邻的矩形位于它们之间，都不将它们作为共边候选对象。因此，对于一对长边或短边，它们最多只能贡献一个候选共边。

P2：从两个候选对象中确定最终的共边。延长相邻矩形的长边：如果延长后的两条长边都与候选长边相交，且交点落于候选长边的线段内则选择长边作为最终的共边（即 T 形邻接）；否则共边为短边（即 L 形邻接）。例如，在图 7.7（b）和（d）中，s_{i1} 和 l_{i2} 都是共边候选者。根据上述规则，在图 7.7（b）中 s_{i1} 是最终的共边，而在图 7.7（d）中 l_{i2} 是最终的共边。

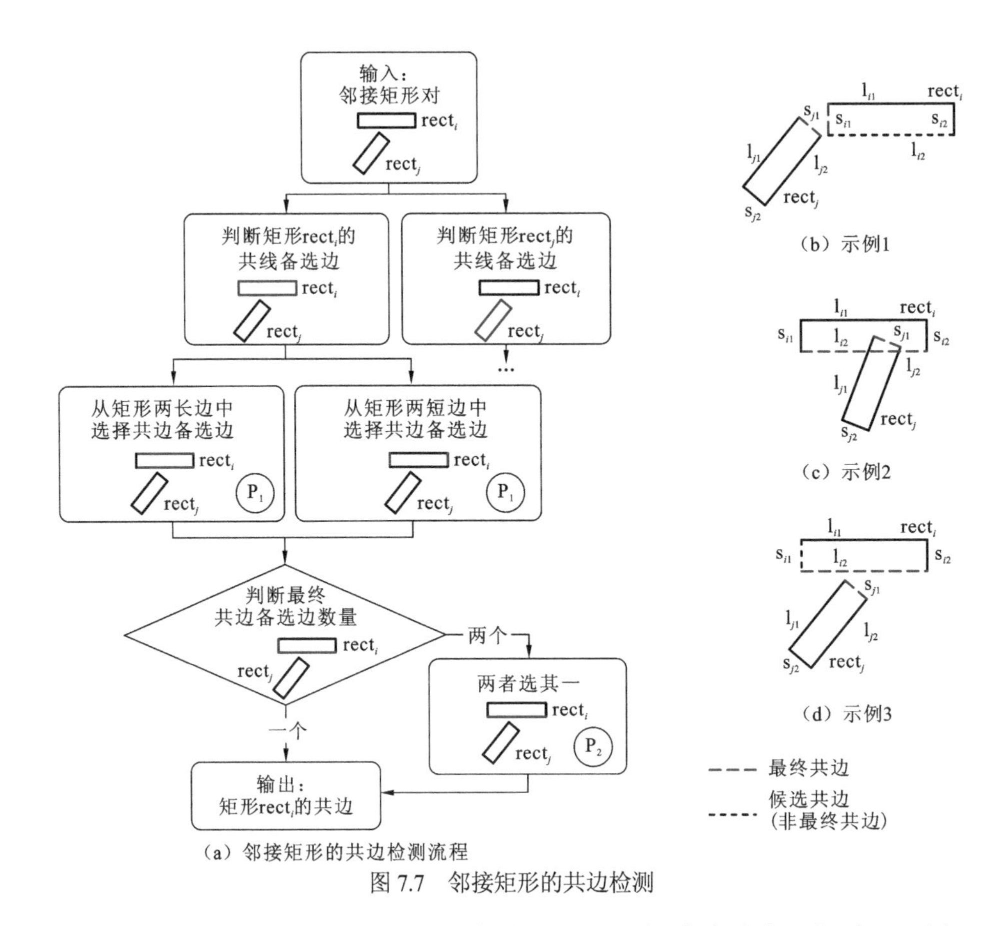

(a) 邻接矩形的共边检测流程

图 7.7 邻接矩形的共边检测

由于根据上述规则检测的结果为成对邻接矩形的共边，在多分支形状(如 T 形和 X 形)上会发生冲突。检测到的共边为短边时，该边可能会与其他多个矩形边相接，这将导致之后的拓扑优化失败。图 7.8（a）展示了一个 T 形共边冲突，s_{i2}-s_{j2}，s_{j2}-s_{k1} 和 s_{i2}-s_{k1} 是相邻矩形对 $rect_i$-$rect_j$、$rect_j$-$rect_k$ 的共边，其失败的优化结果如图 7.8（a）和 7.8（b）所示。为了解决上述问题，可通过以下步骤调整多分支形状的共边检测。

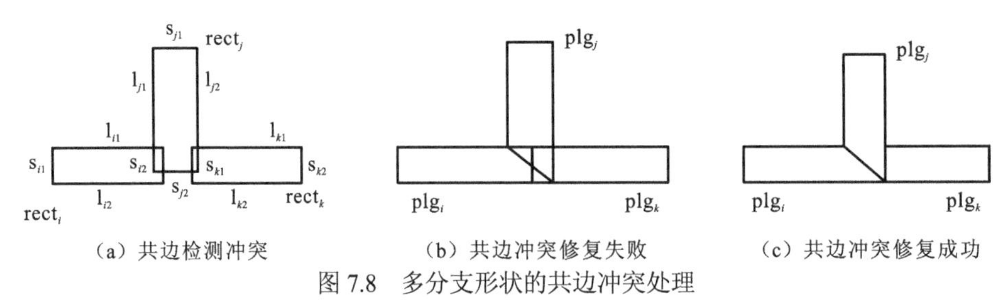

图 7.8 多分支形状的共边冲突处理

（1）检测存在共边冲突的一组矩形。

（2）随机选择其中一个矩形作为一个初始核 k_0。

（3）计算其他矩形到初始核之间的距离及负相交面积，根据这两个指标进行升序排序。

（4）选择排序结果中的第一位作为下一个添加到核里的矩形，根据该方法进行共边检测，核里的两个矩形在顶点坐标优化中按照原始的共边检测结果进行修复。

（5）重复步骤（3）。

（6）选择排序结果中的第一位作为下一个添加到核里的矩形，通过计算与核里所有矩形的邻近程度（距离与相交面积）重新选择邻接矩形，并根据该方法进行共边检测，若共边检测结果中存在已经被占用的短边，且此时两个矩形之间不平行，则将该占用短边调整为该矩形上离新增矩形最近的一条长边。

图 7.8（a）为调整后的共边 s_{i2}-s_{j2} 和 l_{j2}-s_{k1}。图 7.8（c）展示了拓扑优化的最终结果。

7.3.2 拓扑优化模型

在确定相邻矩形的共边之后，本小节设计一个优化模型用以修复共边之间的拓扑冲突，从而消除矩形之间的重叠或缝隙。本小节的优化将调整接触边的顶点位置，以使矩形边符合拓扑约束，包括共边共线、共边对齐和长边不相交。

1. 优化变量和目标函数

对于优化模型的优化变量设置，一个最直接的方法是将两条共边的 4 个端点分别沿 x 轴方向和沿 y 轴方向的移动量作为变量。但是该设置会导致变量的搜索区域过大，处理起来非常耗时。同时该设置会使顶点的移动过度自由，从而产生自相交多边形或极大的正负值，虽然满足数值要求，但是不能保证矩形的形状。除此之外，矢量化矩形的整体斜率（即矩形两条平行长边的斜率）具有较高的精度，优化过程不应该再在斜率上发生改变，矩形的两条长边也应该继续保持平行关系。因此，如图 7.9 所示，将变量定义为顶点沿其所在长边的移动量，这样便可以将顶点的运动从二维限制为一维，避免优化会改变矩形的斜率和宽度。图 7.9（a）为 L 形邻接矩形，两个矩形的共边都是矩形短边。图 7.9（b）为 T 形邻接矩形，一条共边是矩形短边，另一条共边是矩形长边。在这种情况下，只需要对短边的顶点进行调整，即 δ_1 和 δ_2，因为长边的顶点调整无法修复邻接矩形之间的拓扑冲突。

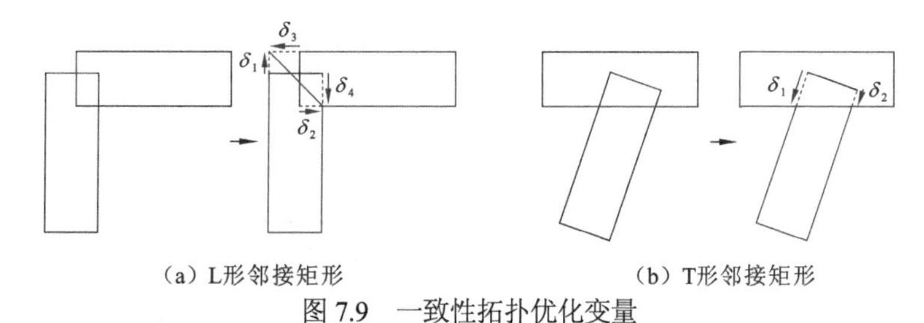

（a）L形邻接矩形　　（b）T形邻接矩形

图 7.9　一致性拓扑优化变量

根据变量定义，目标函数可表示为

$$\mathrm{OPt}_{\mathrm{topo}}=\mathrm{minimize}\sum_{i=1}^{k}\delta_i^2 \tag{7.2}$$

式中：k 为需要调整的顶点数量；δ_i 为沿着该顶点所在长边的移动量，δ_i 的正负号表示沿长边的移动方向，而 δ_i 的绝对值表示移动距离。调整后的顶点坐标可表示为

$$\begin{cases} x = x + \delta_i \cos\theta \\ y' = y + \delta_i \sin\theta \end{cases} \tag{7.3}$$

式中：x 和 y 为原始坐标；θ 为从正 x 轴到顶点所在的长边角度，取值范围为$(0, \pi)$。

由于估计的顶点坐标接近于实际值，一致性的拓扑优化仅需要对矩形的顶点坐标进行微调，顶点的移动量不宜过大，即目标函数要实现顶点坐标的移动量最小化。

2. 约束条件

除了目标函数，可根据一对共边之间的拓扑一致性设置优化约束。为了方便起见，将两个矩形 rect_i 和 rect_j 的共边表示为 I_1I_2 和 J_1J_2。共边的顶点坐标表示为 $I_1(x_{i1}, y_{i1})$、$I_2(x_{i2}, y_{i2})$、$J_1(x_{j1}, y_{j2})$和 $J_2(x_{j2}, y_{j2})$。这些坐标是根据式（7.4）调整后的坐标，式（7.4）根据以下约束条件进行计算。

（1）共边共线。一对共边应该共线，即 I_1I_2 与 J_1J_2 之间不应存在缝隙或交点，则$\triangle I_1I_2J_1$ 和$\triangle I_1I_2J_2$ 的面积均应为 0，因此，共边共线约束可以表示为

$$\begin{cases} x_{i1}(y_{i2}-y_{j1})+x_{i2}(y_{j1}-y_{i1})+x_{j1}(y_{i1}-y_{i2})=0 \\ x_{i1}(y_{i2}-y_{j2})+x_{i2}(y_{j2}-y_{i1})+x_{j2}(y_{i1}-y_{i2})=0 \end{cases} \tag{7.4}$$

式（7.4）表示，如果三个点共线，那么由这三个点组成的三角形的面积为 0。

（2）共边对齐。如果共边为两条短边，可能存在共边不对齐情况，如图 7.10（a）和（b）所示。针对这种情况引入对齐约束：当 I_1I_2 和 J_1J_2 均为短边时，其中一个应包含或覆盖另一个。可能出现的位置关系如表 7.1 所示。

表 7.1　共线共边的位置关系

共边关系	图示	共边向量方向关系
J_1J_2 包含 I_1I_2	J_1　I_1　I_2　J_2	$\overrightarrow{I_1J_1}$ 与 $\overrightarrow{I_2J_2}$ 的方向相反； $\overrightarrow{I_1J_2}$ 与 $\overrightarrow{I_2J_1}$ 的方向相反； 类似的结论在 I_1I_2 包含 J_1J_2 时依然成立
J_1J_2 覆盖 I_1I_2	J_1　I_1　I_2/J_2	$\overrightarrow{I_2J_2}$ 为零向量； $\overrightarrow{I_1J_2}$ 与 $\overrightarrow{I_2J_1}$ 的方向相反； 类似的结论在 I_1I_2 覆盖 J_1J_2 且共顶点任意时依然成立
J_1J_2 与 I_1I_2 相交	J_1　I_1　J_2　I_2	$\overrightarrow{I_1J_1}$ 与 $\overrightarrow{I_2J_2}$ 的方向相同或相反； $\overrightarrow{I_1J_2}$ 与 $\overrightarrow{I_2J_1}$ 的方向相反或相同； 即上述两组向量的方向无法同时保持相反或相同
J_1J_2 与 I_1I_2 相接 并设 I_2 与 J_2 共顶点	J_1　I_2/J_2　I_1	$\overrightarrow{I_2J_2}$ 为零向量； $\overrightarrow{I_1J_2}$ 与 $\overrightarrow{I_2J_1}$ 的方向相同； 类似的结论在共顶点任意组合时依然成立
J_1J_2 与 I_1I_2 相离	J_1　J_2　I_1　I_2	$\overrightarrow{I_1J_1}$ 与 $\overrightarrow{I_2J_2}$ 的方向相同； $\overrightarrow{I_1J_2}$ 与 $\overrightarrow{I_2J_1}$ 的方向相同；

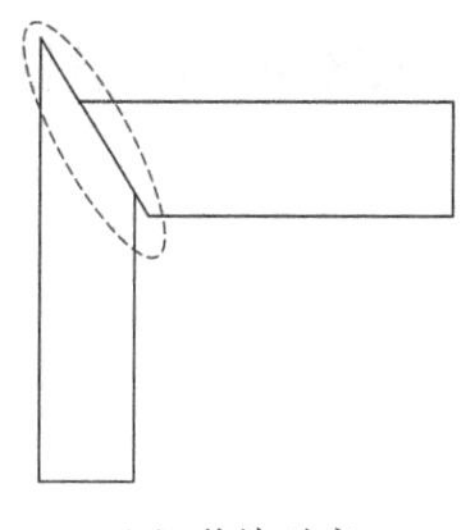

(a) 共边对齐1

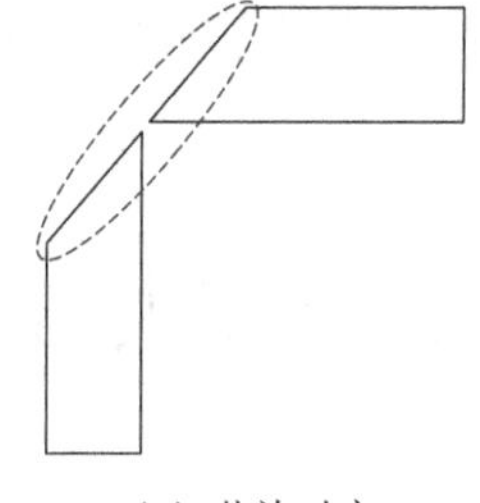

(b) 共边对齐2

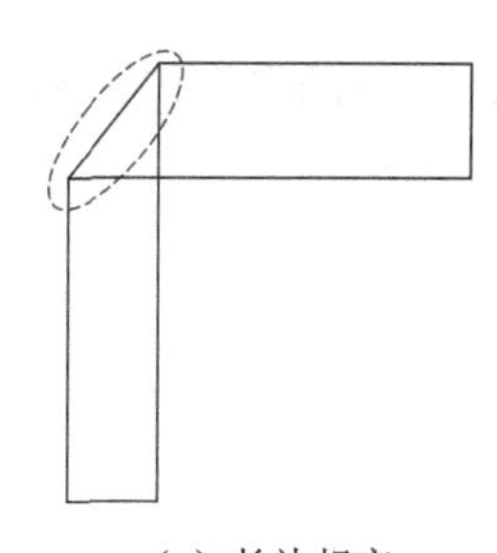

(c) 长边相交

图 7.10　邻接矩形的共边对齐和长边相交

当一条边包含或覆盖另一条边时，由 4 个顶点构成的向量应符合以下约束：

$$\begin{cases} \overrightarrow{I_1J_1} \cdot \overrightarrow{I_2J_2} \leqslant 0 \\ \overrightarrow{I_1J_2} \cdot \overrightarrow{I_2J_1} \leqslant 0 \end{cases} \tag{7.5}$$

（3）长边相交。如果两个接触边都是短边，即使共边满足共线和对齐约束，其顶点所在长边仍然会存在相交的情况，如图 7.10（c）所示。因此，引入一个约束来避免长边相交。

如图 7.11 所示，对于两条非平行的线段 AB 和 CD，线段的 4 个端点中的 3 个可组合成 4 个三角形，两个线段的相交与否决定了 4 个三角形的面积大小：

$$\begin{cases} \prod_{i=1}^{4}\left(S_i - \sum_{j \neq i}^{4} S_j\right) > 0, \text{两者相交} \\ \prod_{i=1}^{4}\left(S_i - \sum_{j \neq i}^{4} S_j\right) = 0, \text{其余情况} \end{cases} \tag{7.6}$$

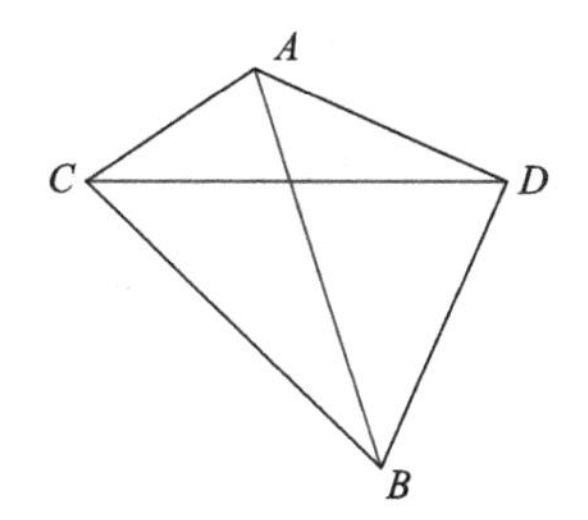

(a) AB 与 CD 相交（intersect）
$S_{\triangle ABD}+S_{\triangle ABC}=S_{\triangle ACD}+S_{\triangle BCD}$

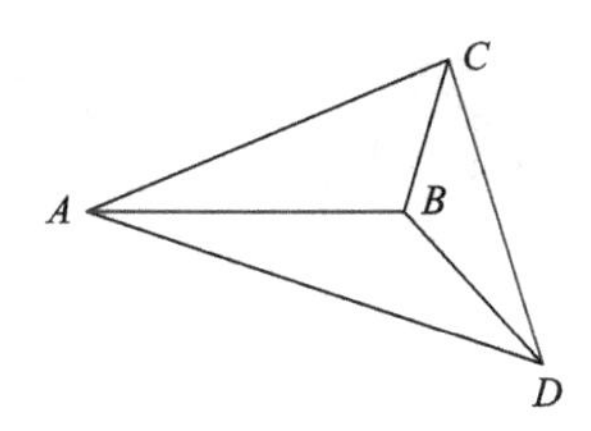

(b) AB 与 CD 相离（disjoint）
$S_{\triangle ACD}=S_{\triangle ABD}+S_{\triangle ABC}+S_{\triangle BCD}$

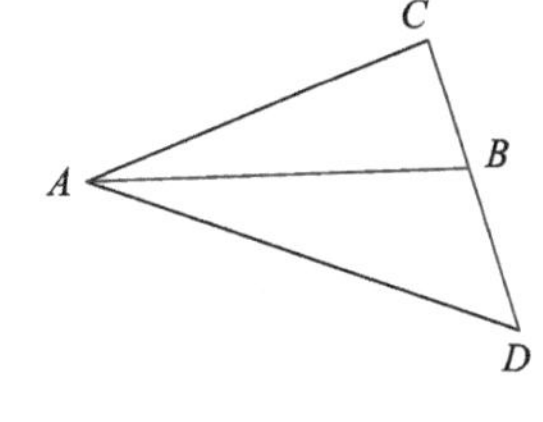

(c) AB 与 CD 相接（touch）
$S_{\triangle ACD}=S_{\triangle ABD}+S_{\triangle ABC}$

图 7.11　两边不相交判断条件

因此，长边不相交的约束可表示为

$$\prod_{i=1}^{4}\left(S_i - \sum_{j \neq i}^{4} S_j\right) \leqslant 0 \tag{7.7}$$

为了进一步减少求解时间，将式（7.6）中的等式放宽为式（7.7）中的不等式。此外，式（7.7）使用调整后的矩形坐标进行计算，因此该约束可以避免移动量 δ_i 不合适导致长边相交的情况发生。

7.3.3　房间提取与模型生成

边界要素优化后，用平面图图像所对应的矩形减去边界要素，再去除外部轮廓所对应的矩形，剩下的多边形即为房间的分割结果。同时，在给定的高度设置下，通过挤压生成最终的三维模型。

7.4 实验与分析

7.4.1 实验设置

1. 实验数据集

为了评估本章提出的方法，并将性能与现有方法进行比较，在 CVC-FP 数据集上进行实验。该数据集由 122 幅平面图图像组成，分为 4 种样式：BlackSet、TexturedSet、Textured2Set 和 ParallelSet，数据集的图像分辨率为 1098 像素×905 像素～7383 像素×5671 像素，具体如图 7.12 所示。

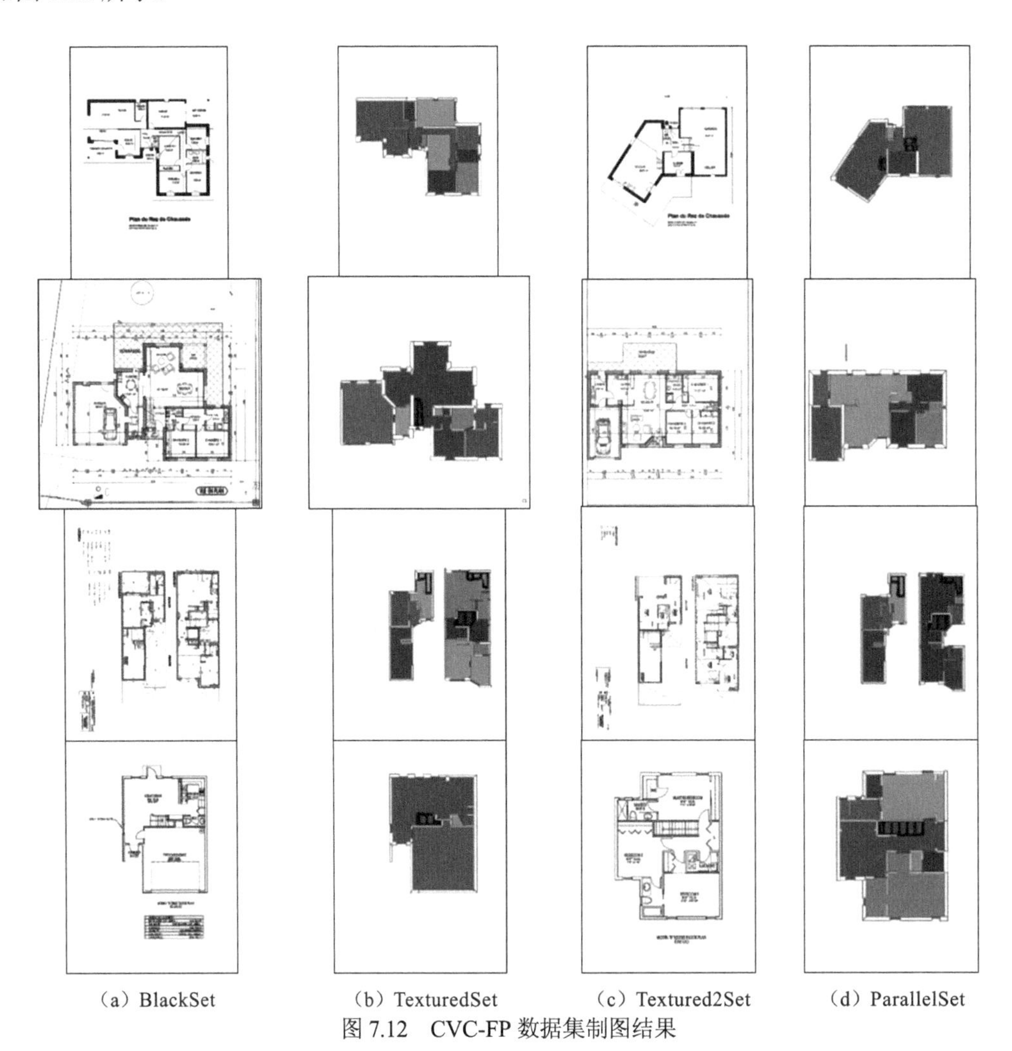

（a）BlackSet （b）TexturedSet （c）Textured2Set （d）ParallelSet

图 7.12 CVC-FP 数据集制图结果

实验从平面图图像中识别 5 类建筑物要素，包括墙体、门、窗、车库门和楼梯。为了将墙检测为矩形实例，按照 7.3.1 小节所述的方法将连续的墙体手动裁剪为矩形。在 Mask R-CNN 的训练中，将所有不同分辨率的平面图均缩放到宽为 512 像素、长宽比与原图保持一致的图像。在 0～360° 按照 45° 的角度间隔旋转原图，以实现旋转增强。在评价学习模型表现上，在 CVC-FP 数据集上开展了五折交叉验证，本节所有的 CVC-FP 数据集指标均是五折交叉验证后的平均结果。

2. 建筑物要素矢量化

采用 Mask R-CNN 的官方开源代码实现实例分割。为了检测更多不同尺度和长宽比的墙体，对 7.3.1 小节中建议的尺寸和长宽比进行调整。具体来说，将像素尺寸扩展为{{4^2, 8^2, 16^2}, 32^2, 64^2, 128^2, {256^2, 512^2}}，并将默认的长宽比扩展为{1:32, 1:8, 1:2, 1:1, 2:1, 8:1, 32:1}，用于 7.4.3 小节输出结果。在 NVIDIA 的 Tesla P40 GPU 上训练 Mask R-CNN 模型。其他设置如初始学习率和参数初始化，都近似于 Mask R-CNN 的默认设置，可以在配置文件中找到。

3. 拓扑一致性优化

采用 Lingo Software 求解拓扑一致性优化模型。按照 7.3.2 小节所述的方法生成优化模型作为 Lingo 模型，使用 Lingo 求解器来求解模型。

7.4.2 评价指标

由于建筑物要素和空间要素的映射和建模要求不同，对它们使用不同的评价指标进行评价。

对于所有建筑物要素（即墙壁、开口和楼梯），结果的评价指标主要为精度（precision）和召回率（recall）。一般而言，正确检测的要素和对应的要素真值具有较高的叠置面积，因此，当检测的要素与某个对应类型真值的重叠度高于一定阈值时，被判定为检测正确。本节将 IoU 的阈值设置为 0.5。

对于空间要素（即房间），采用 De las Heras 等[7]研究中使用的指标，将本章方法得到的结果与其进行比较。此外，将一对一检测的结果作为正确结果来计算精度和召回率，实现更严格的评估。一对一检测的是根据式（7.8）计算进行判定：

$$\text{Match\_Score}(i,j)=\frac{\text{area}(d_i \cap g_j)}{\max\{\text{area}(d_i),\text{area}(g_j)\}} \tag{7.8}$$

式中：d_i 为第 i 个检测房间；g_j 为第 j 个真值房间。当 d_i 和 g_j 的叠置面积超过一定比例，且检测房间和其他真值房间的叠置面积小于一定阈值，真值房间与其他检测房间的叠置面积小于一定阈值时，d_i 为正确检测的房间。房间检测精度的计算是一对一检测的结果对应于预测房间的比值，而房间召回率则是一对一检测结果对应于房间真值的比值。将接受阈值和拒绝阈值分别设置为 0.5 和 0.1，与 De las Heras 等[7]的设置相同。

7.4.3 实验结果

CVC-FP 的 4 个子数据集上的二维制图结果实例如图 7.12 所示。本章方法有效地提取室内空间的边界要素和空间要素，且在墙体的处理上，能够根据墙体朝向的差异及厚度的差异进行分段。与单纯使用实例分割方法[7-11]相比，本章方法输出的墙壁实例保留了拓扑一致性，以便于后续应用对墙体进行拓扑一致性编辑，如移动或者删除某一段内墙等。本章方法可以检测倾斜的墙壁和开口，而 Liu 等[28]只能检测 x 或 y 方向的墙和开口。此外，本章方法的墙实例结果也考虑了 Liu 等[28]忽略的墙体厚度。如图 7.13 所示，本章方法的结果检测到了 Liu 等[28]未检测到的倾斜的墙体。Liu 等[28]结果中的墙壁被分割为段且忽略了墙壁的厚度，而本章方法输出的墙体是具有厚度的多边形。

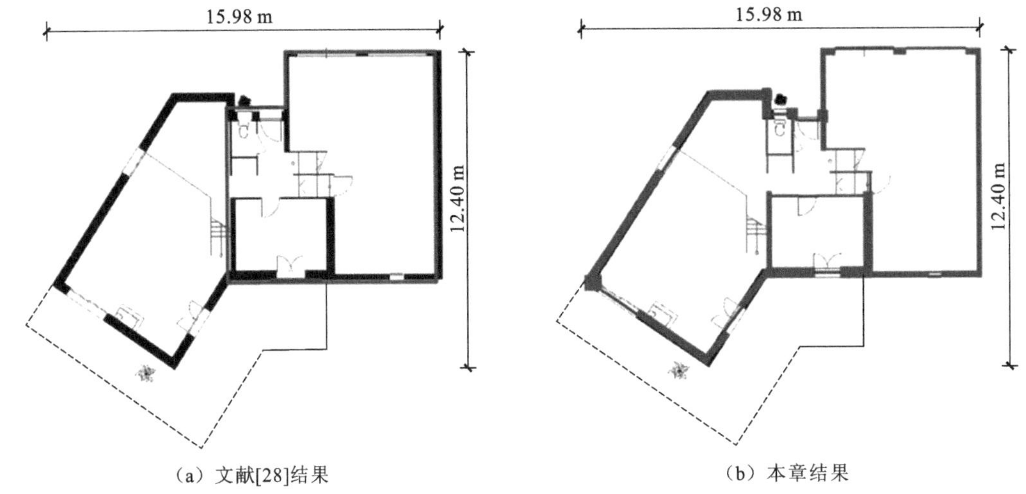

（a）文献[28]结果　　（b）本章结果

图 7.13　边界要素检测结果对比

CVC-FP 数据集上的实验结果评估指标如表 7.2 所示，房间、出入口和楼梯要素均达到了较高的精度和召回率。虽然 De las Heras 等[7]的方法在平面图图像解析中获得了很高的墙体交并比，但是与其相比，本章方法在一对一检测下房间精度提高了 24.8%。如表 7.2 所示，本章方法可以从房间提取结果，并能够剔除室外空间，更为准确地构建房间闭环。

表 7.2　室内制图结果评价与对比

方法	设置		房间		出入口		楼梯		墙体		
	旋转增强	拓扑优化	精度/%	召回率/%	精度/%	召回率/%	精度/%	召回率/%	精度/%	召回率/%	交并比/%
文献[7]	—	—	49.6	—	—	—	—	—	—	—	93.0
本章方法	×	×	7.8	22.5	91.4	94.5	96.7	100.0	41.3	68.8	62.3
	×	√	21.3	45.2	91.4	94.5	96.7	100.0	41.3	68.8	62.3
	√	×	57.5	78.9	96.9	91.9	93.9	94.0	65.3	64.8	79.4

空间要素剖分的结果对比如图 7.14 所示。本章方法在墙体的精度与召回率指标仍有提升空间，在交并比上与 De las Heras 等[7]的结果存在一定差距，主要原因为：①本章方法无法有效检测到转角处等位置产生的过于细碎的墙体实例，从而导致墙体的精度与召回率

不高；②旋转增强环节虽然提升了小宽度墙体的检测率，但也使检测的墙体稍有增厚，从而导致交并比不高。虽然这两个原因降低了墙体的检测精度，但它们对房间检测没有任何负面影响：前者能够在一致性拓扑优化环节进行修复，确保邻接墙体的共线关系；后者则不影响墙体与出入口等边界要素构成房间闭环。

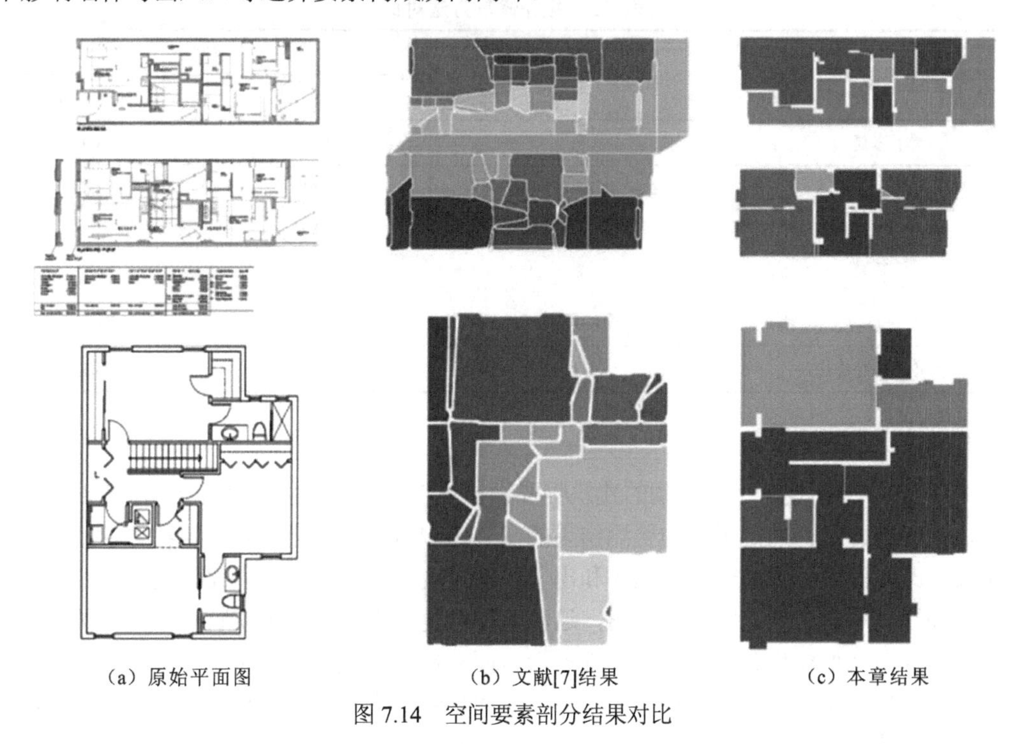

（a）原始平面图　　（b）文献[7]结果　　（c）本章结果

图 7.14　空间要素剖分结果对比

7.4.4　消融实验和参数设置讨论

进行旋转增强和拓扑优化的消融实验，并分析一些关键参数的设置，分析和结果如下。

1. 旋转增强

如表 7.2 所示，旋转增强显著提高了对墙体和房间的检测精度，使墙体的交并比提高了 17.1%。因此，无论是否进行拓扑优化，房间的精度和召回率都将得到可观的提高。如 7.3.1 小节所述，旋转增强是 Mask R-CNN 检测狭长墙体的关键步骤。Mask R-CNN 很难检测到厚度较小的水平和垂直墙体，但是经过旋转，这些狭长墙体的边界框就会变大，Mask R-CNN 对其检测就变得更加容易。

2. 一致性拓扑优化

如表 7.2 所示，一致的拓扑优化在无旋转增强的情况下将房间精度提高了 13.5%，而在有旋转增强的情况下提高了 16.9%。这种改进主要是因为通过优化消除了相邻建筑物要素之间的间隙，从而使识别的边界要素能够正确构建房间闭环。此外，优化前间隙和重叠的数量总和平均为每个平面图 26.3，优化后为 6.1，优化修复了 76.8%的拓扑不一致情况。

此外，由于对边界要素进行缓冲操作也可以消除间隙，对这两种拓扑修复方法进行对比，结果如表 7.3 所示。基于缓冲分析的拓扑修复在缓冲距离设置为 3 像素时达到的最高的房间提取精度与召回率。此外，一致性拓扑优化在房间精度上优于缓冲分析的最优结果，且一致性拓扑优化的拓扑修复结果更为稳定。

表 7.3　拓扑修复方法对比

拓扑修复方法	缓冲距离/像素	房间	
		精度/%	召回率/%
不修复	—	57.5	78.9
缓冲分析	1	68.0	82.8
	3	71.4	83.0
	5	63.0	72.4
	10	37.7	37.6
一致性拓扑优化	—	74.4	73.3

3. 交并比阈值分析

如 7.4.2 小节所述，当检测到的建筑物要素样本与真值之间的交并比大于 0.5 时，认为该样本被正确检测。判定正确的检测结果的交并比阈值不同时会导致建筑物要素精度和召回率发生改变。如表 7.4 所示，墙体和出入口的精度和召回率对交并比阈值敏感，而楼梯的精度和召回率对交并比阈值不敏感，这种差异与建筑物要素的形状特点密切相关。墙壁和一些出入口（如窗户和车库门）呈细条形，而楼梯则呈正方形或宽条形，这意味着前者比后者的结构紧凑，并且具有更长的边界，从而导致语义分割难以获得较高的交并比，原因在于外部边界的分割置信度低于内部边界的分割置信度，并且生成的边界更加复杂。检测到的墙体交并比较低，也可将其视为正确检测，并且通过一致性拓扑优化来修复。因此，将交并比阈值设置为 0.5 以确定正确的检测结果，实现几何质量和实际检测的建筑物要素数量间的平衡。

表 7.4　不同的交并比阈值下建筑物要素的精度和召回率

旋转增强	交并比阈值	墙体		出入口		楼梯	
		精度/%	召回率/%	精度/%	召回率/%	精度/%	召回率/%
×	0.3	52.4	87.2	93.1	96.5	96.7	100.0
	0.5	41.3	68.8	91.4	94.5	96.7	100.0
	0.7	17.3	28.0	66.5	68.3	94.4	97.8
√	0.3	79.3	84.7	98.6	94.4	96.9	98.3
	0.5	65.3	64.8	96.9	91.9	93.9	94.0
	0.7	36.2	24.8	76.8	65.3	90.3	90.8

4. 备选边界框的给定尺寸与长宽比

实验发现，Mask R-CNN 模型中生成边界框的尺寸和长宽比会在较大程度上影响平面图的墙体与房间提取结果。为了分析具体影响，测试各种尺寸和长宽比设置，如表 7.5 所示。默认的边界框生成尺寸与长宽比在CVC-FP数据集的墙体和房间上的效果较差，因为这些设置主要适用于自然图像中的实例，并不适用于检测非常薄或很长的墙壁。因此，在实验中将ResNet的res2块卷积修改为空洞卷积，将Mask R-CNN默认的尺寸与长宽比进行扩展，将尺寸从原先的{32^2 ,64^2 ,128^2, 256^2, 512^2 }扩展到{{4^2, 8^2, 16^2},32^2, 64^2, 128^2, {256^2, 512^2}}，将长宽比从{1:2, 1:1, 2:1}扩展到{1:32, 1:8, 1:2, 1:1, 2:1,8:1,32:1}。小尺寸的扩展可大幅提高房间精度并小幅提高墙体交并比。小尺寸的设置对检测细墙和短墙至关重要，检测失败很容易导致无法精准地构建房间闭环。

表 7.5　网络设置对房间和墙体结果的影响

网络设置			房间		墙体		
空洞卷积	扩展尺寸	扩展长宽比	精度/%	召回率/%	精度/%	召回率/%	交并比/%
√	√	√	75.6	82.5	65.3	64.8	79.4
×	√	√	77.1	57.9	69.1	60.8	79.8
√	√	×	76.6	59.0	67.5	63.0	80.2
√	×	√	52.0	51.9	42.7	72.1	73.5

5. 邻接检测阈值

在对邻接矩形进行拓扑优化时，需要首先确定邻接的边界要素：沿着边界要素矩形的长边方向延长矩形，延长后若相交则为邻接。表7.6所示为边界要素邻接阈值对房间结果的影响。最佳的延长距离需要可以检测到相邻的矩形，且不会误检测到附近不相邻的矩形。在本节实验中，默认的延长距离为15像素。

表 7.6　边界要素邻接阈值对房间结果的影响

阈值/像素	房间	
	精度/%	召回率/%
5	70.4	74.2
10	73.6	74.8
15	**74.4**	**73.3**

7.4.5　计算成本分析

表7.7总结了不同处理阶段每幅图像的平均处理时间。Mask R-CNN使用的是NVIDIA的Tesla P40 GPU进行模型训练，而其他步骤使用8 CPU（2.6 GHz）和8 GB RAM进行处理。下面详细分析步骤的时间成本。

（1）实例分割。使用Mask R-CNN对平面图图像进行实例分割处理，它的时间复杂度与输入图像的大小及模型体系结构有关。在本节实验中，所有输入图像均缩放为宽512像素。关于模型架构，如7.4.4小节所述，本章扩展了默认的边界框尺寸和长宽比以检测到更多的短墙和细墙，从而增加了计算时间。如表7.7所示，在没有对边界框尺寸和长宽比进行扩展的情况下，实例分割大约需要0.128 s。但是，将默认尺寸扩展为{{4^2, 8^2, 16^2}, 32^2,64^2,

$128^2, \{256^2, 512^2\}\}$时，需要多花费 0.038 s。

表 7.7　不同阶段每张图像的平均处理时间

项目	第一阶段			第二阶段		总时间/s
	实例分割	矩形估计	旋转增强	共边检测	拓扑优化	
时间/s	0.128	0.683	3.603	0.844	60.010	65.268
百分比/%	0.20	1.05	5.52	1.29	91.94	100

（2）矩形估计。对于墙体的矩形估计，时间复杂度近似为$\mathrm{O}\left(\sum_{i=1}^{n_{\mathrm{w}}}(A_i + B_i + P_i + A_i \cdot \log_2 A_i)\right)$，其中：$n_{\mathrm{w}}$为检测到的墙体数量；$A_i$和$P_i$分别为第$i$个分割掩膜的面积和周长；$B_i$为第$i$个边界框的面积。对于出入口的矩形估计，处理时间与$n_{\mathrm{w}}$及出入口与墙体间相交区域的周长成正比。

（3）旋转增强。将每个图像按照 45° 的角度间隔，从 45° 旋转到 315° 时，实例分割和墙体矩形估计总共执行了 8 次，进而执行重复墙体合并，导致整个实验的执行时间增加了 3.63 s。

（4）共边检测。如 7.3.1 小节所述，首先检测相邻的矩形对。检测邻接矩形的时间复杂度近似为 $\mathrm{O}(n^2)$，其中 n 是墙体实例的数量。相邻矩形的共边检测时间复杂度为 O(1)。

（5）拓扑优化。该过程的处理时间与邻接矩形对的位置关系和数量有关。T 形、L 形和 I 形的邻接矩形需要满足不同数量的约束，所需计算时间也不同。求解 T 形或 I 形的优化模型需要 0.5～0.6 s，而求解 L 形邻接矩形的优化模型大约需要 3 s。在 CVC-FP 数据集中，这三个形状的数量比约为 L:T:I = 0.26:0.41:0.33。

需要注意的是，上面提到的计算成本分析是在未进行速度优化的基础上进行的，但是本章方法中的许多过程都是依次执行的，因此可以轻松地用并行算法进行处理，即本节中各步骤的计算时间尤其是拓扑优化可以通过多进程处理来进一步缩减。

虽然与近期几种相关的方法相比，本章方法的计算成本更高，但是时间的增加能够生成更高质量的地图。例如，Dodge 等[11]仅通过语义分割实现平面图图像解析，实验证明处理一张平面图图像大约需要 0.13 s，但是该方法并没有进行矢量化或拓扑优化处理。De las Heras 等[7]不仅分割了平面图图像，还对分割后的图像进行了后处理，以识别并矢量化建筑物要素和空间结构，但是，该方法后处理依赖一些搜索过程和顺序步骤，需要一定的时间进行计算。Liu 等[28]虽然仅需几秒即可将平面图图像解析为地图，但是该方法输出中边界要素非常简单且具有一定限制，因为该方法忽略了墙体的厚度，也无法检测倾斜的边界要素。

7.5　总结与展望

本章基于平面图图像提出了一种新的两阶段方法进行室内制图与建模。第一阶段，基于实例分割对平面图图像中的建筑物要素进行矢量化，对边界要素的分割掩膜进行矩形估计，并引入旋转增强，以提高细墙的检测召回率。与基于类别级别对建筑物要素进行分割的常规方法不同，本章的分割方法在实例级别执行，并且将要素简化为矩形从而有效降低形状复杂度。第二阶段，优化模型通过调整邻接边界要素的顶点坐标实现拓扑冲突的修复，使边界要素可以更完整地构建室内空间要素的闭环，大大提高房间的检测精度，满足室内位置服务的需求。

尽管本章方法在矩形墙体检测和房间提取上表现良好，但仍有需要进一步改进的地方。尽管弯曲墙在平面图中很少见，例如在 CVC-FP 数据集中弯曲墙体只出现了一次，但将来仍然需要进一步改进方法使其可以更好地处理弯曲墙体，以获得质量更高的室内地图。改进方法可以参考 De las Heras 等[7]的方法，增加边界要素检测框长边的顶点数量，使检测框可以提取弯曲形状的建筑物要素。此外，本章方法还可以进行进一步扩展以检测更高级别的房间语义，如房间使用情况[35]，以及时更新地图和模型。由于平面图无法提供足够的视觉线索来获取房间的语义和变化信息，可进一步收集并研究其他信息，例如来自社交媒体的现场照片或相关研究者提供的图片，以获取房间的语义和变化信息。

参 考 文 献

[1] Ahmed S, Liwicki M, Weber M, et al. Improved automatic analysis of architectural floor plans[C]//International Conference on Document Analysis and Recognition, Beijing, China, 2011: 864-869.

[2] Ahmed S, Weber M, Liwicki M, et al. Text/graphics segmentation in architectural floor plans[C]//International Conference on Document Analysis and Recognition, Beijing, China, 2011: 734-738.

[3] Bai M, Urtasun R. Deep watershed transform for instance segmentation[C]//IEEE Conference on Computer Vision and Pattern Recognition, Honolulu, USA 2017: 5221-5229.

[4] Becker T, Nagel C, Kolbe T H. A multilayered space-event model for navigation in indoor spaces[J]. 3D Geo-Information Sciences, 2009: 61-77.

[5] Boysen M, de Haas C, Lu H, et al. Constructing indoor navigation systems from digital building information[C]//IEEE 30th International Conference on Data Engineering, Chicago, USA, 2014: 1194-1197.

[6] Dai J, He K, Sun J. Instance-aware semantic segmentation via multi-task network cascades[C]//IEEE Conference on Computer Vision and Pattern Recognition, Las Vegas, USA, 2016: 3150-3158.

[7] De las Heras L P, Mas J, Valveny E. Wall patch-based segmentation in architectural floorplans[C]//International Conference on Document Analysis and Recognition, Beijing, China, 2011: 1270-1274.

[8] De las Heras L P, Mas J, Sánchez G, et al. Notation-invariant patch-based wall detector in architectural floor plans[C]//International Workshop on Graphics Recognition, Seoul, South Korea, 2011: 79-88.

[9] De las Heras L P, Ahmed S, Liwicki M, et al. Statistical segmentation and structural recognition for floor plan interpretation[J]. International Journal on Document Analysis and Recognition, 2014, 17(3): 221-237.

[10] De las Heras L P, Terrades O R, Robles S, et al. CVC-FP and SGT: A new database for structural floor plan analysis and its groundtruthing tool[J]. International Journal on Document Analysis and Recognition, 2015, 18(1): 15-30.

[11] Dodge S, Xu J, Stenger B. Parsing floor plan images[C]// 15th IAPR International Conference on Machine Vision Applications, Nagoya, Japan, 2017: 358-361.

[12] Dosch P, Masini G. Reconstruction of the 3D structure of a building from the 2D drawings of its floors[C]//5th International Conference on Document Analysis and Recognition, Seattle, USA, 1999: 487-490.

[13] Dosch P, Tombre K, Ah-Soon C, et al. A complete system for the analysis of architectural drawings[J]. International Journal on Document Analysis and Recognition, 2000, 3(2): 102-116.

[14] Fadli F, Kutty N, Wang Z, et al. Extending indoor open street mapping environments to navigable 3D citygml building models: Emergency response assessment[J]. International Archives of the Photogrammetry, Remote Sensing & Spatial Information Sciences, 2018, 4: 161.

[15] Gimenez L, Robert S, Suard F, et al. Automatic reconstruction of 3D building models from scanned 2D floor plans[J]. Automation in Construction, 2016, 63: 48-56.

[16] Goetz M. Towards generating highly detailed 3D CityGML models from OpenStreetMap[J]. International Journal of Geographical Information Science, 2013, 27(5): 845-865.

[17] Goodfellow I, Bengio Y, Courville A. Deep learning[M]. Cambridge: MIT Press, 2016.

[18] Gu F, Hu X, Ramezani M, et al. Indoor localization improved by spatial context: A survey[J]. ACM Computing Surveys, 2019, 52(3): 1-35.

[19] He K, Gkioxari G, Dollár P, et al. Mask r-cnn[C]//IEEE International Conference on Computer Vision, Venice, Italy, 2017: 2961-2969.

[20] He K, Zhang X, Ren S, et al. Deep residual learning for image recognition[C]//IEEE Conference on Computer Vision and Pattern Recognition, Las Vegas, USA, 2016: 770-778.

[21] Hu X, Fan H, Noskov A, et al. Feasibility of using grammars to infer room semantics[J]. Remote Sensing, 2019, 11(13): 1535.

[22] Lee J, Li K J, Zlatanova S, et al. OGC Indoor geography markup language (IndoorGML) encoding standard[R]. Open Geospatial Consortium, 2014.

[23] Kirillov A, Levinkov E, Andres B, et al. Instancecut: From edges to instances with multicut[C]//IEEE Conference on Computer Vision and Pattern Recognition, Honolulu, USA, 2017: 5008-5017.

[24] Li H, Lu H, Shou L, et al. Finding most popular indoor semantic locations using uncertain mobility data[J]. IEEE Transactions on Knowledge and Data Engineering, 2018, 31(11): 2108-2123.

[25] Li Y, Qi H, Dai J, et al. Fully convolutional instance-aware semantic segmentation[C]// IEEE Conference on Computer Vision and Pattern Recognition, Honolulu, USA, 2017: 2359-2367.

[26] Lin T Y, Dollár P, Girshick R, et al. Feature pyramid networks for object detection[C]// IEEE Conference on Computer Vision and Pattern Recognition, Honolulu, USA, 2017: 2117-2125.

[27] Lingo. Optimization modeling software for linear, nonlinear, and integer programming[EB/OL] https: // www. lingo. com/ index. php/products/ lingo-and- optimizationmodeling, [2019-2-12].

[28] Liu C, Wu J, Kohli P, et al. Raster-to-vector: Revisiting floorplan transformation[C]//IEEE International Conference on Computer Vision, Honolulu, USA, 2017: 2195-2203.

[29] Liu Y, Jin L, Zhang S, et al. Detecting curve text in the wild: New dataset and new solution[J]. arXiv: 1712. 02170, 2017.

[30] Long J, Shelhamer E, Darrell T. Fully convolutional networks for semantic segmentation[C]//IEEE Conference on Computer Vision and Pattern Recognition, Boston, USA, 2015: 3431-3440.

[31] Macé S, Locteau H, Valveny E, et al. A system to detect rooms in architectural floor plan images[C]//9th IAPR International Workshop on Document Analysis Systems, New York, USA, 2010: 167-174.

[32] Peter M, Becker S, Fritsch D. Grammar supported indoor mapping[C]//26th International Cartographic

Conference, Dresden, Germany, 2013: 1-18.

[33] Pinheiro P O, Collobert R, Dollár P. Learning to segment object candidates[J]. Advances in Neural Information Processing Systems, 2015, 28: 12-18.

[34] Ren S, He K, Girshick R, et al. Faster R-CNN: Towards real-time object detection with region proposal networks[J]. Advances in Neural Information Processing Systems, 2015, 28: 128-135.

[35] Rosser J F, Smith G, Morley J G. Data-driven estimation of building interior plans[J]. International Journal of Geographical Information Science, 2017, 31(8): 1652-1674.

[36] Taneja S, Akinci B, Garrett J H, et al. Effects of positioning data quality and navigation models on map-matching of indoor positioning data[J]. Journal of Computing in Civil Engineering, 2016, 30(1): 04014113.

[37] Tashakkori H, Rajabifard A, Kalantari M. A new 3D indoor/outdoor spatial model for indoor emergency response facilitation[J]. Building and Environment, 2015, 89: 170-182.

[38] Yang B, Lu H, Jensen C S. Probabilistic threshold k nearest neighbor queries over moving objects in symbolic indoor space[C]//13th International Conference on Extending Database Technology, Lausanne, Switzerland, 2010: 335-346.

[39] Yang L, Worboys M. Generation of navigation graphs for indoor space[J]. International Journal of Geographical Information Science, 2015, 29(10): 1737-1756.

[40] Yin X, Wonka P, Razdan A. Generating 3D building models from architectural drawings: A survey[J]. IEEE Computer Graphics and Applications, 2008, 29(1): 20-30.

[41] Zlatanova S, Sithole G, Nakagawa M, et al. Problems in indoor mapping and modelling[J]. The International Archives of the Photogrammetry, Remote Sensing and Spatial Information Sciences, 2013, 40: 63-68.

第 8 章　自优化建筑物平面图图像解析方法

利用机器学习、深度学习等人工智能方法进行建筑物平面图图像中的信息提取，是地理信息科学和计算机视觉领域的一个新兴的研究热点。本章提出一种结合经典图形模板与深度学习优点的方法。具体而言，该方法是引入一个形态学模板，可用于优化拓扑关系、增强完整性和抑制冲突。此外，本章将房间分割任务与传统管道分离，提出一种自适应学习策略，根据当前评估调整超参数。在实验中，本章方法在 CVC-FP 和 R2V 数据集基准测试上分别优于其他的方法 5%和 9%以上。本章的方法还输出具有一致拓扑结构的实例分离墙，从而可以直接应用于工业基础类（IFC）或城市地理标记语言（CityGML）。

8.1　概　　述

室内制图与建模（IMM）的发展为许多应用提供了基于室内位置的服务[1]，例如，通过室内制图与建模获取的建筑物内部地形可以丰富室内系统或者为室内导航[2,3]和室内位置服务[4]提供地图。此外，建筑物边界、网络、网格模型和地标可以显著提高基于地图匹配的室内定位精度[5,6]。室内拓扑规则还可以用于分析室内移动性，例如移动对象查询[7]和热门地点挖掘[8]。同时，室内制图与建模对建筑物应急估计[9]和响应促进[10]而言是必不可少的。室内制图有传感器测量和平面图矢量化两种主要方法。虽然传感器测量方法可以通过免费地理信息数据推导出室内模型，并通过开放街区地图（OSM）[11]生成 CityGML 的第 4 细节层次（LoD4），但志愿者地理信息数据存在高噪声和高偏差，导致模型尤其是室内模型的质量无法保证。同时，传感设备过于昂贵，无法广泛应用。平面图矢量化方法是通过平面图生成室内地图。

建筑物平面图图示具有强制性，因此无须使用额外的设备来收集室内空间数据。此外平面图在承载场景的几何和语义信息方面非常重要。尽管专业工程师以矢量格式进行平面图设计，但为了方便消费者的阅读，平面图通常会被光栅化，便于印刷或数字媒体进行传播。这一过程丢失了平面图中所有结构化的几何和语义信息，限制了建模和模型重建等后处理。平面图的自动识别不仅是一项具有挑战性的任务，而且是一个长期存在的开放性问题：建筑物元素没有稳定的轮廓，尤其是墙壁在不同的建筑物中呈现任意形式，导致很难统一处理；在房间识别方面，同一纹理的绘图可能属于两种不同的类型，在极端情况下，房间区域可能没有显著的特征用于识别；平面图的拓扑结构极其复杂，各类元素间的连接与交叉较为错综复杂，导致很难将它们进行区分。

传统平面图解析方法是借助形态学方法完成的[12-15]，即利用启发式方法来定位图中的元素。传统平面图解析的流程从低层次的图像处理开始，根据特定图形通过手工制定的规则识别建筑物元素，然后利用建筑物元素通过几何和拓扑约束或文法将室内空间划分为多个扇区利用半自动模型进行房间识别[15]。其他早期方法也有通过识别布局中的元素图示

（如线、弧和轮廓）来定位墙壁、门和房间[16,17]。Gimenez 等[13]将平面图位图转换为矢量图形并生成三维模型。Ahmed 等[12]从图形中分离文本并摘录多种粗细的线条，其中从粗线条中提取墙壁，通过细线条获得符号；然后利用这些信息来定位其他元素。Macé等[14]使用启发式方法识别平面图，并根据检测到的元素生成三维建筑物模型。然而，这些方法通常需要大量的人工来设计适当的处理和提取规则，以适应不同的绘图风格或建筑物规律[18]。因此，找到一个解析具有高级语义和复杂场景的平面图的统一方法难度巨大。

近年来，基于学习的方法逐渐被应用于解析平面图[19-21]。它们有效地提高了通用性和性能，同时避免了传统解决方案所需的大量人工工作，典型的方法包括基于连接点[19]和基于分割的方法[21]。Dodge 等[22]使用全卷积网络（FCN）[23]检测墙壁像素，然后采用 Faster R-CNN[24]框架检测门、推拉门和厨房炉灶和浴缸。Chen 等[19]训练了一个深度神经网络来识别给定平面图图像中的连接点，然后使用整数规划来连接定位墙。由于曼哈顿假设，该方法只能处理与平面图图像的两个主轴对齐的墙，无法检测弯曲元素，不能概括具有不规则形成元素的布局。Yamasaki 等[25]通过训练全卷积网络对平面图中的像素进行多个类别分类，分类的像素形成图形模型，并被用来检索相似结构的房间。Zeng 等[21]使用语义分割范式，并以房间边界特征来指导房间类型预测。该方法实现了性能指标的改进，但可能无法准确表示细节，并且容易出现边界复杂现象。此外，该方法会在对具有相似纹理的房间进行分类时出现错误，因为它们的类型与周围的图案纹理无关。Wu 等[20]提出了一种用于解析平面图的两阶段方法。第一阶段基于 Mask R-CNN[26]对建筑物元素进行矢量化，第二阶段调整边界掩码的坐标。但是，该方法只能检测元素而不能区分房间类型。上述方法都将建筑物元素视为普通对象，而忽略了它们的结构属性。

基于学习的解析平面图的方法[19-21]取得了显著进展，但仍然存在一些局限性。虽然这些方法总体上已经达到了很高的准确率，但细节上的表现可能并不令人满意。特别是对于房间，在极端情况下与背景相比几乎没有明显的特征，而在处理复杂区域时往往会出现拖尾效应。此外，基于学习的解析平面图的方法往往只处理少量数据，而没有使用大量未标记的图像。

为了解决这些挑战，本章提出一种自优化模型，可逐步提高平面图解析的定性和定量性能。采取自优化模型进行方法改善的原因：①基于学习方法的解析平面图效果虽然有了明显的改进，但仅达到评估指标，仍然难以满足工业级要求，例如可能无法准确表示任意形状的元素或者相邻的墙壁可能未对齐；②经典的形态学方法虽然难以概括平面图的整体，但在处理局部区域的效果较好。本章引入自学习训练来利用大量未标记的样本，然后引入模板机制来优化元素及其关系，使伪样本几乎不包含冲突。具体来说，平面图中的主要组成部分包括墙壁、窗户、门和房间。之前的方法只是简单地使用分割原型来适应元素的角度或形状，并没有考虑它们的几何特征。本章将这些元素处理为矩形和扇形进而附加自然规则，可以通过对这些封闭单元进行区域增长直接获得房间，进而利用光学字符识别（optical character recognition，OCR）工具识别房间类型。这一过程可以让房间识别与整个流程完全解耦，在提高制图准确性的同时降低复杂性。使用本章方法解析的平面图示例如图 8.1 所示。

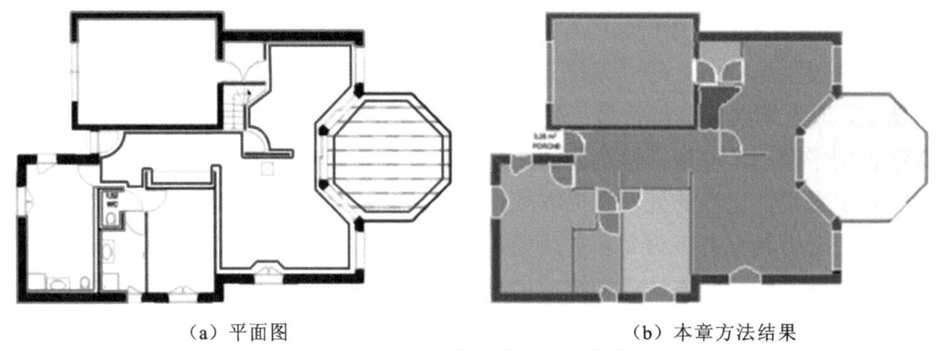
（a）平面图　　　　　　　　　　　　（b）本章方法结果

图 8.1　本章方法解析的平面图示例

8.2　研究方法

本章提出一种基于自我训练的解析平面图的新框架。与之前的方法[27-29]不同，本章的方法完全是端到端的，不需要手动干预。首先采用深度学习的实例分割算法 Mask R-CNN 对标记的数据进行训练，当模型收敛时，开始生成伪样本。然后，使用本章的模板从全局和局部角度优化伪样本。对于常规元素（如水平或垂直元素），直接使用它们的边界框坐标；对于不规则元素（如扇形门），将它们的边界框和二元掩码连接起来进行局部优化。此外，进一步引入约束方程来优化全局拓扑；元素的坐标是逐对细化的，这样每条边都可以对齐，间隙可以闭合。最后，提出一种自适应策略来动态控制训练过程，将形态学模板视为连接有监督和无监督训练的桥梁。本章方法框架图如图 8.2 所示，左边部分可以是任何实例分割模型，右边部分是提出的形态学模板，该模板有助于模型生成更高质量的伪样本，从而带来性能收益。

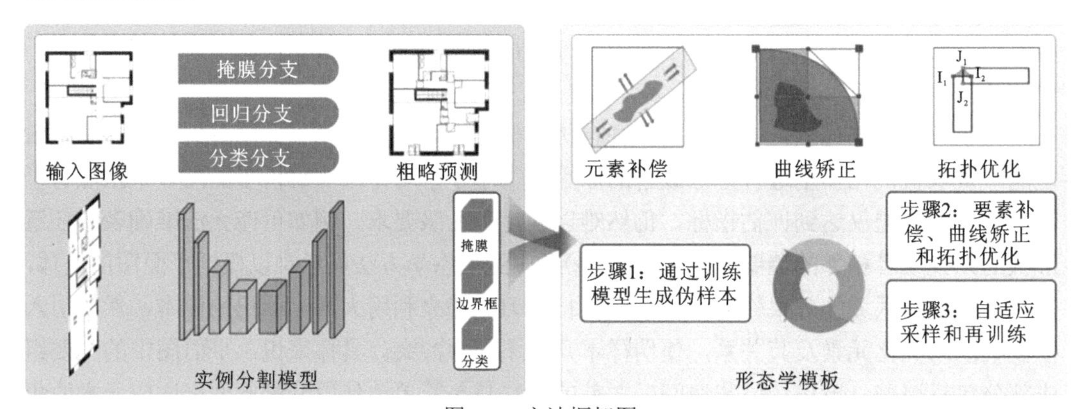

图 8.2　方法框架图

8.2.1　实例模型训练

使用一种用于解析平面图的两阶段方法[20]。第一阶段基于 Mask R-CNN[26]对建筑物元素进行矢量化。每个实例输出一个用于分类的标量、一个用于坐标回归的向量和一个用于分割的二值图。第二阶段调整边界掩码的坐标。模型训练的损失函数与 Wu 等[20]提出的类似，主要为分类误差、回归误差和分割误差的线性和：

$$
\begin{aligned}
\ell_s(x_s, p^*, t^*, m^*) &= \sum_b \ell_{s,b}(x_s, p_b^*, t_b^*, m_b^*) \\
&= \sum_b \left[\frac{\lambda_1}{N_{\text{cls}}} \sum_i \mathcal{L}_{\text{cls}}(p_i, p_{i,b}^*) \right. \\
&\quad + \frac{\lambda_2}{N_{\text{reg}}} \sum_i p_{i,b}^* \mathcal{L}_{\text{reg}}(t_i, t_b^*) \\
&\quad \left. + \frac{\lambda_3}{N_{\text{mask}}} \sum_i p_{i,b}^* \mathcal{L}_{\text{mask}}(m_i, m_b^*) \right]
\end{aligned} \tag{8.1}
$$

式中：ℓ_s 和 $\ell_{s,b}$ 为损失函数；$\mathcal{L}_{\text{cls}}$ 和 $\mathcal{L}_{\text{reg}}$ 分别为分类和回归损失；x_s 为输入的已标注图像；b 为真值边界框的索引，i 为锚点（anchor）的索引；p_i 为锚点为正样本的预测概率；t_i 为锚点的坐标值；p_b^* 为边界框预测概率；t_b^* 为预测的边界框坐标；$p_{i,b}^*$ 为表示边界框锚点的二进制符号；$\frac{\lambda_3}{N_{\text{mask}}} \sum_i p_{i,b}^* \mathcal{L}_{\text{mask}}(m_i, m_b^*)$ 用于计算二值掩码分支的损失，其中 m_b^* 和 m_i 分别为预测掩码和真值掩码。

8.2.2 形态学模板优化

理论上训练后的实例分割模型可以直接用于伪样本生成。但是这种直接从监督模型中生成伪样本的方法存在一定的问题：①输出的伪样本中存在各种拓扑冲突（元素间存在重叠或间隙），将导致边界元素不能正确地连接在一起；②不同于规则区域只需依赖回归分支，不规则区域需要借助掩膜分支来重新得到其原始形态，但是传送精确的实例分割信息比边界框坐标更具有挑战性，因此会有部分信息缺失；③伪样本的标签与真值标签在质量上相差甚远，即使在监督训练中，预测结果也只是满足评价指标的要求（交并比>0.5），将这样的预测结果作为伪样本进行下一步的训练可能会使模型产生错误的偏差。以上所述的问题无法用基于学习的方法解决，因此本小节提出一个形态学模板来优化伪样本，提高伪样本的质量。优化主要包括元素补偿、曲线校正和拓扑优化。

1. 元素补偿

在进行元素补偿之前，将建筑物元素分为规则元素和不规则元素两类。分类依据：如果一个元素的边界框与对应掩码之间的交并比值很大，则该元素被认为是规则的；否则，该元素就是不规则的，需要进行进一步的补偿处理。规则的元素组主要包括墙体和窗户，不规则的元素组主要包括弯曲的门和倾斜的墙，或一些不令人满意的元素。优化过程假设坐标回归分支比掩膜分割分支更可靠。因此，如果元素是规则元素（如水平或垂直元素），则首选回归。当元素是倾斜弯曲或参差不齐的（如弧形门），则必须借助掩膜分支进行处理。换言之，在元素类别属于墙体或者窗户时，该元素的原始形态近似于四边形，此时其边界框与二值掩膜之间的交并比大于阈值；但是当元素的边界框与二值掩膜之间的交并比小于阈值，属于非规则元素，需要通过元素补偿过程进行修复，如图 8.3 所示。

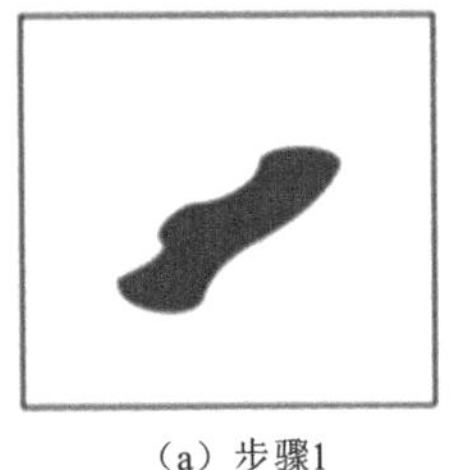
(a) 步骤1

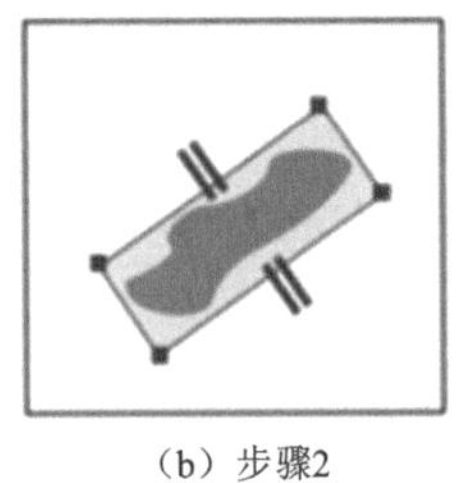
(b) 步骤2

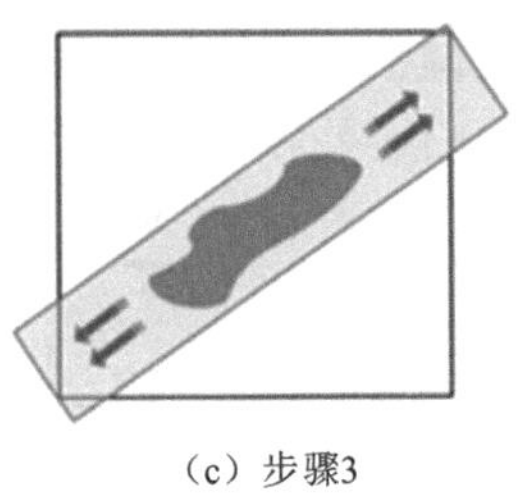
(c) 步骤3

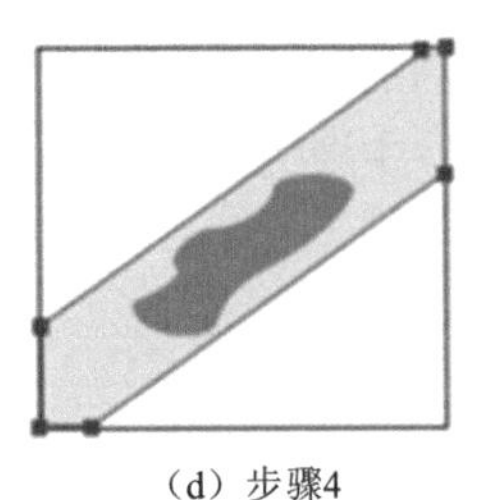
(d) 步骤4

图 8.3 元素补偿过程

具体元素补偿过程如下。

(1) 给定一个包含边界框和二进制掩码的实例，找到它在掩码周围的最小外接矩形。

(2) 对矩形的四条边进行标注，并计算四条边的长度，选取两条最长的边作为候选边。显而易见，两条长边是平行的，并代表了它们的方向。

(3) 沿着两条长边的方向对二值掩膜做扩张处理，直到与元素的边界框相交。

(4) 扩张后的掩膜区域减去其与边界框的相交区域，即可得到恢复后的元素。

2. 曲线校正

平面图图像中的弯曲元素（通常为门）多使用扇形来表示它们开启状态和关闭状态变化时经过的区域，因此有必要依赖掩膜分割分支来恢复其原始形态。这一元素多为两条直线和一条弧线构成的内部镂空扇形，根据这一特征可以轻松地形成令人满意的边界框，但是要做到精确地分割具有一定的挑战性。受 Liu[30]的启发，引入贝塞尔（Bezier）曲线进行曲线元素的参数化，从而借助元素的边界框与粗分割结果就可以恢复其原始形态。贝塞尔曲线可以表示为以 Bernstein 多项式[31]为基础的参数曲线 $c(t)$：

$$c(t)=\sum_{i=0}^{n}b_i B_{i,n}(t),\quad 0\leqslant t\leqslant 1 \tag{8.2}$$

式中：n 为自由度；b_i 为第 i 个控制点；$B_{i,n}(t)$为 Bernstein 基本多项式，可表示为

$$B_{i,n}(t)=\binom{n}{i}t^i(1-t)^{n-i},\quad i=0,\cdots,n \tag{8.3}$$

式中：$\binom{n}{i}$为二项式系数。

为了更好地用贝塞尔曲线来拟合门，对建筑物平面图中的门元素进行全面的观察，发现方形贝塞尔曲线足以拟合大多数曲线元素，具体方法如下。

(1) 给定元素的边界框和相应的二值掩膜，分别沿水平（B_l 和 B_r）和垂直（B_t 和 B_d）将其分为两组，如图 8.4 所示。其中 B 表示原始边界框，t、d、l、r 分别代表上、下、左、右 4 个方向。

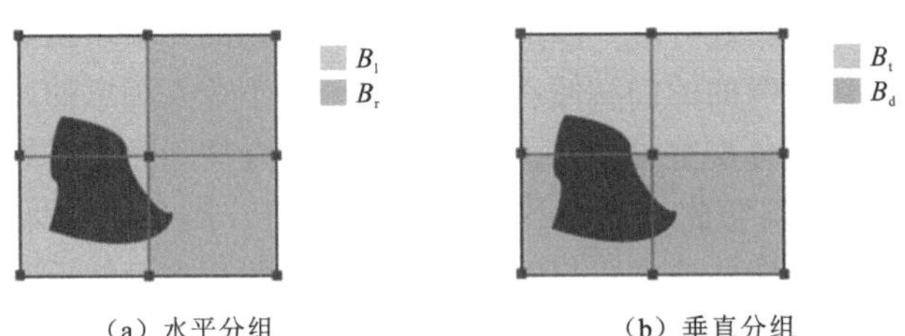

(a) 水平分组　　(b) 垂直分组

图 8.4 弯曲元素的二值掩膜与边界框分组结果

（2）将二值蒙版（图 8.4 中的深色区域）分别与这两组相结合，根据式（8.4）分别进行 IoU 值计算：

$$\mathrm{IoU}_{(\mathrm{t,d,l,r})} = \frac{\left|M \cap B_{(\mathrm{t,d,l,r})}\right|}{|B|} \tag{8.4}$$

式中：M 为二值掩膜。

基于这些 IoU 值，可以得到区域的类型，即图 8.4 中的左上、右上、左下和右下。如图 8.4 所示，$\mathrm{IoU_t}$ 小于 $\mathrm{IoU_d}$；$\mathrm{IoU_l}$ 大于 $\mathrm{IoU_r}$，因此该区域属于左下。

（3）使用元素边界框的坐标作为参考点（图 8.5 中的正方形点），利用方形贝塞尔曲线可以精确地拟合元素的曲线轮廓。

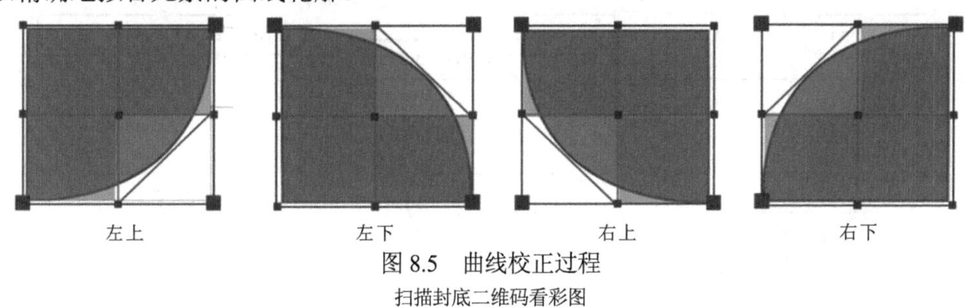

图 8.5　曲线校正过程

扫描封底二维码看彩图

3. 拓扑优化

前两个阶段主要对元素的局部形态进行优化，但建筑物元素之间可能仍然存在冲突（即相交或相邻建筑物元素之间存在间隙或重叠）。这种情况不仅会破坏元素间拓扑结构，而且会导致模型的性能降低。本小节根据建筑物元素的空间分布关系设计约束方程，对产生重叠或者缝隙的元素进行坐标的微调，直到消除元素间的冲突为止。根据观察发现，元素间的邻接关系大体上可以归纳为 5 类，分别为 I 形[图 8.6（a）]、T 形[图 8.6（b）]、L 形[图 8.6（c）]、X 形和 U 形。本小节的目标是通过成对地调整相邻元素，使它们闭合或对齐从而实现优化全局拓扑。

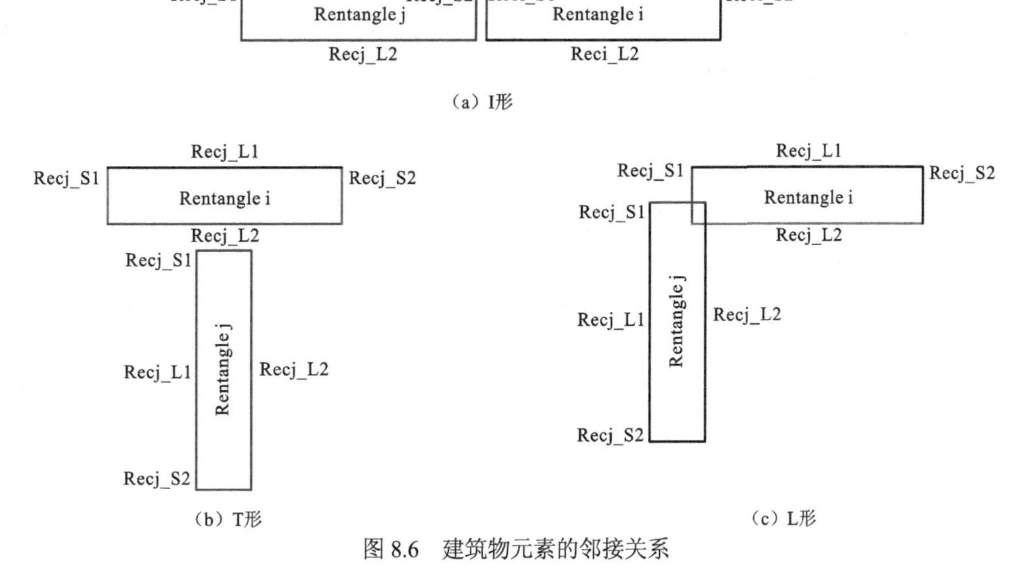

图 8.6　建筑物元素的邻接关系

在进行优化前需要先确定相邻的矩形，进而确定相邻矩形的相邻边（即邻接关系）。例如，有两个矩形 Rentangle i 和 Rentangle j，如图 8.7（a）所示，如果短边 I_{S1} 和 Recj 都在短边 Reci_S2 的某一侧，则将 Reci_S1 视为候选边。如果矩形 Rentangle i 的两个短边 Reci_S1、Reci_S2 同时变为候选边，则这两个短边被互相抵消。此时，矩形 Rentangle i 与矩形 Rentangle j 相邻的长边将被认为是候选边，如图 8.7（b）所示。经过上述检查后，如果矩形 Rentangle i 同时有一条短边和一条长边被视为候选边，如图 8.7（c）所示，则需要检查矩形 Rentangle i 的短边 Reci_S1 是否与另一个矩形 Rentangle j 相交。如果相交，就选择短边 Reci_S1 作为候选边；否则，另一个候选边 Reci_L2 将被作为候选边。

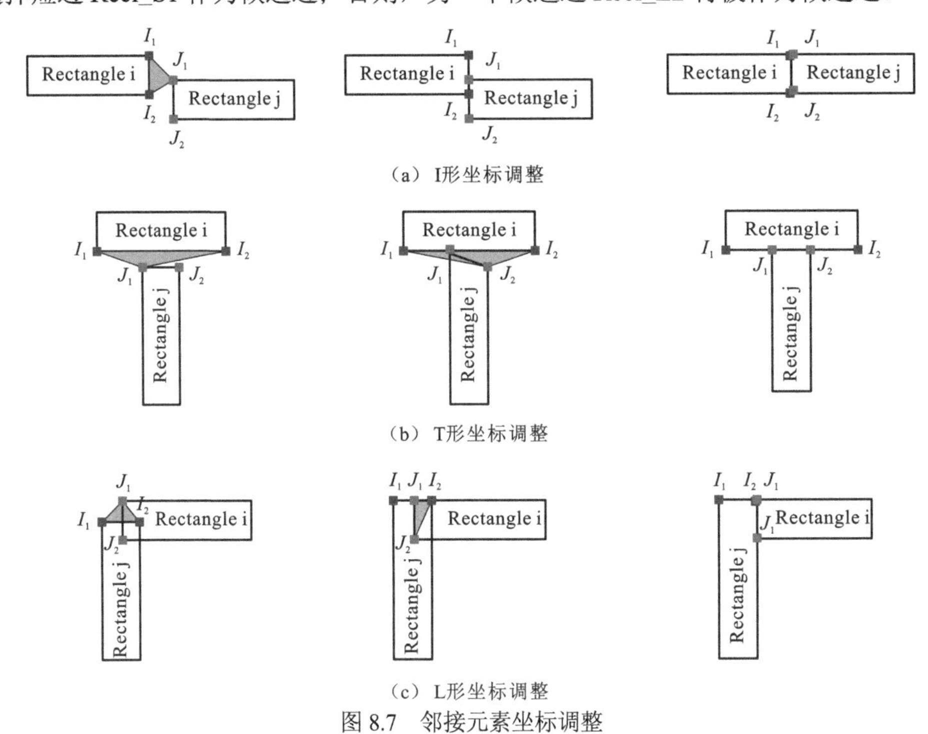

（a）I形坐标调整

（b）T形坐标调整

（c）L形坐标调整

图 8.7　邻接元素坐标调整

确定相邻的两边后，引入约束方程用于调整其顶点坐标。假设相邻矩形的一对相邻边的顶点坐标分别为 I_{p1}、I_{p2} 和 J_{p1}、J_{p2}，对于 I 形邻接，它们应满足以下约束：

$$\overrightarrow{I_{p1}J_{p1}} \cdot \overrightarrow{I_{p2}J_{p1}} \cdot \sin\angle I_{p1}\overrightarrow{J_{p1}I_{p2}} = 0 \tag{8.5}$$

$$\overrightarrow{I_{p1}J_{p1}} \cdot \overrightarrow{I_{p2}J_{p1}} \cdot \sin\angle I_{p1}\overrightarrow{J_{p2}I_{p2}} = 0 \tag{8.6}$$

式(8.5)和式(8.6)保证了共边顶点之间形成的多边形面积为 0，即$\triangle I_{p1}J_{p1}I_{p2}$ 和$\triangle I_{p1}J_{p2}I_{p2}$ 的面积为 0，从而确保了两个相邻的边缘是共线的。

对于 T 形邻接，它们在满足式（8.5）和式（8.6）约束的同时，还需要满足以下两个约束：

$$\overrightarrow{I_{p1}J_{p1}} \cdot \overrightarrow{I_{p2}J_{p2}} \leqslant 0 \tag{8.7}$$

$$\overrightarrow{I_{p1}J_{p2}} \cdot \overrightarrow{I_{p2}J_{p1}} \leqslant 0 \tag{8.8}$$

不等式约束式（8.7）和式（8.8）用于防止相邻的边 $I_{p1}I_{p2}$ 和 $J_{p1}J_{p2}$ 沿相同方向延伸，从而使它们的间隙重叠或收紧。

L 形邻接类似于 T 形邻接，通过由共边形成的$\triangle I_{p1}J_{p1}I_{p2}$和$\triangle I_{p1}J_{p2}I_{p2}$面积最小化进而闭合两相邻边的间隙。对于 X 形邻接和 U 形邻接，可以将它们看作 I 形、L 形或 T 形邻接的组合，因此也可以使用上述约束条件进行顶点坐标的调节。

将约束式（8.5）～式（8.8）汇总为目标函数，并使用增强拉格朗日算法[32]对其进行求解。在求解过程中，需要满足以下条件从而保证全局拓扑的正确性：①矩形的整体斜率具有较高的精度，优化过程中不应该对其斜率进行修改，即保证矩形两条平行长边的斜率不变；②根据平面图图像中元素的空间分布特征，确定短边只有一次机会可以被视为相邻候选对象，但长边不受限制；③相邻的两条候选边不能全为长边，即不能连接两个平行的墙体。

R2V 数据集中的未标注平面图通过监督模型（以已标注的数据集为训练数据）推断生成的伪样本结果，如图 8.8（a）所示，其中长条形表示墙壁，半圆形表示门，图 8.8（b）则显示了经过校正和优化后的伪样本结果。尽管仍有一些失误，但伪样本的质量已显著提高，这样的伪样本更有利于进行自学习训练。

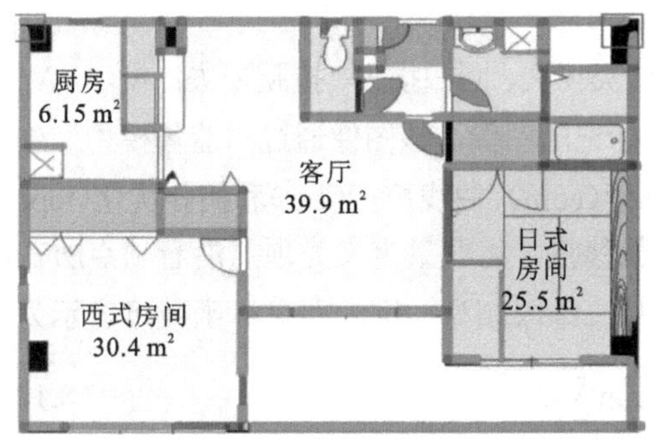

（a）原始伪样本　　（b）优化后伪样本

图 8.8　伪样本有无优化的结果对比

8.2.3　自适应训练策略

本小节提出一种自适应训练策略以便更好地利用伪样本。首先，对已标注数据进行监督训练得到监督模型，并且只有在该模型开始收敛时才可以开始生成伪样本。然后，由模型生成伪样本，并与监督模型原有样本混合，一起作为新数据集，并对它们进行一轮训练。同时为了避免伪样本使模型偏离，将监督模型的数据集重新训练一轮。最后，通过当前模型的评估结果动态地调整自学习训练模型的超参数。

监督模型最初可能并没有在训练中利用伪标签，此时模型生成的标签并不能被完全信任，因此此时伪样本造成的损失比例设置应低于真实数据。但是随着这些样本逐渐进入监督模型，监督模型就开始处理伪样本数据，此时生成的标签是值得信赖的。在此基础上应当自然地增加其损失比例，但不能超过真实数据；出于相同的原因，伪样本的数量也在逐渐增加，即最初该模型生成的伪样本数量不会超过真实数据的数量，但是随着评估指标的提高，该比例将逐渐增加。最后，动态地调整用于过滤实例的置信度阈值，最初接受具有很高置信度的样本作为候选项，随着模型逐渐适应其他类型的数据，则置信度阈值逐渐降低。这可以使训练更加平稳，避免因数据集之间的差异过大或低质量样本具有压倒性损失导致模型不稳定收敛。

针对基于形态学模板的优化处理，首先将样本输入监督模型中，以获得分类概率 p、边界框坐标 t 和分割掩膜 m。然后，根据二进制掩膜的类别和边界框坐标对其进行元素补偿和曲线校正完成元素的自身优化。最后，通过约束式（8.5）～式（8.8）的最小值调整冲突元素的顶点坐标完成元素间的拓扑优化。自学习训练的无监督损失函数可表示为

$$\begin{aligned}\ell_{\mathrm{u}}(x_{\mathrm{u}},\hat{p},\hat{t},\hat{m}) &= \ell_{\mathrm{u}}(x_{\mathrm{u}},\mathrm{Opt}(\mathrm{SupervisedModel}(x_{\mathrm{u}})) \\ &= \sum_{N}\sum_{b} C_b(x_{\mathrm{u}})\ell_{s,b}(x_{\mathrm{u}},\hat{p}_b,\mathrm{Opt}(\hat{t}_b,\hat{m}_b)) \\ &= \sum_{N}\sum_{b} C_b(x_{\mathrm{u}})\Bigg[\frac{1}{N_{\mathrm{cls}}}\sum_{i}\mathcal{L}_{\mathrm{cls}}(p_i,\hat{p}_{i,b}) \\ &\quad + \frac{\lambda_1}{N_{\mathrm{reg}}}\sum_{i}\hat{p}_{i,b}\mathcal{L}_{\mathrm{reg}}\left(t_i,\mathrm{Opt}_{\mathrm{topo}}(\hat{t}_b)\right) \\ &\quad + \frac{\lambda_2}{N_{\mathrm{mask}}}\sum_{i}\hat{p}_{i,b}\mathcal{L}_{\mathrm{mask}}\left(m_i,\mathrm{Opt}_{\mathrm{com,cur}}(\hat{m}_b)\right)\Bigg]\end{aligned} \tag{8.9}$$

式中：ℓ_{u} 为损失函数；$\mathcal{L}_{\mathrm{cls}}$、$\mathcal{L}_{\mathrm{reg}}$、$\mathcal{L}_{\mathrm{mask}}$ 分别为分类损失、回归损失、掩膜损失；N_{cls}、N_{reg}、N_{mask} 分别为类别数、回归数、掩膜数；x_{u} 为未标记的图像，该图像通过“监督模型”生成标签；Opt 为基于形态学模板的优化，包括元素补偿（com）、曲线校正（cur）和拓扑优化（topo）。

将拓扑优化视为坐标调整问题，即 x 和 y 偏移量。将变量定义为顶点沿着顶点所在的长边的运动。换言之，变量定义将顶点的移动从二维限制为一维，即目标函数可表示为

$$\mathrm{Opt}_{\mathrm{topo}} = \operatorname{argmin}\sum_{i=1}^{k}\delta_i^2 \tag{8.10}$$

式中：k 为需要调整的坐标数量；δ_i 为坐标在所在长边上的移动量，δ_i 的正号或负号表示移动方向，而 δ_i 的绝对值表示移动距离。调整后的坐标可表示为

$$\begin{cases} x' = x + \delta_i\cos\theta \\ y' = y + \delta_i\sin\theta \end{cases} \tag{8.11}$$

式中：x 和 y 为原始坐标；θ为偏移角度，取值范围为$(0, \pi)$。

在优化过程中，坐标调整遵循约束式（8.5）～式（8.8）。与粗略预测相比，经过优化操作后可以使生成的标签更加理想。剩下的部分样本与监督模型中的样本[式（8.1）]相同，相应地计算了分类、回归和掩膜损失。最后，通过最小化监督和自学习的损失和来训练网络，损失函数可表示为

$$\ell = \ell_{\mathrm{s}}(x_{\mathrm{s}},p_{\mathrm{s}}^*,t_{\mathrm{s}}^*,m_{\mathrm{s}}^*) + \lambda_{\mathrm{u}}\ell_{\mathrm{u}}(x_{\mathrm{u}},\hat{p}_{\mathrm{u}},\hat{t}_{\mathrm{u}},\hat{m}_{\mathrm{u}}) \tag{8.12}$$

式中：ℓ_{s} 为监督学习的损失；ℓ_{u} 为损失的权重；λ_{u} 为用于自训练的开关；x、p、t 和 m 分别为输入图像、类别、包围盒和掩码；s 代表监督项；u 代表自监督项；*代表预测值；^ 代表真值。

使用一种更严格的评估指标平均精度（average precision，AP）来衡量自学习训练对结果的影响。它们根据当前（cur）平均精度与之前（pre）平均精度之间的差异对模型参数进行动态调整。例如，当性能提高 1%时，ℓ_{s}、N_{u}、C_{u} 的比例将相应提高 1%，反之亦然。

8.3 实验与分析

8.3.1 数据集与实验设置

CVC-FP 数据集包含 122 个平面图，包括墙壁、出入口、楼梯和房间 4 个类别。R2V 数据集是从超过 100 000 个样本的 LIF-FUL 图像中得到的，该数据集包含墙、开口、壁橱、浴室、客厅、卧室、大厅和阳台 8 种基本建筑物元素的完整注释。本节实验使用真值标签，其中包含 679 幅训练图片和 139 幅测试图片[21]。利用未标记的 LIF-FUL 图像生成伪样本进行自学习训练。在进行平面图实例标注时，于墙体交叉点处进行打断处理以适应训练模型。在监督训练和自学习训练的过程中，本章只关注结构元素（墙壁、开口、楼梯），最后借助边界元素形成的封闭区域产生房间。训练采用随机梯度下降（stochastic gradient descent，SGD）优化器，其动量为 0.9，重量衰减为 0.0005。每个 GPU 的批处理大小设置为 4，学习率初始化为 0.02，然后以 0.9 的幂次衰减 16 个时期。对于自学习训练，初始设置为迭代 90 次，将 CVC-FP 和 R2V 数据集的 τ 值分别设置为 0.5 和 0.45，这样可以达到监督学习中的最大平均精度。本实验在自学习训练和推理阶段对形态学模板的优化方法进行调整，以适应原始注释，如表 8.1 所示。其中 Ele.表示元素补偿，Cur.表示曲线校正，Topo.表示拓扑优化。在进行实验结果评估时，对于 CVC 数据集参照 Wu 等[20]使用精度和召回作为评估指标，对于 R2V 数据集参照 Zeng 等[21]采用执行语义分割（像素精度）指标。

表 8.1 形态学模板的优化方法调整

实验阶段	数据集	墙体	窗户	门
自学习训练	CVC-FP	Ele.+Topo.	Cur.+Topo.	Ele.+Topo.
	R2V	Ele.+Topo.	Ele.+Topo.	Ele.+Topo.
样本推理	CVC-FP	Ele.+Topo.	Cur.+Topo.	Topo.
	R2V	Ele.+Topo.	Ele.+Topo.	Ele.+Topo.

8.3.2 实验结果

目前在 CVC-FP 数据集上处理效果最好的是 Wu 等[20]的方法，因此将本章方法与 Wu 等[20]的方法进行了比较，结果如图 8.9 所示。本章方法之所以有效，是因为检测到的元素越多，最终生成的边界空隙数量越少且更容易补充，房间检测结果也因此更好。而错检和遗漏不仅会影响其准确性，而且会大大降低房间的完整性。因为 Wu 等[20]的数据集提供的标注仅包括墙壁、窗户、门、楼梯和房间区域，未提供房间类别，所以本实验仅对房间进行检测。在与数据集的真值进行比较时，可以明显看出 Wu 等[20]处理时会忽略部分元素，避免导致房间丢失或错误合并；相较于 Wu 等[20]的方法，本章方法的预测结果在边缘细节方面效果更好。

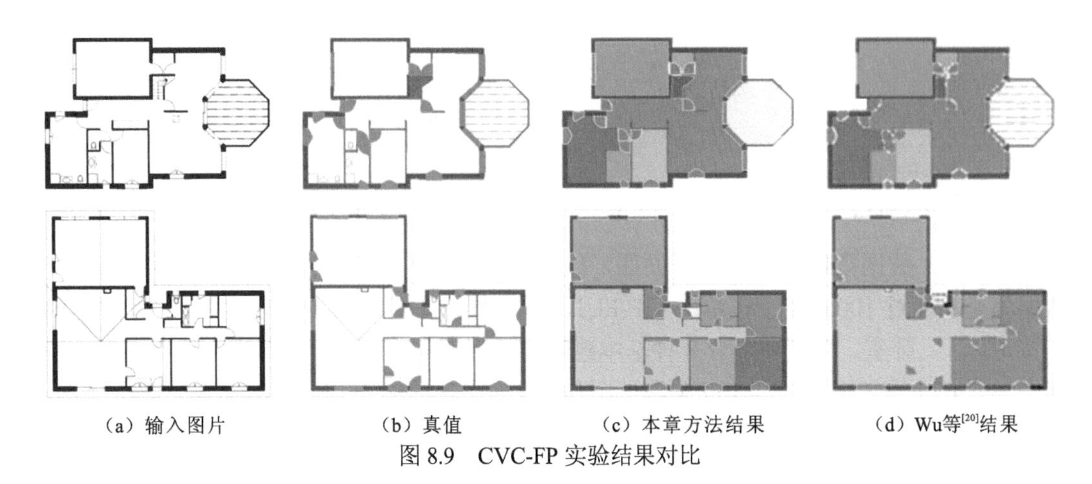

（a）输入图片　　（b）真值　　（c）本章方法结果　　（d）Wu等[20]结果

图 8.9　CVC-FP 实验结果对比

使用交并比阈值为 0.5 的精度和召回率作为评估指标，并将门和窗户算作一类（出入口）进行定量评估。在 CVC-FP 数据集上的定量比较结果如表 8.2 所示，表中带*符号的表示采用了级联机制的测试结果。从结果可以看出，本章方法的 F1 值相较于 Wu 等[20]平均提高了 5.25%（其中自学习训练带来 3.1%的提高），使墙壁、出入口和房间的评价指标得到了显著增强。本章方法并没有对楼梯的结果带来改善，原因在于未标注的数据中几乎没有楼梯实例。此外，其他元素的改进也可以得到更好的房间封闭性，从而提高准确性。如图 8.9 所示，CVC-FP 数据集的房间在样式和颜色上与未标记的平面图图像有所不同，但是墙壁和出入口的样式两者比较相似，因此这些元素的改进是显而易见的。墙壁和出入口决定建筑物的结构，进而决定房间的布局。因此，形态学模板和自学习训练在改善结构的同时也会提高房间检测的准确性。

表 8.2　CVC-FP 数据集的室内制图评价

建筑物元素	评价指标	Wu 等[20]方法	本章方法	本章方法（*）
墙体	精度/%	65.3	74.0	**75.2**
	召回率/%	64.8	75.1	**76.4**
	F1 值	65.0	74.5	**75.8**
出入口	精度/%	93.5	95.3	**96.6**
	召回率/%	93.6	96.2	**96.5**
	F1 值	93.5	95.7	**96.5**
楼梯	精度/%	**93.4**	92.1	92.7
	召回率/%	94.0	93.2	**94.2**
	F1 值	**93.7**	92.6	93.4
房间	精度/%	**74.4**	70.5	71.0
	召回率/%	73.3	81.4	**83.6**
	F1 值	73.8	75.6	**78.6**

针对 R2V 数据集，基于实例分割的算法进行实验，结果如表 8.3 所示。在墙体的交点或者拐点处进行墙体打断，使墙体的局部形状近似于矩形。在训练阶段，仅使用出入口和打断后的墙体“矩形段”作为监视标签。由于该数据中的出入口都表示为规则矩形，并未对该数据集的伪样本使用曲线校正。在评估阶段，使用拓扑优化以缩小边界元素间的空隙，从而更好地生成房间，然后使用 CharNet 对重新标注的房间标签进行识别，得到房间的分类结果。图 8.10 展示了本章方法和 Zeng 等[21]方法在 R2V 数据集上的结果比较，Zeng 等[21]方法主要基于语义分割算法。

表 8.3　R2V 数据集的室内制图评价　　（单位：%）

元素	R2V	DeepFloorPlan	本章方法	本章方法（*）
墙体	53.0	88.0	91.0	**92.7**
出入口	58.0	86.0	93.2	**94.4**
壁橱	78.0	82.0	93.3	**95.5**
浴室	83.0	90.0	95.0	**96.7**
客厅	72.0	87.0	91.2	**93.4**
卧室	89.0	77.0	89.8	**92.7**
大厅	64.0	82.0	90.6	**93.8**
阳台	71.0	93.0	93.8	**94.2**
总体	84.0	89.0	91.1	**92.9**

本章方法可以将平面图图像中的大多数区域正确显示出来，尤其在平面图的边缘和细节部分；同时本章方法使用边界框与二值掩膜优化其拓扑关系。但是基于语义分割的方法（Zeng 等[21]方法）在精准重现平面图图像时具有一定挑战，如图 8.10 所示，而通过后处理来补偿元素的连接关系虽然可以显著改善视觉效果，但仍不可避免地会产生边界复杂的现象。此外，基于语义分割的方法有时在房间识别方面存在错检：房间的纹理若与其他元素相同，则会导致检测到的房间区域不完整，如图 8.10（a）所示。如图 8.10（b）所示，房间 f 和 e 具有相同的纹理，类型完全不同，但这两种不同类型的房间被认为属于同一类别。原因在于 Zeng 等[21]方法区分像素的模型很大程度上依赖这些纹理特征，从而使相同纹理的房间类型难以分离。图 8.10（a）中第三行图片中也出现了相同的问题，当平面图图像的房间中没有可区分的特征或特征与背景相似时，也可能会发生分类错误。对任务进行分解后发现平面图中的结构（墙、出入口）和字符的像素分别仅占 Zeng 等[21]方法的 6%和 7%，其余 94%和 93%的像素可被分类为背景。

本章方法可以轻松过滤掉大部分背景区域，从而将重点集中于学习目标。为了方便与其他方法进行比较，对检测结果进行像素化，并计算整体的像素精度和类像素精度。从表 8.3 中可以看出，本章方法平均提高了 9.3%（采取级联）和 6.1%（无级联），在所有元素的结果上都有更好的呈现。

（a）Zeng等[21]方法检测结果

（b）本章方法检测结果

图 8.10 R2V 数据集的实验结果

扫描封底二维码看彩图

8.4 总结与展望

本章提出了一种新的平面图解析模型，包括两个创新点：自学习训练和形态学模板优化。前者实现了大量未标记数据的利用，后者弥补了基于学习方法的不足。本章提出的方法不仅在评估指标上取得了相当大的提高，而且呈现了更好的视觉效果。

但是本章方法也存在一定的局限性。首先是房间识别完全依赖结构元素（墙壁和出入口）。如图 8.11 所示，当结构元素缺失或调整不当时，房间会受到影响甚至瓦解，这就是本章引入级联机制以寻求捕获更多对象的原因。同时，房间类型识别中也存在 OCR 相同的技术挑战，包括文字多角度、多尺度和多语言。

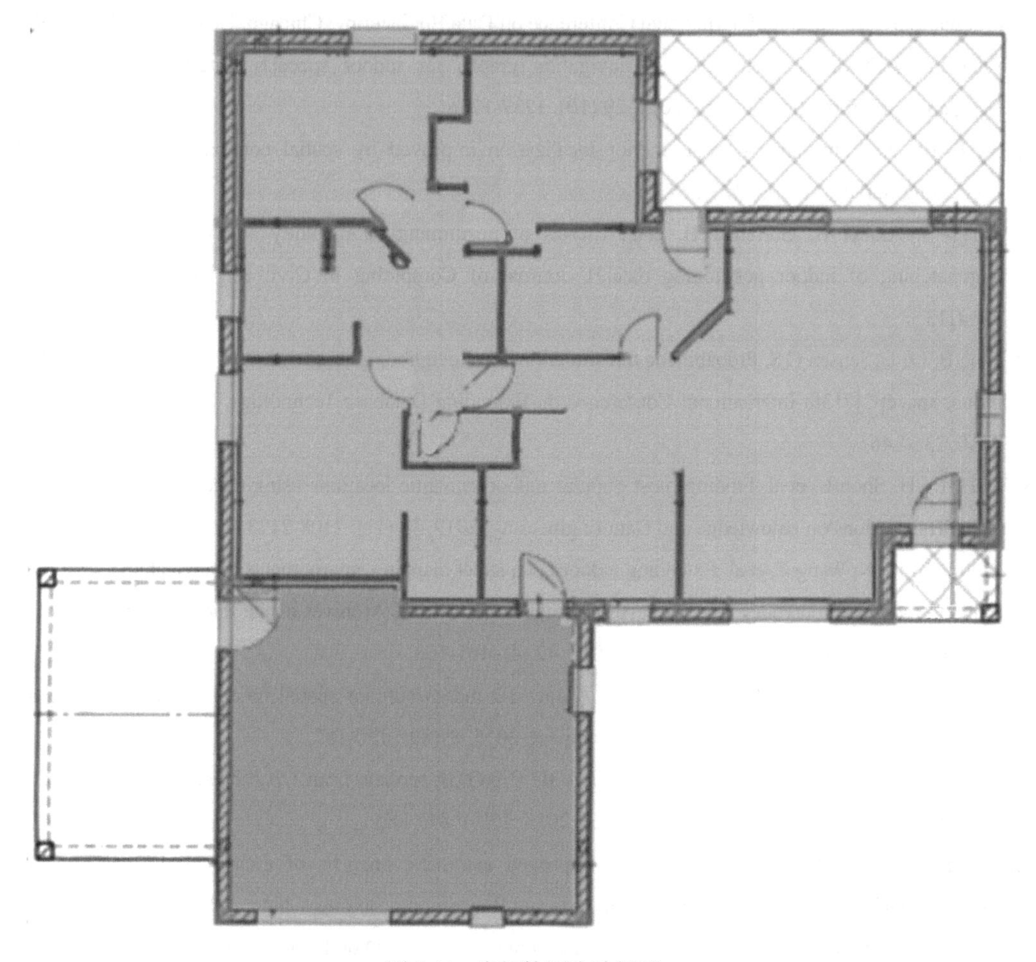

图 8.11　房间检测失败例图

在实验中，本章尝试使用传统的 OCR 方法，即检测和识别文本来区分房间，但暴露出三个问题：①很多房间没有文字标签，无法分类；②字符串注释（如卧室、客厅）在房间区域中存在重叠；③标签处理（单个字符表示）虽然不需要进行额外的人工标记，并降低了 OCR 处理的难度，但处理时默认实际数据中的字符必须清晰易读。

为了证实该假设和操作的可行性，本章分析了大量的实际工业数据并发现它们的绘制很清晰，且每个建筑物元素的标记都遵循严格标准，这证明了标签预处理的可行性。未来研究工作可通过添加旋转目标检测或者删除不必要的掩码分支来进一步优化模型。

参 考 文 献

[1] Zlatanova S, Sithole G, Nakagawa M, et al. Problems in indoor mapping and modelling[J]. Acquisition and Modelling of Indoor and Enclosed Environments, 2013, 4: 15-23.

[2] Becker T, Nagel C, Kolbe T H. A multilayered space-event model for navigation in indoor spaces[J]. 3D Geo-Information Sciences, 2009, 13: 61-77.

[3] Boysen M, de Haas C, Hua L, et al. Constructing indoor navigation systems from digital building information[C]//IEEE 30th International Conference on Data Engineering, Chicago, USA, 2014: 1194-1197.

[4] Yang L, Worboys M. Generation of navigation graphs for indoor space[J]. International Journal of Geographical Information Science, 2015, 29 (10): 1737-1756.

[5] Gu F, Hu X, Ramezani M, et al. Indoor localization improved by spatial context: A survey[J]. ACM Computing Surveys, 2019, 52 (3): 64.

[6] Taneja S, Akinci B, Garrett J H, et al. Effects of positioning data quality and navigation models on mapmatching of indoor positioning data[J]. Journal of Computing in Civil Engineering, 2016, 30(1): 4014113.

[7] Yang B, Lu H, Jensen C S. Probabilistic threshold k nearest neighbor queries over moving objects in symbolic indoor space[C]//13th International Conference on Extending Database Technology, Lausanne, Switzerland, 2010: 335-346.

[8] Li H, Lu H, Shou L, et al. Finding most popular indoor semantic locations using uncertain mobility data[J]. IEEE Transactions on Knowledge and Data Engineering, 2019, 31 (11): 2108-2123.

[9] Fadli F, Kutty N, Wang Z, et al. Extending indoor open street mapping environments to navigable 3D CityGML building models: Emergency response assessment[J]. International Archives of the Photogrammetry, Remote Sensing and Spatial Information Sciences, 2018, 42 (4): 161-168.

[10] Tashakkori H, Rajabifard A, Kalantari M. A new 3D indoor/outdoor spatial model for indoor emergency response facilitation[J]. Building and Environment, 2015, 89(89): 170-182.

[11] Goetz M. Towards generating highly detailed 3D CityGML models from OpenStreetMap[J]. International Journal of Geographical Information Science, 2013, 27(5): 845-865.

[12] Ahmed S, Liwicki M, Weber M, et al. Improved automatic analysis of architectural floor plans[C]// International Conference on Document Analysis and Recognition, Beijing, China, 2011: 864-869.

[13] Gimenez L, Robert S, Suard L, et al. Automatic reconstruction of 3D building models from scanned 2D floor plans[J]. Automation in Construction, 2016, 63: 48-56.

[14] Macé S, Locteau H, Valveny E, et al. A system to detect rooms in architectural floor plan images[C]//9th IAPR International Workshop on Document Analysis Systems, New York, USA, 2010: 167-174.

[15] Ryall K, Shieber S M, Marks J, et al. Semi-automatic delineation of regions in floor plans[C]//3rd International Conference on Document Analysis and Recognition, 1995, 2: 964-969.

[16] Ah-Soon C, Tombre K. Variations on the analysis of architectural drawings[C]//4th International Conference

on Document Analysis and Recognition, Washington D. C., USA, 1997, 1: 347-351.

[17] Dosch P, Tombre K, Ah-Soon C, et al. A complete system for the analysis of architectural drawings[J]. International Journal on Document Analysis and Recognition, 2000, 3 (2): 102-116.

[18] Yin X, Wonka P, Razdan A. Generating 3D building models from architectural drawings: A survey[J]. IEEE Computer Graphics and Applications, 2008, 29 (1): 20-30.

[19] Chen L, Wu J, Kohli P, et al. Raster-to-vector: Revisiting floorplan transformation[C]//IEEE International Conference on Computer Vision, Venice, Italy, 2017: 2214-2222.

[20] Wu Y J, Shang J G, Chen P. Indoor mapping and modeling by parsing floor plan images[J]. International Journal of Geographical Information Science, 2020: 1-27.

[21] Zeng Z L, Li X Z, Yu Y K, et al. Deep floor plan recognition using a multi-task network with room boundary-guided attention[C]//IEEE International Conference on Computer Vision, Seoul, South Korea, 2019: 9096-9104.

[22] Dodge S, Xu J, Stenger B. Parsing floor plan images[C]//15th IAPR International Conference on Machine Vision Applications, Nagoya, Japan, 2017: 358-361.

[23] Long J, Shelhamer E, Darrell T. Fully convolutional networks for semantic segmentation[C]//IEEE Conference on Computer Vision and Pattern Recognition, Boston, USA, 2015: 3431-3440.

[24] Ren S, He K, Girshick R, et al. Faster R-CNN: Towards real-time object detection with region proposal networks[J]. IEEE Transactions on Pattern Analysis and Machine Intelligence, 2017, 39(6): 1137-1149.

[25] Yamasaki T, Zhang J, Takada Y. Apartment structure estimation using fully convolutional networks and graph model[C]//ACM Workshop on Multimedia for Real Estate Tech, Seoul, South Korea, 2018: 1-6.

[26] He K, Gkioxari G, Dollár P, et al. Mask R-CNN[C]//IEEE International Conference on Computer Vision, Venice, Italy, 2017: 2961-2969.

[27] Hafiz A M, Bhat G M. A survey on instance segmentation: State of the art[J]. International Journal of Multimedia Information Retrieval, 2020, 12: 1-19.

[28] Lee W, Na J, Kim G. Multi-task self-supervised object detection via recycling of bounding box annotations[C]// IEEE Conference on Computer Vision and Pattern Recognition, Long Beach, USA, 2019: 4984-4993.

[29] Li Y, Huang D, Qin D, et al. Improving object detection with selective self-supervised self-training[C]// European Conference on Computer Vision, Glasgow, England, 2020: 740-755.

[30] Liu Y. Abcnet: Real-time scene text spotting with adaptive bezier-curve network[C]//IEEE/CVF Conference on Computer Vision and Pattern Recognition (CVPR), Seattle, USA, 2020: 9809-9818.

[31] Sederberg T W, Parry S R. Free-form deformation of solid geometric models[C]//13th Annual Conference on Computer Graphics and Interactive Techniques, Dallas, USA, 1986, 20: 151-160.

[32] Birgin E G, Martinez J M. Improving ultimate convergence of an augmented lagrangian method[J]. Optimization Methods and Software, 2008, 23(2): 177-195.

附录A　随机森林实现的部分标记结果

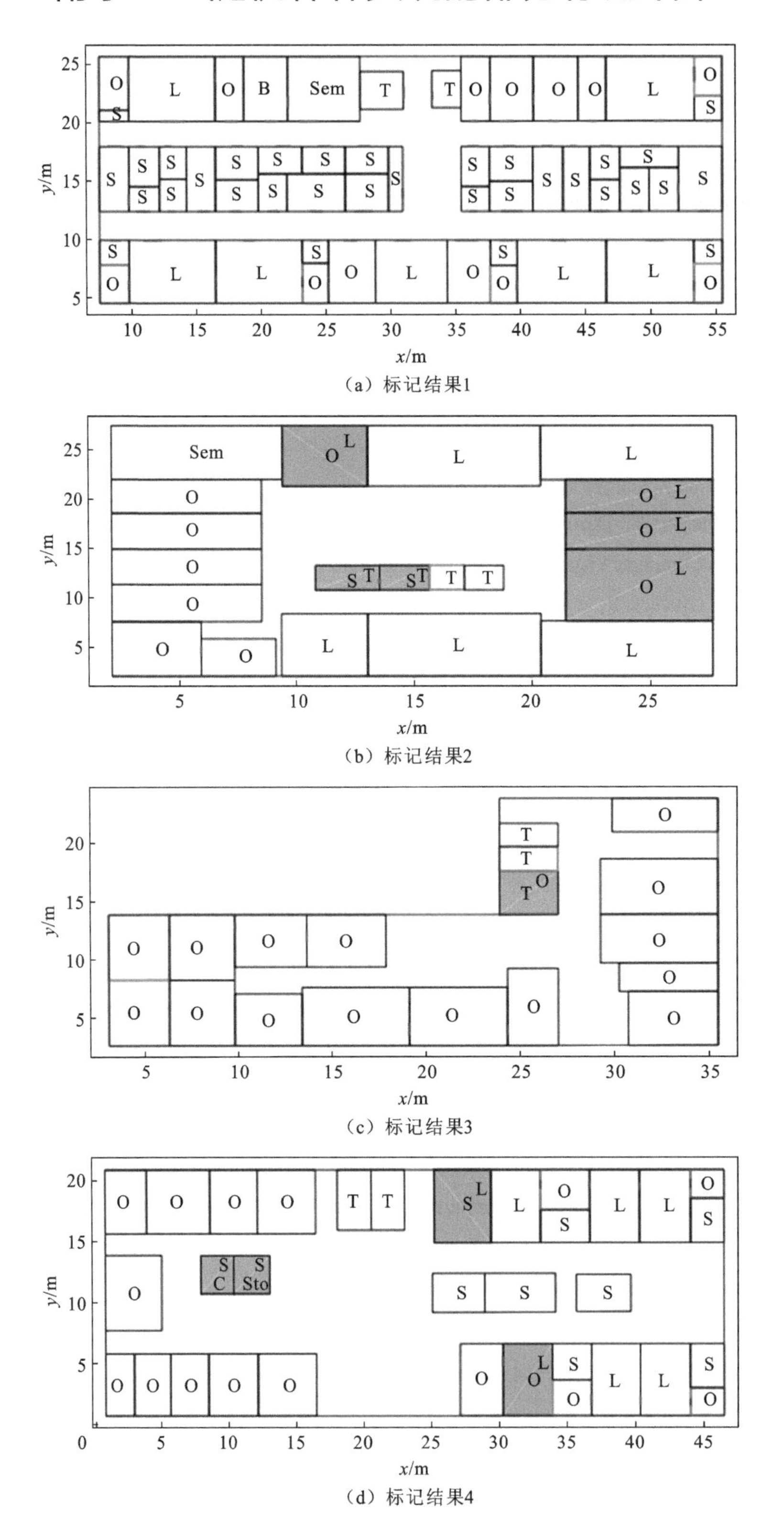

（a）标记结果1

（b）标记结果2

（c）标记结果3

（d）标记结果4

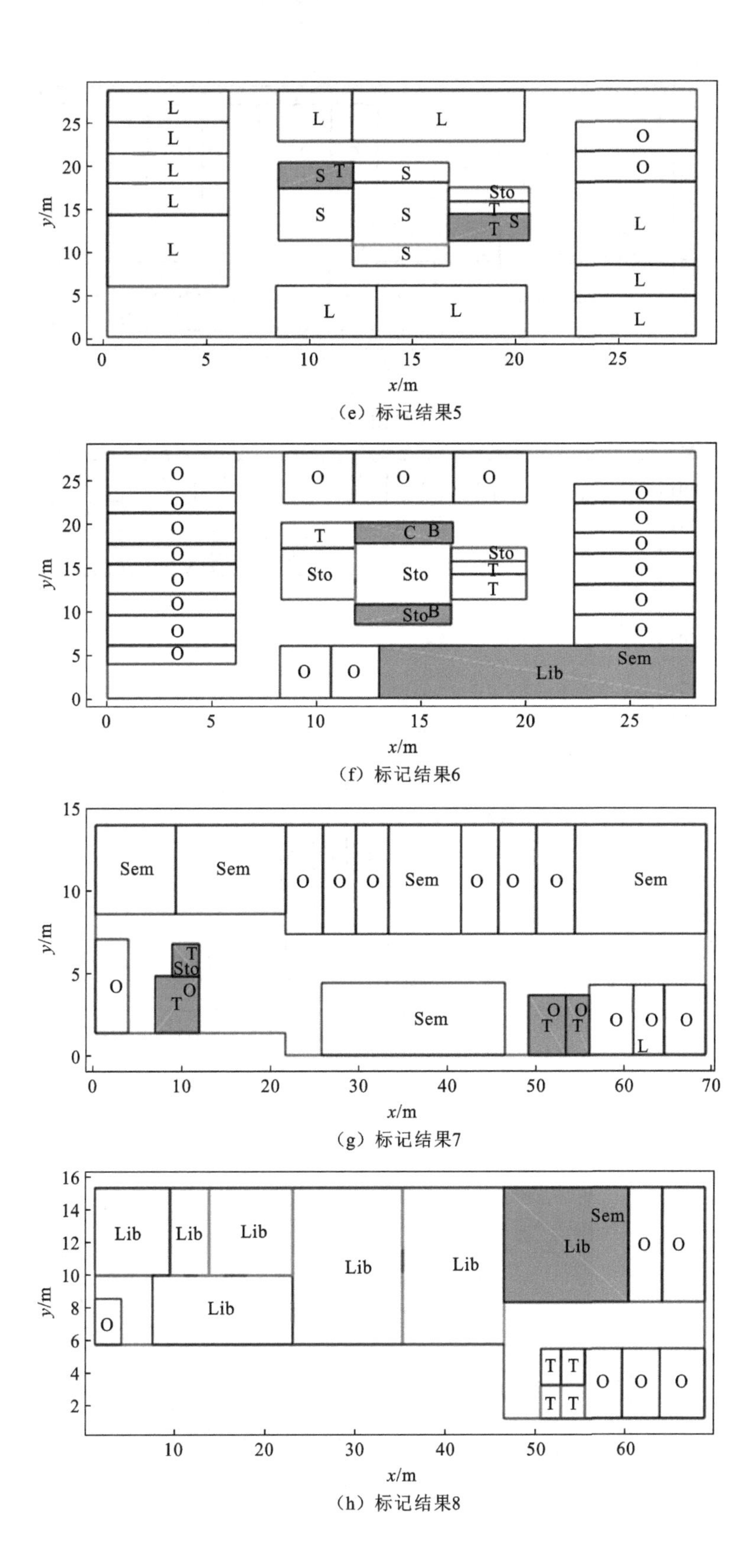

（e）标记结果5

（f）标记结果6

（g）标记结果7

（h）标记结果8

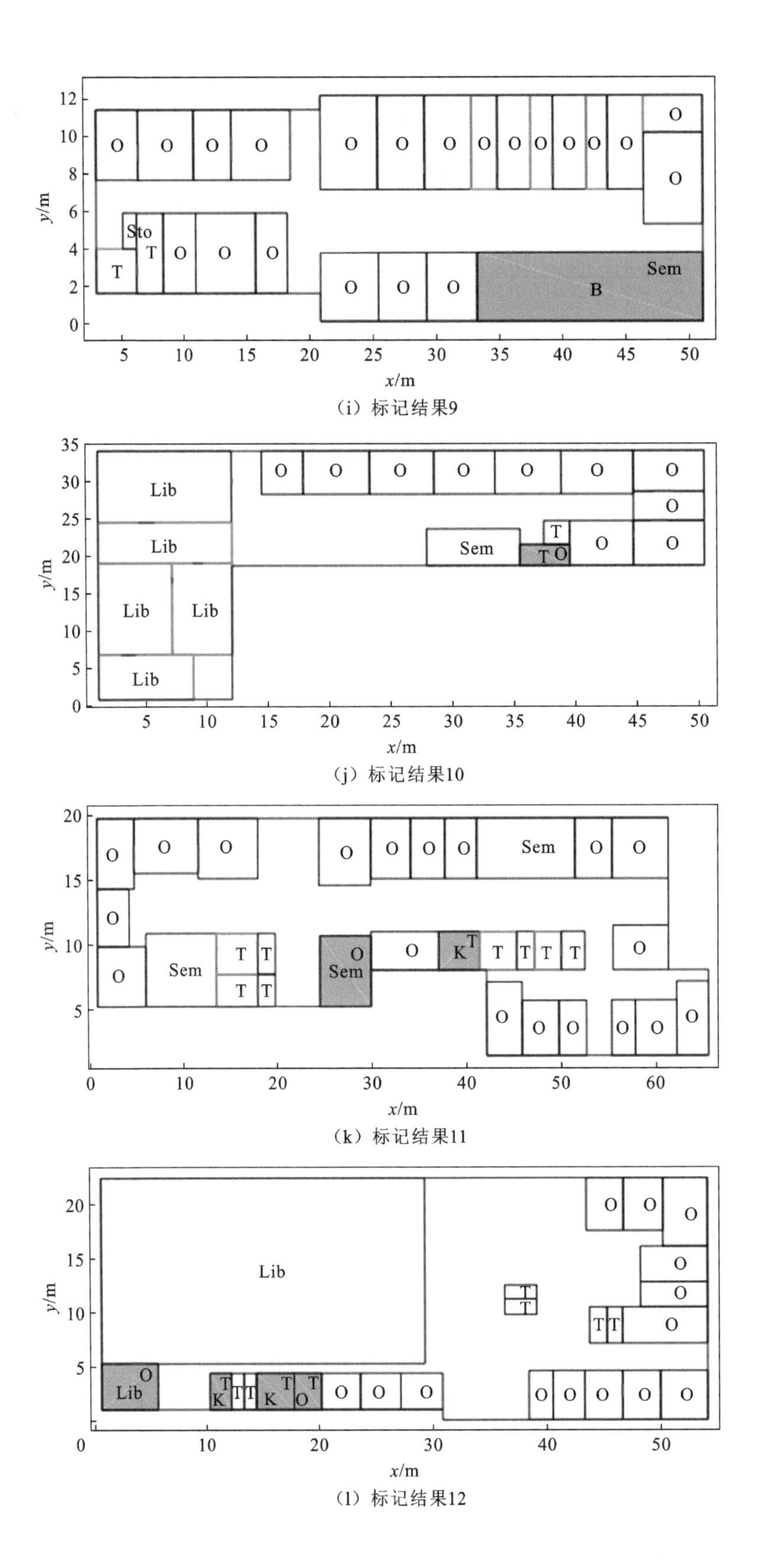

（i）标记结果9

（j）标记结果10

（k）标记结果11

（l）标记结果12

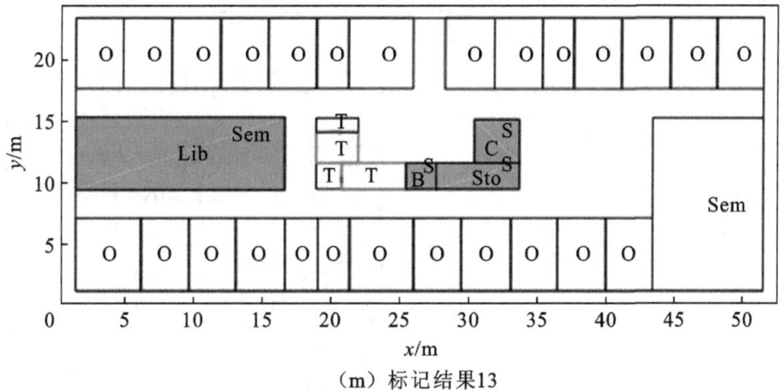

（m）标记结果13

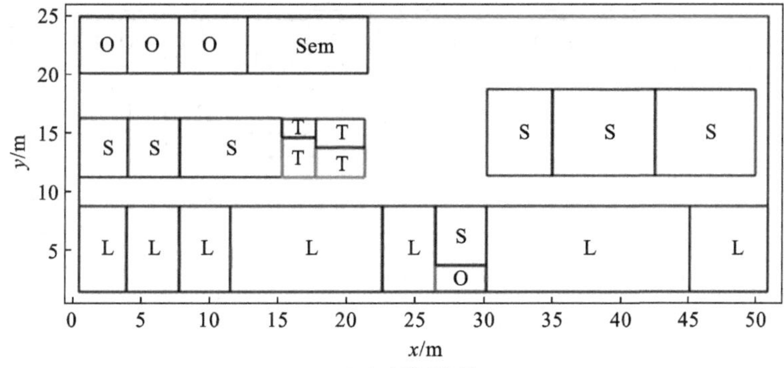

（n）标记结果14

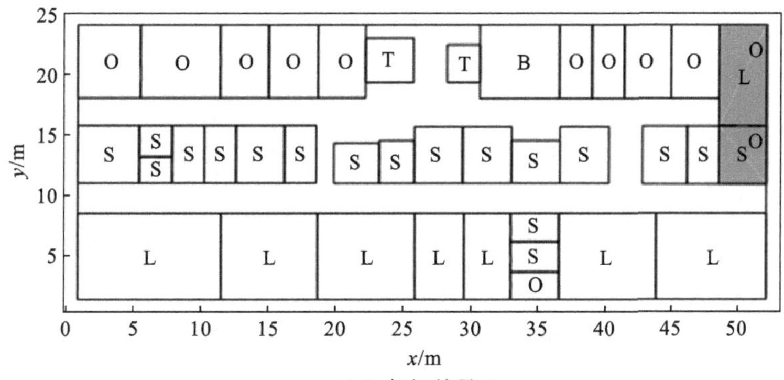

（o）标记结果15

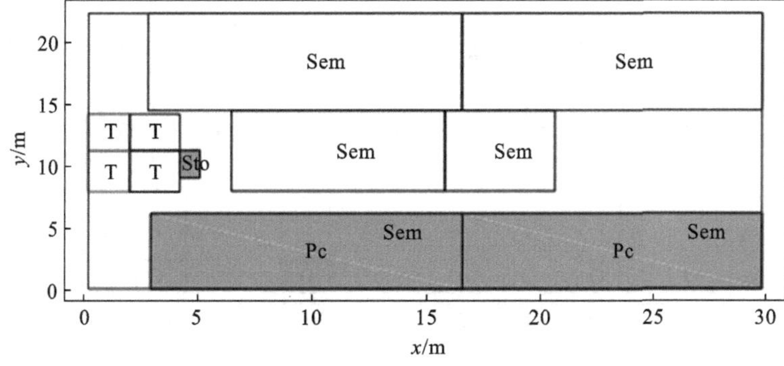

（p）标记结果16

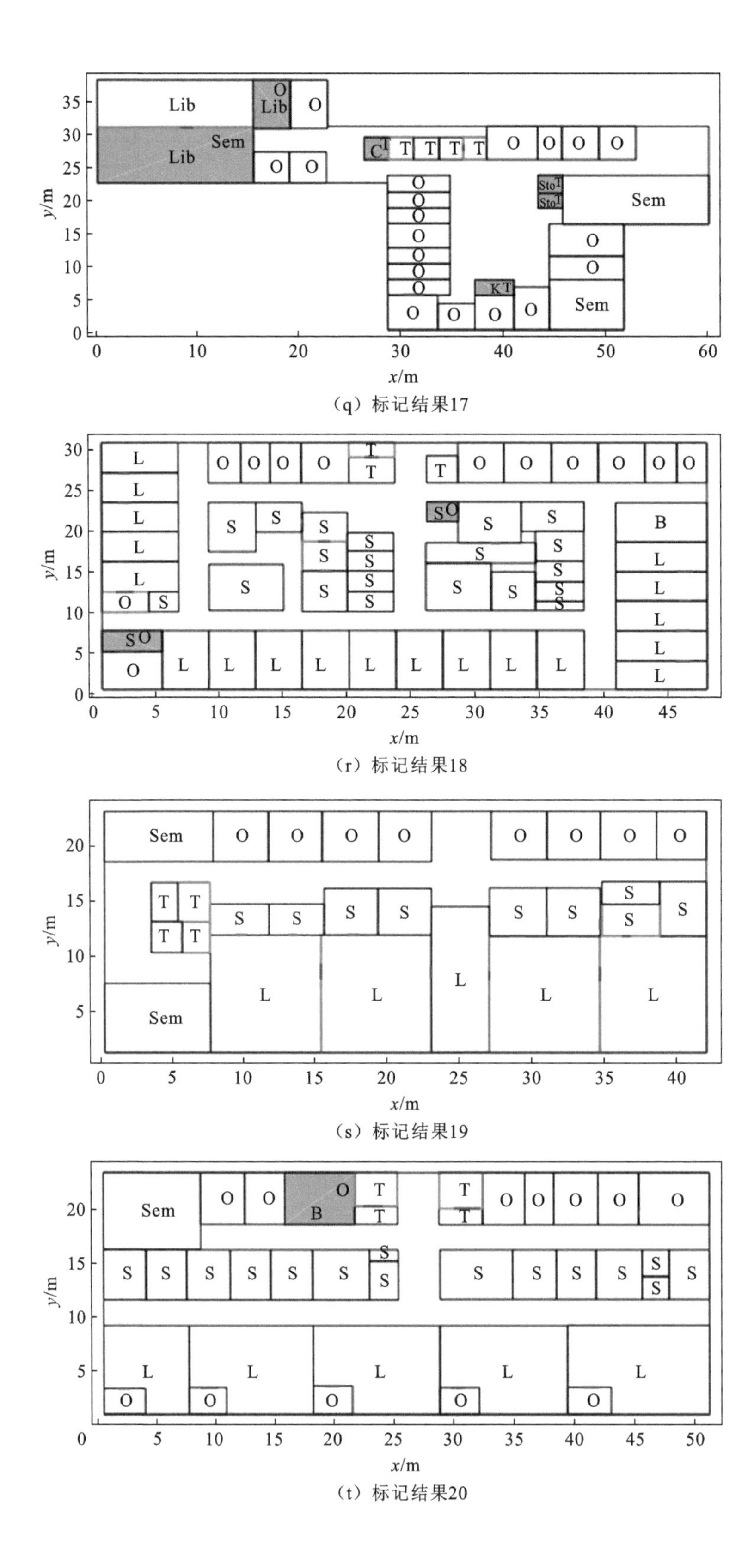

（q）标记结果17

（r）标记结果18

（s）标记结果19

（t）标记结果20

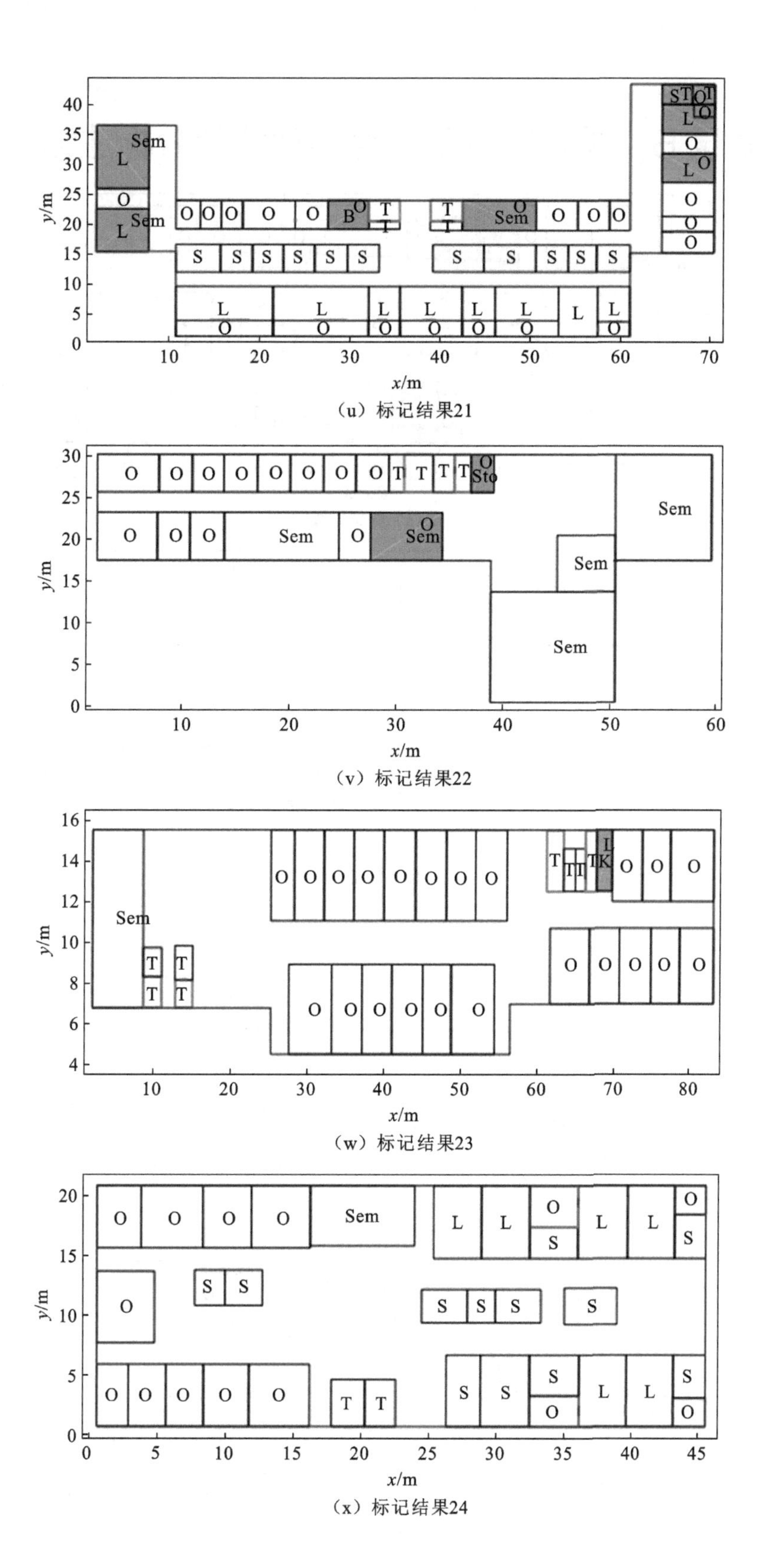

（u）标记结果21

（v）标记结果22

（w）标记结果23

（x）标记结果24

附录 B　关系图卷积网络实现的部分标注结果

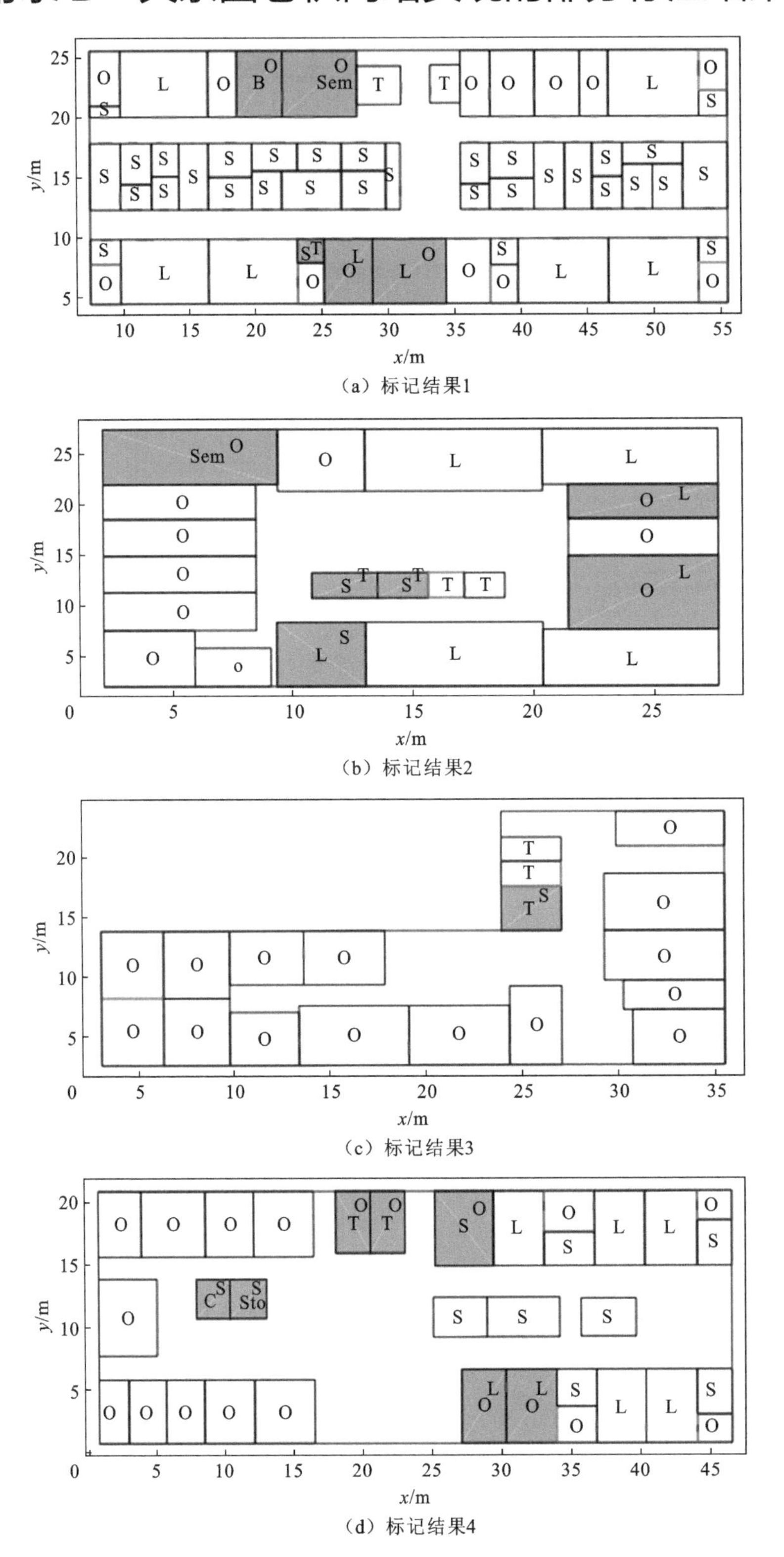

（a）标记结果1

（b）标记结果2

（c）标记结果3

（d）标记结果4

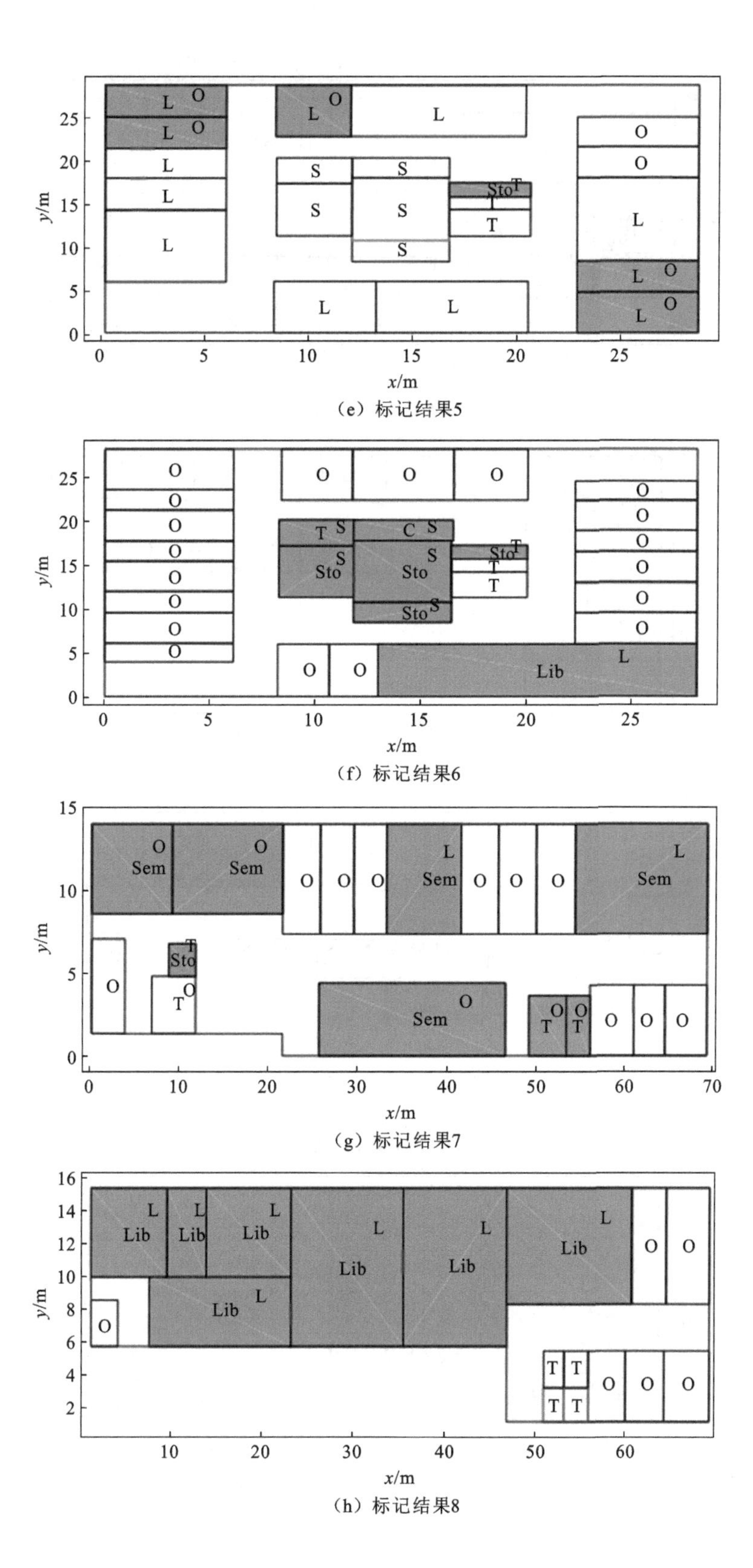

（e）标记结果5

（f）标记结果6

（g）标记结果7

（h）标记结果8

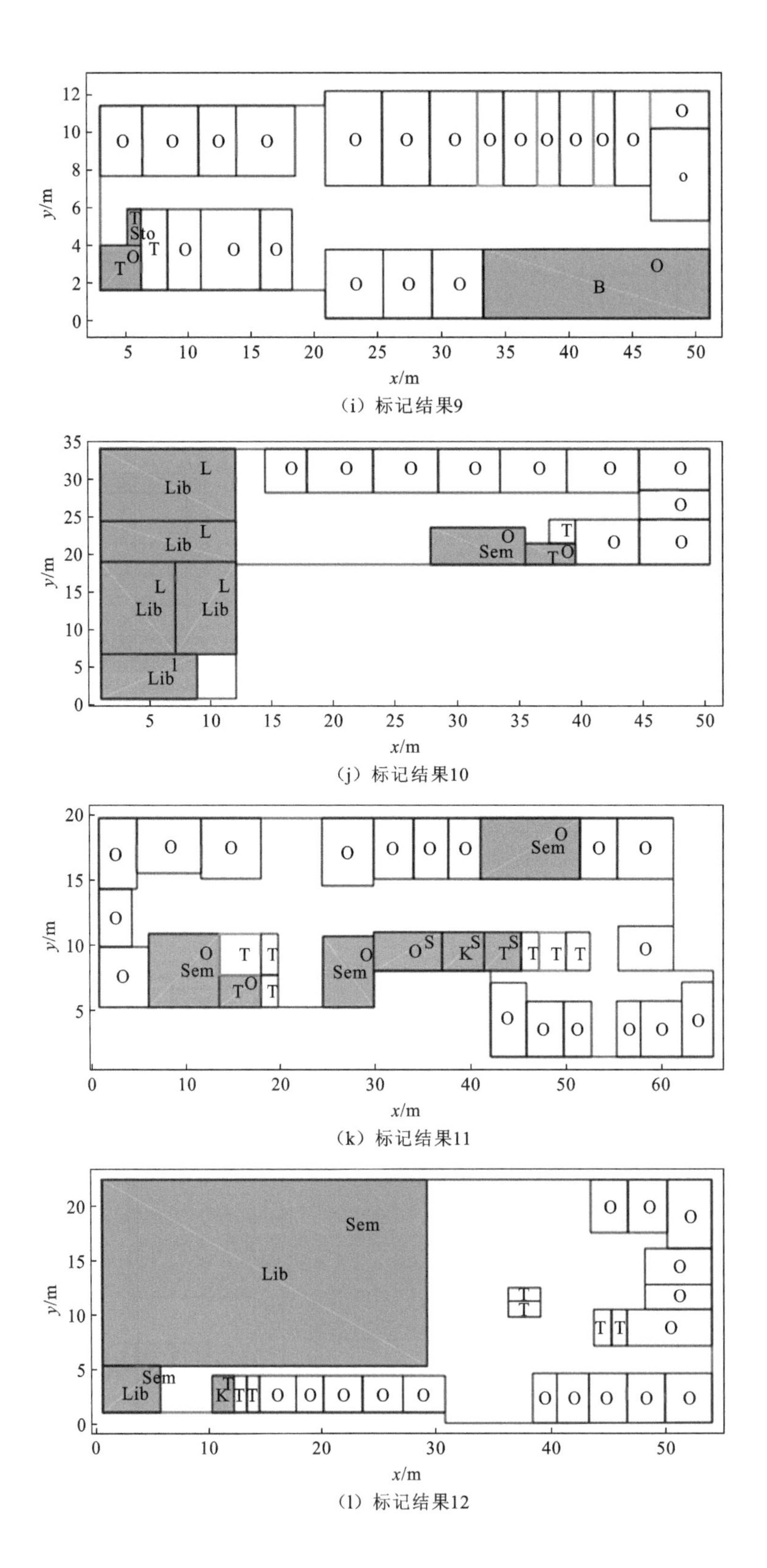

（i）标记结果9

（j）标记结果10

（k）标记结果11

（l）标记结果12

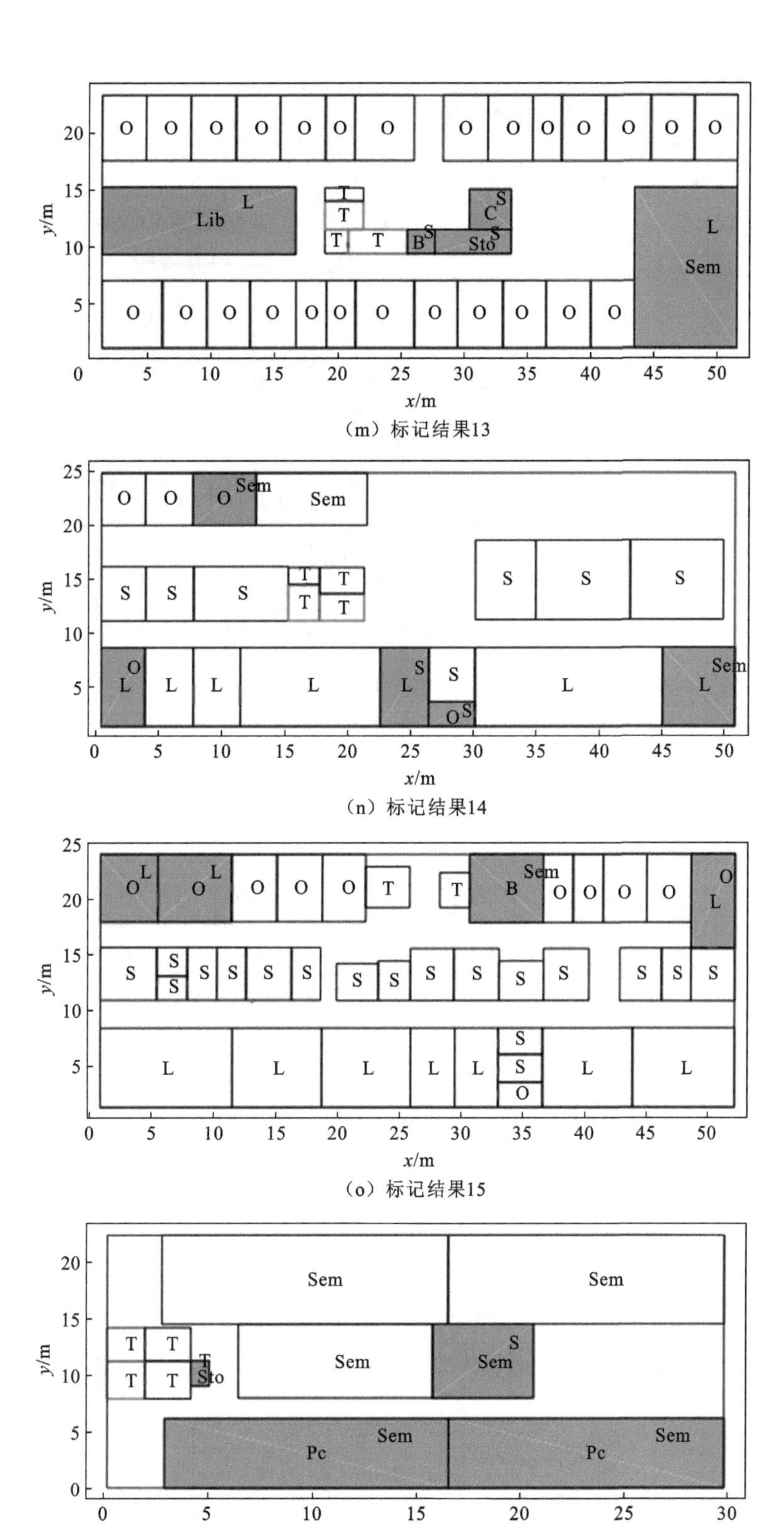

（m）标记结果13

（n）标记结果14

（o）标记结果15

（p）标记结果16

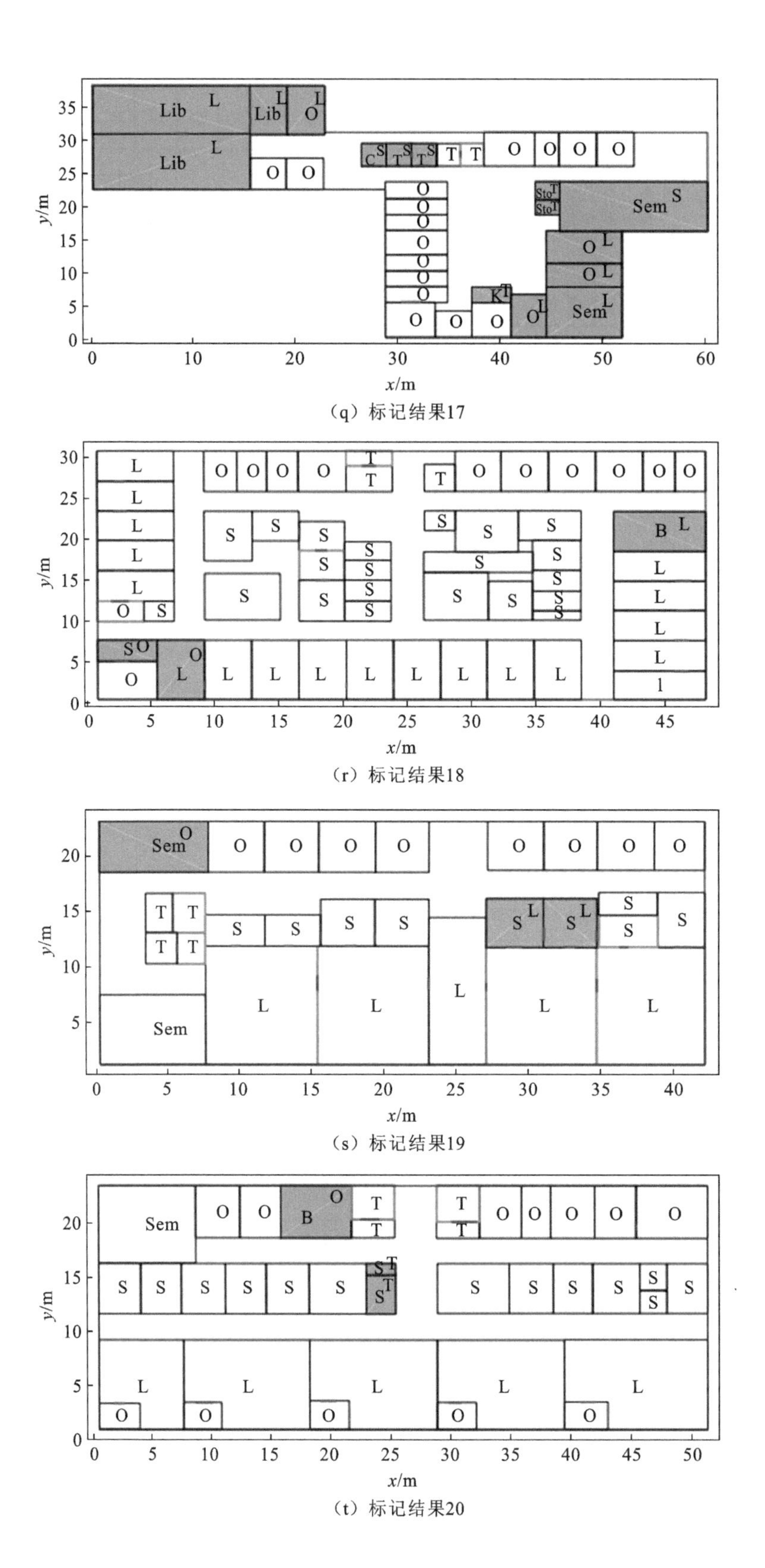

y/m
x/m
Lib
Sem
Sto
(q) 标记结果17
(r) 标记结果18
(s) 标记结果19
(t) 标记结果20

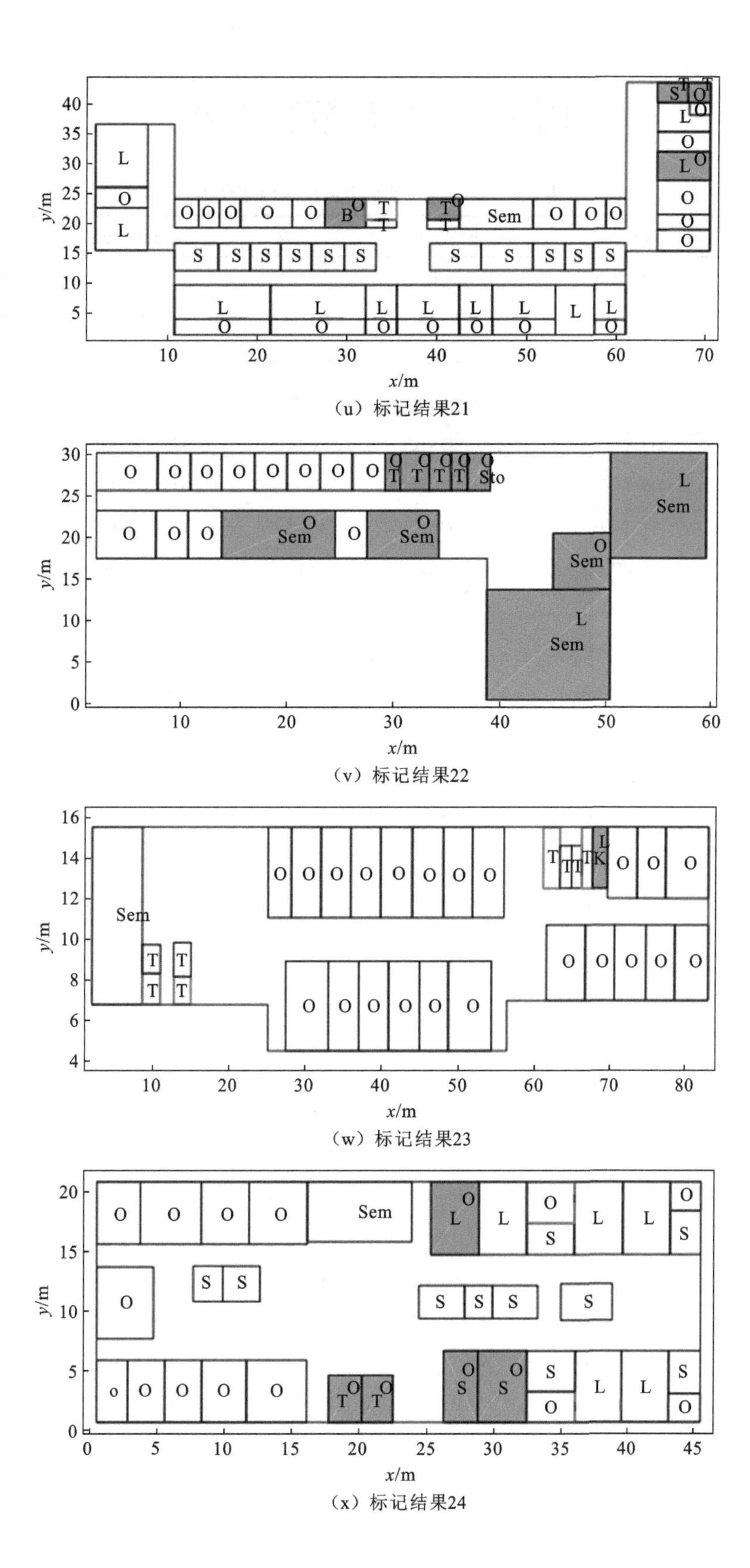

（u）标记结果21

（v）标记结果22

（w）标记结果23

（x）标记结果24

附录C　排序预测结果

表 C1　第一组测试集上的排序预测结果

编号	GP 方法	Xing[29]方法	Lyu[17]方法	Thorsten[30]方法	真实数据
1	A<B<C	C<A<B	A<C<B	C<B<A	A<C<B
2	A<C<B	C<B<A	C<B<A	A<B<C	A<C<B
3	A<B<C	C<A<B	C<A<B	C<B<A	A<C<B
4	A<B<D<C	D<C<A<B	D<C<A<B	C<B<A<D	A<C<B<D
5	D<A<B<C	B<C<D<A	B<C<D<A	C<A<D<B	A<B<C<D
6	D<A<C<B	C<B<A<D	C<B<A<D	D<C<B<A	D<C<A<B
7	A<C<B<D	B<D<C<A	B<D<C<A	D<B<A<C	A<B<C<D
8	A<C<B	A<C<B	A<C<B	C<A<B	A<C<B
9	A<B<C	A<B<C	C<B<A	A<B<C	B<A<C
10	A<B<C	A<C<B	C<A<B	A<B<C	A<B<C
11	C<A<B	B<A<C	B<A<C	A<C<B	C<B<A
12	C<B<A	B<A<C	B<A<C	B<C<A	C<B<A
13	C<B<A	A<C<B	A<C<B	B<C<A	C<B<A
14	A<B<C	C<A<B	C<A<B	A<B<C	A<B<C
15	A<C<B	A<B<C	A<B<C	A<B<C	A<C<B
16	A<B<C	B<C<A	B<C<A	B<C<A	B<A<C
17	D<C<A<B	B<A<D<C	B<A<D<C	D<C<B<A	D<A<B<C
18	C<B<A<D	A<D<C<B	A<D<C<B	B<C<A<D	D<A<B<C
19	A<C<B	B<C<A	B<C<A	A<C<B	A<B<C
20	A<C<B	B<C<A	B<C<A	B<C<A	A<B<C
21	D<C<A<B	A<B<C<D	A<B<C<D	D<C<B<A	C<A<B<D
22	A<C<B	C<A<B	C<A<B	C<B<A	A<C<B
23	A<C<B	A<B<C	A<B<C	A<C<B	A<B<C
24	C<A<B	C<B<A	C<B<A	A<C<B	C<B<A
25	C<B<A	B<A<C	B<A<C	C<A<B	C<B<A
26	A<B<C	B<C<A	B<C<A	C<B<A	A<B<C
27	A<C<B	A<C<B	A<C<B	B<A<C	A<B<C
28	B<C<A	C<B<A	C<B<A	C<B<A	B<A<C
29	B<A<C	A<C<B	A<C<B	B<C<A	A<B<C
30	C<B<A	A<B<C	A<B<C	C<B<A	C<B<A
31	A<C<B	B<C<A	B<C<A	A<C<B	A<B<C

续表

编号	GP 方法	Xing[29]方法	Lyu[17]方法	Thorsten[30]方法	真实数据
32	B<A<C	C<A<B	C<B<A	A<B<C	B<A<C
33	A<C<B	A<B<C	A<B<C	C<B<A	A<C<B
34	A<B<C	C<A<B	C<A<B	C<B<A	C<B<A
35	A<C<B	A<C<B	A<B<C	C<A<B	A<B<C
36	B<A<C	B<C<A	B<C<A	A<C<B	B<C<A
37	A<B<C	C<A<B	C<A<B	A<B<C	A<B<C
38	C<B<A	A<C<B	A<C<B	B<C<A	B<C<A
39	C<B<A	C<A<B	C<A<B	B<A<C	C<A<B
40	B<A<C	A<C<B	A<C<B	C<B<A	B<A<C

表 C2　第二组测试集上的排序预测结果

编号	GP 方法	Xing[29]方法	Lyu[17]方法	Thorsten[30]方法	真实数据
1	B<D<C<A	A<D<C<B	A<D<C<B	C<D<B<A	C<D<B<A
2	B<C<A	C<B<A	C<B<A	B<A<C	A<C<B
3	C<A<B	C<A<B	C<B<A	A<C<B	A<C<B
4	B<C<A	A<B<C	A<B<C	B<A<C	B<A<C
5	B<A<C	C<A<B	C<A<B	A<B<C	B<C<A
6	B<A<C	B<A<C	A<B<C	B<C<A	B<C<A
7	B<C<A	C<B<A	C<A<B	B<C<A	B<C<A
8	B<A<C	A<C<B	A<C<B	B<C<A	B<A<C
9	A<C<B	B<A<C	B<A<C	C<A<B	A<B<C
10	B<A<C	B<A<C	B<A<C	A<B<C	B<A<C
11	B<C<A	C<B<A	C<B<A	B<A<C	A<B<C
12	B<A<C	C<A<B	C<A<B	A<B<C	B<A<C
13	A<C<B	B<C<A	B<C<A	A<C<B	A<C<B
14	A<C<B	A<C<B	A<B<C	C<B<A	B<A<C
15	D<C<A<B	A<B<C<D	A<B<C<D	D<A<C<B	D<B<A<C
16	C<B<A	A<B<C	A<B<C	A<B<C	B<C<A
17	D<C<B<A	C<B<D<A	C<B<D<A	A<D<B<C	D<B<A<C
18	C<A<B	C<A<B	C<A<B	B<A<C	C<A<B
19	A<C<B	C<B<A	C<A<B	C<B<A	A<C<B
20	B<C<D<A	D<C<A<B	D<C<A<B	B<C<D<A	B<A<C<D
21	C<A<B	A<B<C	A<B<C	C<A<B	C<A<B
22	A<B<C	B<C<A	B<C<A	A<B<C	A<B<C

续表

编号	GP 方法	Xing[29]方法	Lyu[17]方法	Thorsten[30]方法	真实数据
23	A<B<C	A<B<C	A<B<C	C<B<A	A<C<B
24	D<B<C<A	D<B<C<A	D<B<C<A	D<A<B<C	D<B<A<C
25	A<C<B	C<A<B	C<A<B	B<A<C	A<B<C
26	C<A<B	A<C<B	A<C<B	A<B<C	C<A<B
27	A<B<C	A<C<B	A<C<B	A<C<B	B<C<A
28	C<B<A	B<C<A	B<C<A	C<B<A	C<B<A
29	B<A<C	C<A<B	C<A<B	B<A<C	A<B<C
30	B<A<C<D	D<A<B<C	D<A<B<C	C<B<D<A	B<D<A<C
31	C<B<A	B<A<C	B<A<C	C<A<B	C<B<A
32	B<A<C	A<C<B	A<C<B	A<C<B	A<C<B
33	A<C<B	C<B<A	C<B<A	A<B<C	A<B<C
34	A<C<B	B<A<C	B<A<C	B<A<C	A<B<C
35	B<A<C	B<A<C	B<A<C	C<A<B	B<A<C
36	A<C<B	C<B<A	B<C<A	C<A<B	A<C<B
37	A<C<B	A<C<B	A<C<B	B<A<C	A<B<C
38	B<A<C	A<B<C	A<C<B	B<A<C	A<B<C
39	C<B<A	C<B<A	B<C<A	A<C<B	A<C<B
40	B<C<A	C<B<A	C<A<B	B<C<A	B<C<A

表 C3　第三组测试集上的排序预测结果

编号	GP 方法	Xing[29]方法	Lyu[17]方法	Thorsten[30]方法	真实数据
1	B < A < C	A < C < B	A < C < B	C < B < A	B < A < C
2	A < C < B	B < C < A	C < B < A	B < C < A	A < B < C
3	C < B < A	C < A < B	A < C < B	B < C < A	B < C < A
4	A < C < B	A < B < C	A < B < C	C < A < B	A < C < B
5	C < A < B	A < B < C	B < A < C	A < C < B	C < A < B
6	A < C < B	C < B < A	B < C < A	A < C < B	A < B < C
7	B < A < C < D	A < C < B < D	A < D < C < B	B < A < D < C	B < A < D < C
8	A < B < C	C < B < A	C < B < A	B < A < C	A < B < C
9	A < B < C	A < B < C	A < B < C	B < A < C	B < C < A
10	B < A < C	A < B < C	B < C < A	A < C < B	B < A < C
11	C < A < B	B < A < C	B < A < C	A < C < B	C < A < B
12	A < C < B	B < A < C	B < A < C	C < A < B	A < B < C
13	B < A < C	C < B < A	C < B < A	C < B < A	A < B < C
14	C < B < A	A < B < C	A < B < C	C < B < A	C < B < A

续表

编号	GP 方法	Xing[29]方法	Lyu[17]方法	Thorsten[30]方法	真实数据
15	A<C<B	B<C<A	B<C<A	A<C<B	A<B<C
16	C<A<B	B<A<C	B<A<C	A<C<B	C<A<B
17	B<C<A	C<A<B	C<A<B	B<A<C	A<B<C
18	A<C<B	A<C<B	A<C<B	C<A<B	A<B<C
19	A<B<C	B<C<A	B<C<A	B<A<C	A<B<C
20	A<B<C	C<A<B	C<A<B	A<B<C	A<B<C
21	A<C<B	C<B<A	C<B<A	C<A<B	A<B<C
22	D<B<A<C	A<C<D<B	C<A<D<B	A<B<D<C	D<A<C<B
23	A<B<C<D	B<C<A<D	B<C<A<D	B<A<C<D	A<B<D<C
24	D<B<A<C	C<A<D<B	C<A<D<B	B<D<A<C	B<A<D<C
25	B<A<C	A<C<B	A<C<B	B<C<A	B<A<C
26	C<D<A<B	B<C<D<A	B<C<D<A	D<C<A<B	C<B<A<D
27	C<A<B	A<C<B	A<C<B	C<A<B	C<B<A
28	B<A<C	C<A<B	C<A<B	B<A<C	A<B<C
29	C<A<B	B<A<C	B<A<C	A<B<C	C<A<B
30	A<C<B	C<A<B	C<A<B	B<A<C	B<A<C
31	B<C<A	B<A<C	A<B<C	B<A<C	B<C<A
32	A<C<B	A<B<C	A<B<C	A<C<B	A<B<C
33	B<C<A	B<A<C	B<A<C	B<C<A	B<A<C
34	A<B<C	B<C<A	B<C<A	C<B<A	A<B<C
35	C<A<B	A<B<C	A<B<C	C<B<A	A<B<C
36	B<C<A	A<C<B	A<C<B	A<B<C	A<C<B
37	C<A<B	B<A<C	B<A<C	C<A<B	A<C<B
38	C<A<B	A<C<B	A<C<B	B<C<A	C<B<A
39	A<B<C	B<C<A	B<C<A	A<B<C	A<C<B
40	A<C<B	B<C<A	C<B<A	B<C<A	A<B<C

表 C4　第四组测试集上的排序预测结果

编号	GP 方法	Xing[29]方法	Lyu[17]方法	Thorsten[30]方法	真实数据
1	C<A<B	A<B<C	A<B<C	C<B<A	C<A<B
2	B<A<C	C<B<A	C<B<A	B<A<C	B<C<A
3	A<B<C	A<B<C	A<C<B	B<A<C	A<B<C
4	A<B<C	B<C<A	B<C<A	B<A<C	A<B<C
5	C<A<B	C<B<A	C<B<A	C<A<B	A<B<C
6	A<B<C	C<B<A	C<B<A	B<A<C	A<B<C

续表

编号	GP 方法	Xing[29]方法	Lyu[17]方法	Thorsten[30]方法	真实数据
7	C < A < B	C < B < A	C < B < A	A < B < C	C < A < B
8	A < C < B	C < B < A	C < B < A	A < C < B	A < B < C
9	B < A < C	C < B < A	C < B < A	A < B < C	B < A < C
10	A < C < B	A < C < B	A < C < B	B < A < C	A < C < B
11	B < A < C	B < A < C	B < A < C	C < B < A	A < B < C
12	A < B < C	A < C < B	A < C < B	B < A < C	A < B < C
13	B < A < C	C < B < A	C < B < A	A < B < C	B < C < A
14	B < D < A < C	A < C < D < B	A < C < D < B	A < B < D < C	B < A < C < D
15	A < B < C	A < B < C	A < B < C	C < B < A	A < C < B
16	B < A < C	C < B < A	C < B < A	A < C < B	B < A < C
17	D < A < C < B	A < C < B < D	A < C < B < D	D < A < C < B	D < C < B < A
18	A < B < C	C < A < B	C < A < B	B < A < C	A < B < C
19	B < A < C < D	D < C < B < A	D < A < C < B	A < C < B < D	A < B < D < C
20	B < A < C	A < C < B	C < A < B	B < A < C	B < A < C
21	C < B < A	B < C < A	B < C < A	C < B < A	C < B < A
22	A < B < C	A < B < C	B < A < C	C < A < B	A < B < C
23	B < C < A	C < B < A	C < B < A	B < A < C	B < A < C
24	A < C < B	A < B < C	A < B < C	B < C < A	A < C < B
25	B < A < C	B < C < A	B < C < A	B < A < C	A < B < C
26	A < C < B	A < C < B	A < C < B	C < A < B	A < C < B
27	A < C < B	C < A < B	A < C < B	C < A < B	A < C < B
28	C < B < A < D	C < A < B < D	C < A < D < B	C < B < A < D	B < A < C < D
29	A < C < B	A < B < C	A < B < C	A < C < B	A < B < C
30	A < C < B	A < B < C	A < B < C	A < B < C	A < B < C
31	C < A < B	A < C < B	A < C < B	A < C < B	B < A < C
32	A < B < C	B < A < C	C < B < A	A < B < C	A < B < C
33	B < A < C	C < B < A	C < B < A	C < A < B	B < A < C
34	A < B < C	C < A < B	C < A < B	A < C < B	A < C < B
35	C < B < A	B < A < C	B < A < C	C < A < B	B < C < A
36	B < C < A	B < C < A	B < C < A	A < B < C	B < A < C
37	A < B < C	B < A < C	B < A < C	B < C < A	A < B < C
38	C < B < A	C < A < B	C < A < B	C < A < B	C < B < A
39	A < B < C	A < C < B	A < C < B	B < A < C	B < A < C
40	B < D < A < C	B < C < A < D	B < C < A < D	B < A < C < D	A < B < D < C

表 C5　第五组测试集上的排序预测结果

编号	GP 方法	Xing[29]方法	Lyu[17]方法	Thorsten[30]方法	真实数据
1	B<C<D<A	B<C<A<D	B<C<A<D	B<A<C<D	A<B<D<C
2	D<A<B<C	D<B<C<A	D<A<B<C	A<B<C<D	B<D<A<C
3	C<B<A	A<C<B	A<C<B	C<B<A	C<B<A
4	A<B<C	A<B<C	A<B<C	B<C<A	A<B<C
5	B<A<D<C	A<B<D<C	A<B<D<C	B<C<D<A	B<A<C<D
6	B<A<C	C<B<A	C<B<A	A<B<C	A<B<C
7	C<B<A	C<A<B	C<A<B	A<B<C	C<B<A
8	B<A<C	C<A<B	C<A<B	A<C<B	A<B<C
9	B<C<A	A<C<B	A<C<B	C<B<A	B<C<A
10	B<D<A<C	C<D<B<A	C<D<B<A	B<A<D<C	B<A<C<D
11	A<C<B	C<B<A	C<B<A	A<B<C	A<C<B
12	B<C<A	A<B<C	A<C<B	B<C<A	C<B<A
13	B<C<A	A<C<B	A<C<B	B<C<A	B<A<C
14	C<A<B	C<B<A	C<B<A	B<A<C	C<A<B
15	A<C<B	A<C<B	A<C<B	A<C<B	A<B<C
16	A<C<B	B<C<A	B<C<A	C<A<B	A<C<B
17	A<C<B	C<B<A	C<B<A	B<A<C	C<A<B
18	A<B<C	B<A<C	B<A<C	A<C<B	A<B<C
19	C<A<B	A<B<C	A<B<C	C<B<A	C<B<A
20	D<A<C<B	D<A<C<B	D<A<C<B	A<B<C<D	D<A<C<B
21	A<C<B	A<B<C	A<B<C	A<C<B	A<C<B
22	A<C<B<D	A<B<D<C	A<B<D<C	A<B<C<D	A<C<B<D
23	A<B<C	C<A<B	C<A<B	A<B<C	A<B<C
24	A<C<B	B<A<C	B<A<C	A<C<B	A<B<C
25	B<A<C	B<C<A	B<A<C	B<C<A	B<A<C
26	A<B<C	A<B<C	A<B<C	A<B<C	A<B<C
27	B<C<A	B<C<A	B<C<A	B<C<A	B<A<C
28	B<C<A	B<A<C	B<A<C	B<C<A	B<A<C
29	A<C<B	A<C<B	A<C<B	C<A<B	B<A<C
30	A<C<B	A<C<B	A<C<B	B<C<A	B<A<C
31	A<C<B	C<A<B	C<B<A	A<C<B	A<B<C
32	A<C<D<B	D<A<BC	A<D<B<C	C<B<D<A	A<B<C<D
33	A<C<B	C<B<A	B<C<A	A<C<B	A<C<B
34	B<C<A	A<C<B	A<C<B	A<C<B	B<C<A

续表

编号	GP 方法	Xing[29]方法	Lyu[17]方法	Thorsten[30]方法	真实数据
35	A < C < B	C < A < B	C < A < B	A < B < C	A < B < C
36	C < A < B	A < B < C	A < B < C	C < A < B	C < A < B
37	B < A < C	C < B < A	C < B < A	A < B < C	B < A < C
38	B < A < C	B < A < C	B < C < A	A < B < C	A < B < C
39	A < B < C	C < A < B	C < B < A	A < B < C	B < A < C
40	B < C < A	B < C < A	B < C < A	A < B < C	B < A < C

附录 D　测试场景示例

13.0%
34.0%
53.0%
A
B
C

（a）调查问卷图　　（b）调查问卷结果

图 D1　第 1 组测试集

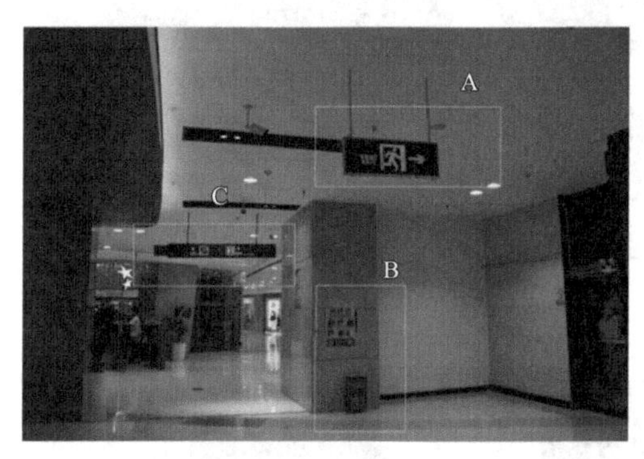

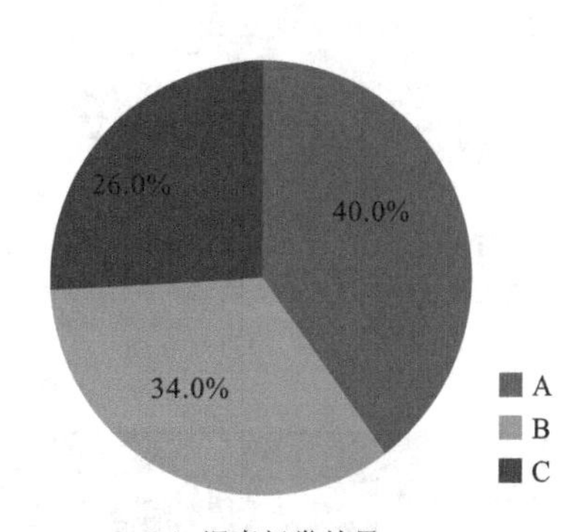

（a）调查问卷图　　（b）调查问卷结果

图 D2　第 2 组测试集

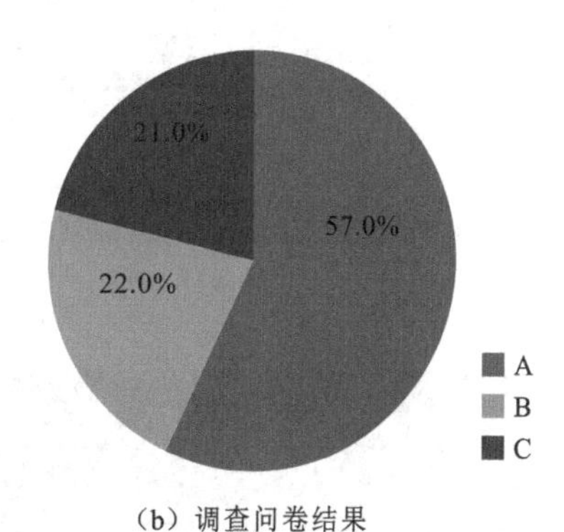

（a）调查问卷图　　（b）调查问卷结果

图 D3　第 3 组测试集

（a）调查问卷图　　（b）调查问卷结果

图 D4　第 4 组测试集

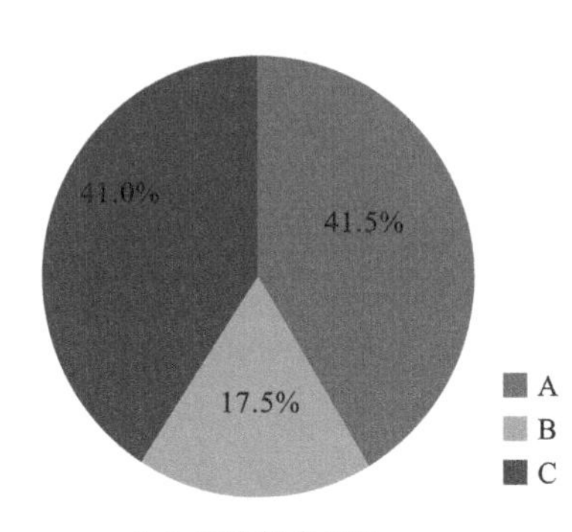

（a）调查问卷图　　（b）调查问卷结果

图 D5　第 5 组测试集

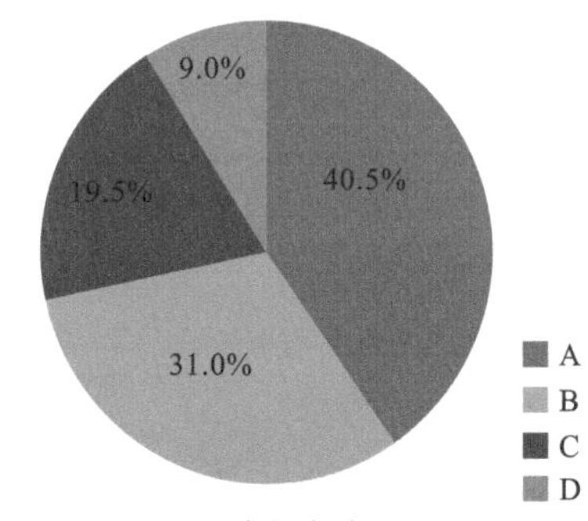

（a）调查问卷图　　（b）调查问卷结果

图 D6　第 6 组测试集

（a）调查问卷图　　（b）调查问卷结果

图 D7　第 7 组测试集

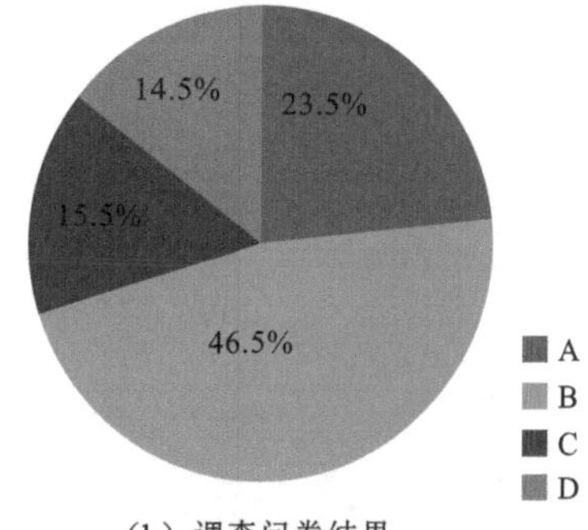

（a）调查问卷图　　（b）调查问卷结果

图 D8　第 8 组测试集

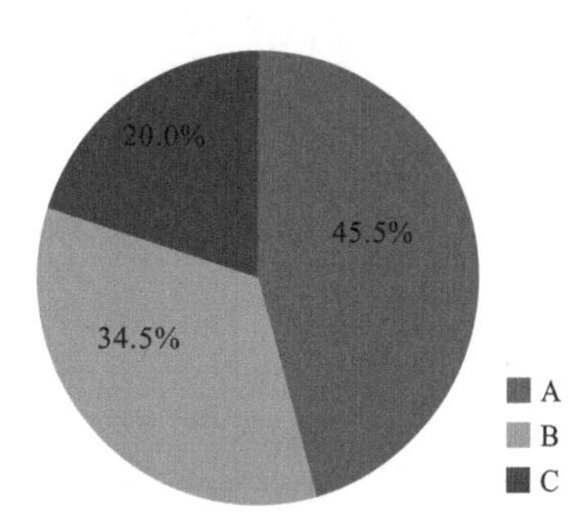

（a）调查问卷图　　（b）调查问卷结果

图 D9　第 9 组测试集

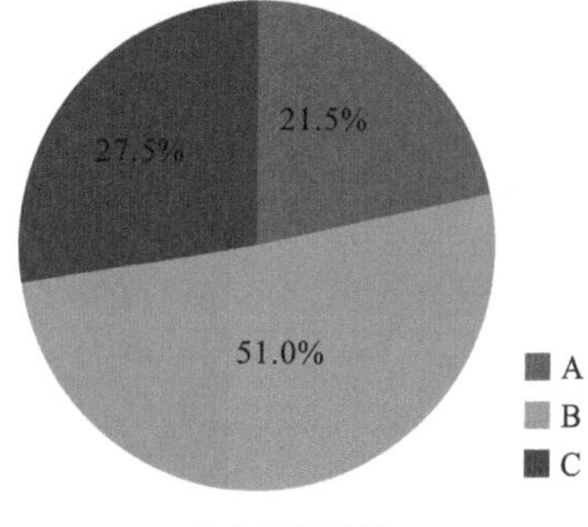

（a）调查问卷图　　（b）调查问卷结果

图 D10　第 10 组测试集